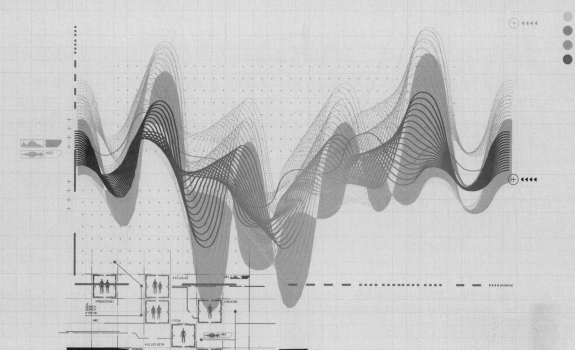

Python
算法从入门到实践

薛小龙◎编著

清华大学出版社

北 京

内 容 简 介

算法是程序的灵魂,算法能够告诉开发者在面对一个项目功能时用什么思路去实现。本书循序渐进地讲解了算法实现的核心技术。全书共分为13章,主要内容包括初步认识算法、枚举算法思想、递归算法思想、分治算法思想、贪心算法思想、试探算法思想、迭代算法思想、查找算法、排序算法、使用算法解决数据结构问题、解决数学问题、常见的经典算法问题、常用的人工智能算法。本书通过具体实例的实现过程演练了各个知识点的具体使用流程,引领读者全面掌握算法的核心技术。

本书不但适合算法研究和学习的初学者,也适合有一定算法基础的读者,还可以作为大、中专院校相关专业师生的学习用书和培训机构的教材。

图书在版编目(CIP)数据

Python 算法从入门到实践/薛小龙编著. —北京:清华大学出版社,2021.3
ISBN 978-7-302-57459-0

Ⅰ. ①P… Ⅱ. ①薛… Ⅲ. ①软件工具—程序设计 Ⅳ. ①TP311.561

中国版本图书馆 CIP 数据核字(2021)第 022728 号

责任编辑:魏 莹
装帧设计:李 坤
责任校对:李玉茹
责任印制:丛怀宇

出版发行:清华大学出版社
　　　　　网　　　址:http://www.tup.com.cn, http://www.wqbook.com
　　　　　地　　　址:北京清华大学学研大厦 A 座　　　　邮　　编:100084
　　　　　社 总 机:010-62770175　　　　邮　　购:010-62786544
　　　　　投稿与读者服务:010-62776969, c-service@tup.tsinghua.edu.cn
　　　　　质量反馈:010-62772015, zhiliang@tup.tsinghua.edu.cn
印 装 者:大厂回族自治县彩虹印刷有限公司
经　　销:全国新华书店
开　　本:185mm×260mm　　印 张:24.5　　字　数:592 千字
版　　次:2021 年 4 月第 1 版　　印　次:2021 年 4 月第 1 次印刷
定　　价:89.50 元

产品编号:089667-01

前言

从您开始学习编程的那一刻起，就注定了以后所要走的路：从编程学习者开始，依次经历实习生、程序员、软件工程师、架构师、CTO 等职位的磨砺；当你站在职位顶峰的位置蓦然回首，会发现自己的成功并不是偶然，在程序员的成长之路上会有不断修改代码、寻找并解决 Bug、不停地测试程序和修改项目的经历。不可否认的是，只要你在自己的开发生涯中稳扎稳打，并且善于总结和学习，最终将会得到可喜的收获。

选择一本合适的书

对于一名程序开发初学者来说，究竟如何学习并提高自己的开发技术呢？答案就是买一本合适的程序开发书籍进行学习。但是，市面上许多面向初学者的编程书籍中的大多数篇幅都是讲解基础知识，多偏向于理论，读者读了以后面对实战项目时还是无从下手。如何实现从理论平滑过渡到项目实战，是初学者迫切需要学习的。为此，我们特意策划了本书。

本书面向完全没有算法编程经验的零基础的读者，实现算法零基础到高手的跨越，讲解了 Python 算法的核心知识和技巧，这些知识能够帮助初学者迅速掌握 Python 算法的精髓，编写出更加高效的代码。

本书的特色

1．以"从入门到精通"的写作方法构建内容，让读者入门容易

为了使读者能够完全看懂本书的内容，本书遵循"从入门到精通"基础类图书的写法，循序渐进地讲解开发语言的基本知识。

2．实例教学，经典并深入

本书以实例教学为导向，通过具体实例讲解各种算法思想的基本知识和核心用法。通过具体实例的讲解和剖析，帮助读者真正掌握 Python 算法的核心内容。

3．视频讲解，二维码布局全书

本书正文的每一个二级目录都有一个二维码，通过扫描二维码可以观看视频讲解，既包括实例讲解，也包括教程讲解，对读者的开发水平实现了拔高处理。

4．本书售后帮助读者快速解决学习问题

无论是对书中的疑惑，还是在学习中遇到的其他问题，群主和管理员都将在第一时间为读者解答，这是我们对读者的承诺。

本书的内容

本书循序渐进地详细讲解了算法实现的核心技术。全书共 13 章，分别讲解了初步认识算法、枚举算法思想、递归算法思想、分治算法思想、贪心算法思想、试探算法思想、迭代算法思想、查找算法、排序算法、使用算法解决数据结构问题、解决数学问题、常见的经典算法问题、常用的人工智能算法。本书通过具体实例的实现过程演练了各个知识点的具体使用流程，引领读者全面掌握算法的核心技术。

本书的读者对象

初学编程的自学者	编程爱好者
大、中专院校的教师和学生	相关培训机构的教师和学员
毕业设计的学生	初、中级程序开发人员
软件测试人员	参加实习的初级程序员
在职程序员	

致谢

在本书编写过程中，得到了清华大学出版社编辑们的大力支持，正是各位编辑的求实、耐心和高效，才使得本书能够在这么短的时间内出版。另外，也十分感谢我的家人给予的巨大支持。

本人水平有限，书中存在纰漏之处在所难免，诚请读者提出宝贵的意见或建议，以便修订时使之更臻完善。

最后感谢您购买本书，希望本书能成为您编程路上的领航者，祝您阅读快乐！

编　者

目录

第 1 章

初步认识算法

软件开发工作不是按部就班的，而是选择一种最合理的算法去实现项目功能。算法能够引导开发者在面对一个项目功能时用什么思路去实现，在有了这个思路后，程序开发者只需遵循这个思路编写代码即可。本章将详细讲解计算机算法的基础知识，介绍算法的基本概念和具体意义。

1.1 什么是算法

在学习算法之前，需要先理解"算法"的概念。1950 年，algorithm(算法)一词经常同欧几里得算法联系在一起。这个算法就是在欧几里得的《几何原本》中所阐述的求两个数的最大公约数的过程，即辗转相除法。从此以后，algorithm 这一叫法一直沿用至今。

1.1.1 一道有趣的智力题

为了理解什么是算法，先看一道有趣的智力题：假设"烧水泡茶"必须有如下 5 道工序：①烧开水、②洗茶壶、③洗茶杯、④拿茶叶、⑤泡茶。

在上述 5 个步骤中，其中①烧开水、②洗茶壶、③洗茶杯、④拿茶叶是泡茶的前提。假设①烧开水需要 15 分钟，②洗茶壶需要 2 分钟，③洗茶杯需要 1 分钟，④拿茶叶需要 1 分钟，⑤泡茶需要 1 分钟。

不同的人进行泡茶的步骤会有差别，例如，下面是两个人不同的"烧水泡茶"的步骤。

1. 第 1 个人"烧水泡茶"的步骤

第一步：烧水。
第二步：水烧开后，洗刷茶具，拿茶叶。
第三步：泡茶。

2. 第 2 个人"烧水泡茶"的步骤

第一步：烧水。
第二步：烧水过程中，洗刷茶具，拿茶叶。
第三步：水烧开后泡茶。

问题：比较这两种方法有何不同，并分析哪种方法更优。

上述两个方法都能最终实现"烧水泡茶"的功能，每种方法的 3 个步骤就是一种"算法"。算法是指在有限步骤内求解某一问题所使用的一组定义明确的规则。通俗点说，就是计算机解题的过程。在这个过程中，无论是形成解题思路还是编写程序，都是在实施某种算法。前者是推理实现的算法，后者是操作实现的算法。

1.1.2 算法的定义

算法是指解题方案的准确而完整的描述，是一系列解决问题的清晰指令。算法代表着用系统的方法描述解决问题的策略机制。也就是说，能够对一定规范的输入，在有限时间内获得所要求的输出。对于同一个问题，可能会有多种不同的算法来解决，不同的算法可能用不同的时间、空间或效率来完成同样的任务。一个算法的优劣可以用空间复杂度与时间复杂度来衡量，例如在前面的泡茶例子中，第 2 个人的操作步骤的时效性更高一点。

算法中的指令描述的是一个计算，当其运行时能从一个初始状态和(可能为空的)初始输入开始，经过一系列有限而清晰定义的状态，最终产生输出并停止于一个终态。一个状态到另一个状态的转移不一定是确定的。随机化算法在内的一些算法，包含了一些随机输入。

1.1.3　计算机中的算法

计算机虽然功能强大，能够帮助人们解决很多问题，但是计算机在解决问题时，也需要遵循一定的步骤。在编写程序实现某个项目功能时，也需要遵循一定的算法。计算机中的算法可分为如下两大类。

(1) 数值运算算法：求解数值。

(2) 非数值运算算法：事务管理领域。

假设有一个下面的运算：$1×2×3×4×5$，为了计算上述运算的结果，最普通的做法是按照如下步骤进行计算。

第 1 步：先计算 1 乘以 2，得到结果 2。

第 2 步：将 2 乘以 3，计算得到结果 6。

第 3 步：将 6 再乘以 4，计算得 24。

第 4 步：将 24 再乘以 5，计算得 120。

最终计算结果是 120，上述第 1 步到第 4 步的计算过程就是一个算法。如果想用编程的方式来解决上述运算，通常会使用如下算法来实现。

第 1 步：假设定义 $t=1$。

第 2 步：使 $i=2$。

第 3 步：使 $t×i$，乘积仍然放在变量 t 中，可表示为 $t×i→t$。

第 4 步：使 i 的值+1，即 $i+1→i$。

第 5 步：如果 $i≤5$，返回重新执行第 3 步以及其后的第 4 步和第 5 步；否则，算法结束。

由此可见，上述算法方式就是数学中的 "$n!$" 公式。既然有了公式，在具体编程的时候，只需使用这个公式就可以解决上述运算的问题。

再看下面的一个数学应用问题。

假设有 80 个学生，要求打印输出成绩在 60 分以上的学生。

在此用 n 来表示学生学号，n_i 表示第 i 个学生学号；cheng 表示学生成绩，$cheng_i$ 表示第 i 个学生成绩。根据题目要求，可以写出如下算法。

第 1 步：$1→i$。

第 2 步：如果 $cheng_i ≥ 60$，则打印输出 n_i 和 $cheng_i$，否则不打印输出。

第 3 步：$i+1→i$。

第 4 步：如果 $i≤80$，返回步骤 2，否则，结束。

由此可见，算法在计算机中的地位十分重要。所以在面对一个项目应用时，一定不要立即编写程序，而是要仔细思考解决这个问题的算法是什么。想出算法之后，以这个算法为指导思想来编程。

1.1.4　算法在编程语言中的定义

算法在计算机编程中起着举足轻重的作用，算法已经成为衡量一名程序员水平高低的参照物。水平高的程序员都会看重数据结构和算法的作用，这样能开发出更高效的程序代码。开发者的水平越高，就越能理解算法的重要性。算法不仅仅是运算工具，它更是程序的灵魂。在现实项目开发过程中，很多实际问题需要精心设计的算法才能有效解决。

算法是计算机处理信息的基础，因为计算机程序本质上是一个算法，告诉计算机确切的步骤来执行一个指定的任务，如计算职工的薪水或打印学生的成绩单。通常，当算法在处理信息时，数据会从输入设备读取，写入输出设备，也能保存起来供以后使用。

著名计算机科学家沃思提出了下面的公式。

数据结构+算法=程序

实际上，一个程序应当采用结构化程序设计方法进行程序设计，并且用某一种计算机语言来表示。因此，可以用下面的公式表示。

程序=算法+数据结构+程序设计方法+语言和环境

上述公式中的 4 个方面是一种程序设计语言所应具备的知识。在这 4 个方面中，算法是灵魂，数据结构是加工对象，语言是工具，编程需要采用合适的方法。其中，算法是用来解决"做什么"和"怎么做"的问题。实际上程序中的操作语句就是算法的体现，所以说，不了解算法就谈不上程序设计。数据是操作对象，对操作的描述即是操作步骤，操作的目的是对数据进行加工处理以得到期望的结果。举个通俗点的例子，厨师做菜肴，需要有菜谱。菜谱上一般应包括：①配料(数据)、②操作步骤(算法)。这样，面对同一原料可以加工出不同风味的菜肴。

1.2　衡量算法的优劣

扫码观看视频讲解

在现实应用中有多种常用的算法思想，如何比较算法思想的效率孰优孰劣呢？本节简要介绍衡量算法是否优劣的知识。

1.2.1　衡量算法优劣的标准

1. 衡量算法优劣的 5 个标准

衡量算法是否优劣有以下 5 个标准。

(1) 确定性。算法的每一种运算必须有确定的意义，该种运算应执行何种动作应无二义性，目的明确。

(2) 可行性。要求算法中待实现的运算都是可行的，即至少在原理上能由人用纸和笔在有限的时间内完成。

(3) 输入。一个算法有零个或多个输入，在算法运算开始之前给出算法所需数据的初值，这些输入来自特定的对象集合。

(4) 输出。输出是算法运算的结果，一个算法会产生一个或多个输出，输出同输入具有某种特定关系。

(5) 有穷性。一个算法总是在执行了有穷步的运算后终止，即该算法是有终点的。

2. 衡量算法效率的方法

通常有以下两种衡量算法效率的方法。

(1) 事后统计法。该方法的缺点是必须在计算机上实际运行程序，容易被其他因素掩盖算法本质。

(2) 事前分析估算法。该方法的优点是可以预先比较各种算法，以便均衡利弊而从中选优。

3. 与算法执行时间相关的因素以及时间复杂度

与算法执行时间相关的因素如下：①算法所用"策略"；②算法所解问题的"规模"；③编程所用"语言"；④"编译"的质量；⑤执行算法的计算机的"速度"。

在上述因素中，后 3 条受计算机硬件和软件的制约，因为是"估算"，所以只需考虑前两条即可。

事后统计容易陷入盲目境地，例如，当程序执行很长时间仍未结束时，不易判别是程序错了还是确实需要那么长的时间。

一个算法的"运行工作量"通常是随问题规模的增长而增长，所以应该用"增长趋势"来作为比较不同算法的优劣的准则。假如，随着问题规模 n 的增长，算法执行时间的增长率与 $f(n)$ 的增长率相同，则可记作：$T(n) = O(f(n))$，称 $T(n)$ 为算法的(渐近)时间复杂度。

究竟如何估算算法的时间复杂度呢？任何一个算法都是由一个"控制结构"和若干"原操作"组成的，所以可以将一个算法的执行时间看作所有原操作的执行时间之和，即 $\sum$(原操作(i)的执行次数×原操作(i)的执行时间)。

算法的执行时间与所有原操作的执行次数之和成正比。对于所研究的问题来说，从算法中选取一种基本操作的原操作，以该基本操作在算法中重复执行的次数作为算法时间复杂度的依据。以这种衡量效率的办法所得出的不是时间量，而是一种增长趋势的量度。它与软硬件环境无关，只暴露算法本身执行效率的优劣。

1.2.2　算法复杂度

算法复杂度是指算法在编写成可执行程序后，运行时所需要的资源，这些资源包括时间资源和内存资源。同一问题可用不同算法解决，而一个算法的质量优劣将影响到算法乃至程序的效率。算法分析的目的在于选择合适算法和改进算法。一个算法的评价主要从时间复杂度和空间复杂度来考虑。

1. 时间频度

一个算法执行所耗费的时间，从理论上来说必须上机运行测试才能知道。但是我们不可能也没有必要对每个算法都进行上机测试，只需知道哪个算法花费的时间多，哪个算法花费的时间少就可以了。并且一个算法花费的时间与算法中语句的执行次数成正比，哪个算法中语句执行次数多，它花费的时间就越多。一个算法中的语句执行次数称为语句频度或时间频度，记为 $T(n)$。

2. 时间复杂度

算法的时间复杂度是指执行算法所需要的计算工作量。在刚才提到的时间频度中，n 称为问题的规模，当 n 不断变化时，时间频度 $T(n)$ 也会不断变化。但有时我们想知道它变化时呈现什么规律。为此，我们引入时间复杂度的概念。在一般情况下，算法中基本操作重复执行的次数是问题规模 n 的某个函数，用 $T(n)$ 表示，若有某个辅助函数 $f(n)$，存在一个正常数 c 使得 $f(n)*c \geq T(n)$ 恒成立，记作 $T(n)=O(f(n))$，称 $O(f(n))$ 为算法的渐近时间复杂度，简称时间复杂度。

在各种不同算法中，若算法中语句执行次数为一个常数，则时间复杂度为 $O(1)$。另外，在时间频度不相同时，时间复杂度有可能相同，如 $T(n)=n^2+3n+4$ 与 $T(n)=4n^2+2n+1$，它们的频度不同，但时间复杂度相同，都为 $O(n^2)$。

在计算时间复杂度时需要遵循如下原则：

▶ 用常数 1 来取代运行时间中所有加法常数；
▶ 只要高阶项，不要低阶项；
▶ 不要高阶项系数。

在现实中常见的时间复杂度如下。

▶ $O(1)$：常数阶；
▶ $O(n)$：线性阶；
▶ $O(\log_2 n)$：对数阶；
▶ $O(n\log n)$：线性对数阶；
▶ $O(n^2)$：平方阶。

算法的时间复杂度是一个函数，它定量描述了该算法的运行时间，通常用"O"来表示时间复杂度。在使用这种方式时，时间复杂度可被称为渐近的，它考察当输入值大小趋近无穷时的情况。时间复杂度是用来估计算法运行时间的一个式子(单位)，一般来说，时间复杂度高的算法比复杂度低的算法慢。例如在下面的实例文件 time01.py 中，演示了不同类型Python 程序的时间复杂度。

```
print('Hello world')  # O(1)


# O(1)
print('Hello World')
print('Hello Python')
print('Hello Algorithm')


for i in range(n): # O(n)
    print('Hello world')
```

```
for i in range(n):  # O(n^2)
    for j in range(n):
        print('Hello world')


for i in range(n):  # O(n^2)
    print('Hello World')
    for j in range(n):
        print('Hello World')


for i in range(n):  # O(n^2)
    for j in range(i):
        print('Hello World')


for i in range(n):
    for j in range(n):
        for k in range(n):
            print('Hello World')  # O(n^3)
```

在 Python 程序中，几次循环就是 n 的几次方的时间复杂度。例如在下面的代码中，$2^6 =$ 64，$\log_2 64 = 6$，所以循环减半的时间复杂度为 $O(\log_2 n)$，即 $O(\log n)$。如果是循环减半的过程，则时间复杂度为 $O(\log n)$或 $O(\log_2 n)$。

```
n = 64
while n > 1:
    print(n)
    n = n // 2
```

常见的时间复杂度高低排序是：

$O(1) < O(\log n) < O(n) < O(n\log n) < O(n^2) < O(n^2\log n) < O(n^3)$

3. 空间复杂度

空间复杂度是对一个算法在运行过程中临时占用存储空间大小的量度，记作 $S(n) = O(f(n))$。比如直接插入排序的时间复杂度是 $O(n^2)$，空间复杂度是 $O(1)$。而一般的递归算法就要有 $O(n)$的空间复杂度了，因为每次递归都要存储返回信息。一个算法的优劣主要从算法的执行时间和所需要占用的存储空间两个方面衡量。

例如在下面的实例文件 time02.py 中，演示了不同类型 Python 程序的空间复杂度。

```
a = 'Python'  # 空间复杂度为1
# 空间复杂度为1
a = 'Python'
b = 'PHP'
c = 'Java'

num = [1, 2, 3, 4, 5]  # 空间复杂度为5
num = [[1, 2, 3, 4], [1, 2, 3, 4], [1, 2, 3, 4], [1, 2, 3, 4], [1, 2, 3, 4]]
# 空间复杂度为5*4
```

```
num = [[[1, 2], [1, 2]], [[1, 2], [1, 2]] , [[1, 2], [1, 2]]]
# 空间复杂度为 3*2*2
```

由此而说明，定义一个或多个变量时空间复杂度都为 1，列表的空间复杂度为列表的长度。

1.2.3 时间复杂度与空间复杂度的取舍问题

在大多数时候，除了在一些特殊情况下，建议大家更加注重时间复杂度，而不是空间复杂度。但是在有些特殊情况下，空间复杂度可能会更加重要。那么，究竟什么时候应该着重考虑时间复杂度，什么时候应该着重考虑空间复杂度呢？假设现在需要开发一个程序：要求输入年份，返回该年份是否为闰年。相信大家一看到这个问题，你的思路可能已经非常清晰了，满百除四百，不满除以 4。

我们来看看还能不能进一步提高性能，降低时间复杂度。也就是用空间复杂度来换取时间复杂度。比如，如果使用我们程序的用户，只会查看当前年份未来几年和过去几年的日历的话，我们完全可以使用一个如 2100 个元素的数组，每个元素为 0 或 1，分别表示平年和闰年。这样当用户查询的时候，就不需要再进行复杂的逻辑判断，而只需要取出对应下标位置的元素即可。

反过来，如果我们的用户经常查询跨度上万年的日历信息(万年历)，那么，我们肯定不能使用上面牺牲空间复杂度来换取时间复杂度的方案解决。因为如此巨大的空间消耗是我们损失不起的。

编程前辈们曾经说过，编程的美并不在于一方的退让和妥协，而是在于如何在二者之间取一个平衡点，完成华丽变身。那么，对于我们这种程序应该如何权衡呢？有一种方案是将与当前年份相近的几年存为固定数据，查询时只需要读取即可。而对于那些和当前年份相距较远的年份的数据，在用户请求查询时动态生成。这样，既能在损失可接受空间的情况下大幅度提高性能，又能保证空间的损失不至于太大而无法接受。我想当用户查询距今较远的数据时，有一些时间上的等待，也是可以接受的。

第 **2** 章

枚举算法思想

　　算法思想有很多，例如枚举、递归、分治、贪心、试探法等。在本章将详细讲解枚举算法思想的基本知识，并通过具体例子详细讲解枚举算法的用法和技巧。希望读者理解并掌握枚举算法思想的用法和核心知识，为步入本书后面知识的学习打下基础。

2.1　枚举算法概述

枚举算法也叫穷举算法。枚举算法是我们日常使用到的最多的一个算法，它的核心思想是尝试所有的可能，最大特点是在面对任何问题时会去尝试每一种解决方法。

2.1.1　枚举算法介绍

枚举法的本质就是从所有候选答案中去搜索正确的解。使用枚举算法需要满足如下两个条件：

▶　可以预先确定候选答案的数量，即可以预先确定每个状态的元素个数 n。

▶　候选答案的范围在求解之前必须有一个确定的集合，即状态元素 $a_1, a_2, \cdots, a_n$ 的可能值是一个连续的值域。

在编程语言的各种算法思想中，枚举算法的最大特点是简单粗暴，能够暴力地枚举所有的可能，尽可能地尝试所有的方法。虽然枚举算法非常暴力，而且速度可能很慢，却是我们最应该优先考虑的，因为枚举算法得到的结果总是正确的。

在实际问题中，有些变量的取值被限定在一个有限的范围内。例如，一个星期内只有 7 天，1 年只有 12 个月，一个班每周有 6 门课程，等等。如果把这些量说明为整型、字符型或其他类型，显然是不妥当的。

枚举算法的优点主要有以下两点：

(1)　由于枚举算法一般是现实生活中问题的"直译"，因此比较直观，易于理解；

(2)　由于枚举算法建立在考察大量状态，甚至是穷举所有状态的基础上，因此算法的正确性比较容易证明。

枚举法的主要缺点是其效率取决于枚举状态的数量以及单个状态枚举的代价，当问题的规模变大的时候，循环的阶数越大，执行速度越慢，此时的效率会比较低。

2.1.2　Python 中的枚举算法

在 Python 语言中，枚举算法一般使用 while 循环或 if 语句实现。使用枚举算法解题的基本思路如下。

(1)　确定枚举对象、枚举范围和判定条件。

(2)　逐一列举可能的解，验证每个解是否是问题的解。

枚举算法一般按照如下 3 个步骤进行。

(1)　推测题解的可能范围，不能遗漏任何一个真正解，也要避免有重复。

(2)　判断是否为真正解。

(3)　使可能解的范围降至最小，以便提高解决问题的效率。

枚举算法的主要流程如图 2-1 所示。

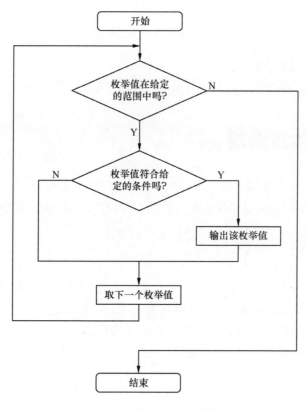

图 2-1 枚举算法的流程

扫码观看视频讲解

2.2 破解谜题

问题描述：请找出一个五位数，要求满足下面的条件：

算法描述题×算=题题题题题题

2.2.1 算法分析

既然是一个五位数，那么首位数"算"不能是 0，因为计算结果的位数都是"题"，所以这个五位数的首位数"算"也不能是 1 或 2。找出规律，开始使用枚举算法逐一计算，找出最终满足条件的答案。

2.2.2 具体实现

编写文件 meiju.py，具体实现代码如下：

```python
for i in range(10000,99999):              # 遍历五位数
    for j in range(0,10):                  # "算"其实不能是"0,1,2"
        if i*j%111111==0:                  # 当积可以被 111111 整除时
            if len(set(str(i)))==5:        # 如果是 5 个不同的数字
```

```
            if str(j)==str(i)[0]:              # 如果乘数与结果的个位相同
                print("找到了，数字是 {}".format(i))
```

执行以上代码后会输出：

找到了，数字是 `79365`

扫码观看视频讲解

2.3 破解 24 点游戏

问题描述：给定 4 个整数，数字范围为 1～13，任意使用+、-、*、/、( )，构造出一个表达式，使得最终结果为 24。这就是常见的算 24 的游戏。例如：(9-8)×8×3=24。

2.3.1 算法分析

实现输入 4 个数字的排列组合，这样等于实现了括号的功能，然后使用+ - * /进行组合计算。网上有很多 24 点游戏算法，找出解法并不难，但是难在如何合适地加括号和去除等价的重复表达式上。我们的目标是给定任意 N 个正整数(N>1)，找到能够将这 N 个数通过四则运算计算得出 24 的全部表达式，并且只在必要的时候加上括号以及去除等价的重复表达式。

1. 去除括号

首先我们要明确一个问题：什么是合适的括号呢？就是指在不影响计算结果的前提下，能不加括号尽量不加括号。比如： (15 + 8) + 7-6 = 24 应写作 15 + 8 + 7-6 = 24。

其次还需要明确一个问题：什么是等价的重复表达式呢？就是完全相同的表达式，或者是在加法交换率和乘法交换率的作用下，完全等价的表达式。比如下面的 3 行解法：

10 + 12 + 7 - 5 = 24 等价于 10 - 5 +7 + 12 = 24

15 * 8 / (1 + 4) = 24 等价于 15 / (4 + 1) * 8 = 24

(3 + 1) * (2 + 4) = 24 等价于 (1 + 3) * (4 + 2) = 24

2. 求全部解算法

我们采用的算法是降低维度的算法，即把 4 个数字运算的四维问题降低到二维来解决。比如，给定 4 个数字[1, 2, 3, 4]，这是一个四维问题，我们首先要将其转换为二维问题。具体的办法是，先将 4 个数字其中的两个数字取出，然后将这两个数字转化为所能组成的全部表达式。

我们首先取出[1, 2]，考虑到加法交换律和乘法交换律的前提下，共有 6 种可能的不等价表达式，即 1+2, 1-2, 1*2, 1/2, 2-1, 2/1，则四维问题就可以转化为多组三维问题，即['1+2', 3, 4]，['1-2', 3, 4]，['1*2', 3, 4]，['1/2', 3, 4]，['2-1', 3, 4]，['2/1', 3, 4]。

然后我们枚举每一种取出两个数的组合，使用排列组合公式即 $C(4, 2)$，所以将四维问题转化为三维问题共有 $C(4, 2) * 6 = 36$ 种组合。

下一步是重复这一过程，将三维问题继续转化为二维问题，同理，每一个三维问题都可转化为等价的二维问题，共有 $C(3, 2) * 6 = 18$ 种组合。

所以，四维问题可转化为 $36 * 18 = 648$ 种二维问题，每个二维问题又有 6 种组合方式，所以，全部的表达式个数为 $648 * 6 = 3888$ 个。

3. 加括号算法

每当将二维组合成新表达式的时候，根据原有的两个表达式的各自的运算符号和两个表达式之间的运算符号的关系来判断是否需要添加括号。举个例子，假设 a、b 两个表达式要组成新的表达式，总共会有如下 4 种情形。

> ▶ 如果是 $a + b$，则完全不需要加括号。
> ▶ 如果是 $a * b$ 或者 a / b，若 a、b 自身的运算符号是加号或减号，则应加括号。如 $a = a1 + a2$，b 为数字，则 $a * b = (a1 + a2) * b$。
> ▶ 如果是 $a - b$，若 b 为加号或减号，则 b 应加括号，如 $b = b1 - b2$，$a = a1 + b2$，则 $a - b = a1 + a2 - (b1 - b2)$，但值得注意的是，$a1 + a2 - (b1 - b2)$ 其实等价于 $a1 + a2 - b1 + b2$，这种情况在其他的组合中其实已经存在。因此，无须再考虑括号问题。
> ▶ 如果是 a / b，若 b 的符号是乘号或除号，原本也要加括号，但其实这种情况与上一种情况类似，我们出于计算简便考虑，可以不再考虑括号问题。

4. 去除等价表达式

对于一个运算表达式来说，$a + b - c + d$ 与如下三种运算表达式的计算结果均是等价的：

$a + d + b - c$

$b + a + d - c$

$b - c + a + d$

我们可以在任何一个表达式前再加一个加号，然后使用正则表达式对表达式进行切割成如下状态：

```
['+a', '+b', '-c', '+d']
```

最后对其进行排序后再组合成字符串得到：

```
a + b + d - c
```

我们将这样的表达式称为标准表达式，凡是通过这样的处理方法得到的标准表达式是相同的，我们均认为是等价表达式，只保留一个标准表达式即可。

同样道理，乘法交换律也是同样的转换方法。

2.3.2　使用枚举算法解决 24 点问题

根据上述算法思想编写文件 24.py，具体实现代码如下：

```
from __future__ import division
from itertools import combinations
import re
```

```
class Solver:

    # 需要达成的目标结果值
    target = 24

    # 四则运算符号定义，其中，a -- b = b - a，a // b = b / a
    ops = ['+', '-', '*', '/', '--', '//']

    # precise_mode 为精准模式，若开启，则减号及除号后开启括号
    def __init__(self, precise_mode=False):
        self.precise_mode = precise_mode

    def solution(self, nums):
        result = []
        groups = self.dimensionality_reduction(self.format(nums))
        for group in groups:
            for op in self.ops:
                exp = self.assemble(group[0], group[1], op)['exp']
                if self.check(exp, self.target) and exp not in result:
                    result.append(exp)
        return [exp + '=' + str(self.target) for exp in result]

    # 对需要处理的数字或表达式组合进行降维，降低到二维
    def dimensionality_reduction(self, nums):
        result = []

        # 如果维数大于 2，则选出两个表达式组合成一个，从而降低一个维度，通过递归降低到二维
        if len(nums) > 2:
            for group in self.group(nums, 2):
                for op in self.ops:
                    new_group = [self.assemble(group[0][0], group[0][1], op)] + \
                        group[1]
                    result += self.dimensionality_reduction(new_group)
        else:
            result = [nums]
        return result

    # 将两个表达式组合成一个新表达式
    def assemble(self, exp1, exp2, op):

        # 如果运算符为'--'或者'//'，则交换数字顺序重新计算
        if op == '--' or op == '//':
            return self.assemble(exp2, exp1, op[0])

        # 如果是乘法，则根据两个表达式的情况加括号
        if op in r'*/':
            exp1 = self.add_parenthesis(exp1)
            exp2 = self.add_parenthesis(exp2)

        if self.precise_mode:
            if op == '-':
                exp2 = self.add_parenthesis(exp2)
            elif op == '/':
                exp2 = self.add_parenthesis(exp2, True)
```

```
        exp = self.convert(exp1['exp'] + op + exp2['exp'], op)
        return {'op': op, 'exp': exp}

    # 根据需要为表达式添加相应的括号
    @staticmethod
    def add_parenthesis(exp, is_necessary=False):

        # 如果上一计算步骤的运算符号为加号或减号，则需加括号
        if (is_necessary and not exp['exp'].isdigit()) or exp['op'] in r'+-':
            result = {
                'exp': '(' + exp['exp'] + ')',
                'op': exp['op']
            }
        else:
            result = exp
        return result


    # 检查表达式是否与结果相等，考虑到中间步骤的除法，因此不采用相等判断，而是采用计算值和目
标值的绝对值是否符合某个精度
    @staticmethod
    def check(exp, target, precision=0.0001):
        try:
            return abs(eval(exp) - target) < precision
        except ZeroDivisionError:
            return False

    # 将表达式各项重新排序成为等价标准表达式
    @staticmethod
    def convert(exp, op):
        if op in r'+-':
            pattern = r'([\+\-]((\(.+\)|\d+)[\*\/](\(.+\)|\d+)|\d+))'
            exp = '+' + exp
        else:
            pattern = r'([\*\/](\(.+?\)|\d+))'
            exp = '*' + exp
        result = ''.join(sorted([i[0] for i in re.findall(pattern, exp)]))
        if len(result) != len(exp):
            result = exp
        return result[1:]

    # 将输入的数字格式化为字典，数字的运算符号为空格，注意不是空字符
    @staticmethod
    def format(nums):
        return [{'op': ' ', 'exp': str(num)} for num in nums]

    # 对表达式列表进行分组，返回列表，[[[n1, n2], [n3, n4]], [[n1, n3], [n2, n4]], ...]
    @staticmethod
    def group(exp_list, counter):

        # 生成以下标号为元素的列表
        index_list = [i for i in range(len(exp_list))]

        # 以下标号列表取出不重复的组合
        combination = list(combinations(index_list, counter))
```

```
        # 使用下标得到原表达式并组成最终的结果数组
        for group1 in combination:
            group2 = list(set(index_list) - set(group1))
            yield [
                [exp_list[g1] for g1 in group1],
                [exp_list[g2] for g2 in group2]
            ]

auto_input = False
if auto_input:
    from numpy import random
    customer_input = random.randint(1, 20, size=4)
else:
    customer_input = list()
    customer_input.append(input('请输入第一个数字: '))
    customer_input.append(input('请输入第二个数字: '))
    customer_input.append(input('请输入第三个数字: '))
    customer_input.append(input('请输入第四个数字: '))

task = Solver()
answer = task.solution(customer_input)

if len(answer) == 0:
    print('No solutions')
else:
    for a in answer:
        print(a)
```

在上述代码中，因为默认将 auto_input 的值设置为了 False，所以执行后需要手动输入 4 个数字，例如输入的 4 个数字分别是 1、2、6、4，则执行以上代码后会输出：

```
请输入第一个数字: 1
请输入第二个数字: 2
请输入第三个数字: 6
请输入第四个数字: 4
(2-1)*4*6=24
4*6/(2-1)=24
(2+6)*(4-1)=24
((2-1)*6)*4=24
```

2.4 解决熄灯问题

扫码观看视频讲解

问题描述：有一个由按钮组成的矩阵，其中每行有 6 个按钮，共 5 行。每个按钮的位置上有一盏灯。当按下一个按钮后，该按钮以及周围位置(上边、下边、左边、右边)的灯都会改变一次。即，如果灯原来是点亮的，就会被熄灭；如果灯原来是熄灭的，则会被点亮。在矩阵角上的按钮改变 3 盏灯的状态；在矩阵边上的按钮改变 4 盏灯的状态；其他的按钮改变 5 盏灯的状态。例如在图 2-2 中，左边矩阵中用 X 标记的按钮表示被按下，右边的矩阵表示灯状态的改变。对矩阵中的每盏灯设置一个初始状态。请你按按钮，直至每一盏灯都熄灭。与一盏灯毗邻的多个按钮被按下时，一个操作会抵消另一次操作的结果。

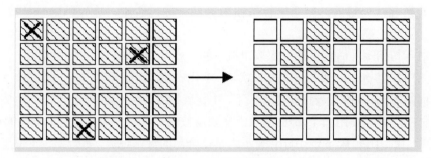

图 2-2　第一种举例

在图 2-3 中，第 2 行第 3、5 列的按钮都被按下，因此第 2 行、第 4 列的灯的状态就不会发生改变。

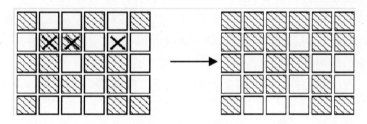

图 2-3　第二种举例

请你写一个程序，确定需要按下哪些按钮，恰好使得所有的灯都熄灭。根据上面的规则，我们知道：①第 2 次按下同一个按钮时，将抵消第 1 次按下时所产生的结果。因此，每个按钮最多只需要按下一次。②各个按钮被按下的顺序对最终的结果没有影响。③对第 1 行中每盏点亮的灯，按下第 2 行对应的按钮，就可以熄灭第 1 行的全部灯。如此重复下去，可以熄灭第 1、2、3、4 行的全部灯。同样，按下第 1、2、3、4、5 列的按钮，可以熄灭前 5 列的灯。

输入：

5 行组成，每一行包括 6 个数字(0 或 1)。相邻两个数字之间用单个逗号隔开。0 表示灯的初始状态是熄灭的，1 表示灯的初始状态是点亮的。

输出：

5 行组成，每一行包括 6 个数字(0 或 1)。相邻两个数字之间用单个空格隔开。其中的 1 表示需要把对应的按钮按下，0 则表示不需要按对应的按钮。

2.4.1　算法分析

算法分析具体如下。

(1)　当按下第一行按钮后，对于第一行仍亮着的灯，由第二行按钮控制，以此类推。

(2)　当按下第二行按钮后，对于第二行仍亮着的灯，由第三行按钮控制……

(3) 第四行仍亮着的灯，由第五行按钮控制，最后判断第五行灯的亮灭状态。

(4) 若第五行全熄灭，则第一行按钮的方式正确，否则，换一种第一行按钮按下的方式。

(5) 对于初始矩阵而言，第一行按钮按下的方式有 2^6 种，需一一枚举。

(6) 其中数组 puzzle 代表灯的亮灭状态，1 代表亮，0 代表灭。

(7) 而数组 press 则代表按钮是否按下，1 代表按下，0 代表不按。

在具体实现时，使用一个 6*8 的数组来表示按钮矩阵。1 表示灯是被点亮的；0 表示灯是熄灭的。用数组元素 press[i] [j] 表示为了让全部的灯都熄灭，是否要按下位置 (i, j) 上的按钮，其中 1 表示要按下，0 表示不用按下。由于第 0 行、第 0 列和第 7 列不属于按钮矩阵的范围，没有按钮，因此可以假设这些位置上的灯总是熄灭的，按钮也不用按下。其他 30 个位置上的按钮是否需要按下是未知的。因此数组 press 共有 230 种取值。从这么大的一个空间中直接搜索我们要找的答案，显然代价太大，不合适。

我们从熄灯的规则中会发现答案中的元素值之间的规律，不满足这个规律的数组 press 就没有必要进行判断了。根据熄灯规则，如果矩阵 press 是要寻找的答案，那么按照 press 的第一行对矩阵中的按钮进行操作之后，此时在矩阵的第一行上：

▶ 如果位置($1, j$)上的灯是点亮的，则要按下位置($2, j$)上的按钮，即 press[2] [j] 一定取 1；

▶ 如果位置 ($1, j$) 上的灯是熄灭的，则不能按位置($2, j$)上的按钮，即 press[2] [j] 一定取 0。

因为灯的最后状态(是否按它下一行开关之前)与周围灯是否按按钮有关，如 puzzle[i] [j]，决定它最后状态的相关按钮为 press[i] [$j-1$] (左)、press[i][j](它本身)、press[i] [$j+1$](右)、press[$i-1$][j](上)，还有它最初的状态 puzzle[i] [j]。考虑到按两次按钮作用会抵消，需要取它们的和与 2 的余数，所以 puzzle[i] [j] 最后状态公式为：

```
puzzle[i][j]最后状态 =
(press[i][j-1]+press[i][j]+press[i][j+1]+press[i-1][j]+ puzzle[i] [j] ) % 2
```

而 press[$i+1$] [j] 由 puzzle[i] [j] 的最后状态决定，灯亮着(值为 1)就要关掉它，press 值取 1,灯是熄灭的(值为 0)不用处理,press 值取 0,它们是相等的,所以 press[$i+1$] [j] = puzzle[i] [j] 最后状态。

这样依据 press 的第一、二行操作矩阵中的按钮，才能保证第一行的灯全部熄灭。而对矩阵中第三、四、五行的按钮无论进行什么样的操作，都不影响第一行各灯的状态。以此类推，可以确定 press 第三、四、五行的值。因此，一旦确定了 press 第一行的值之后，为熄灭矩阵中第一至四行的灯，其他行的值也就随之确定了。

press 的第一行共有 64(2^7)种取值，分别对应唯一的一种 press 取值，使得矩阵中前 4 行的灯都能熄灭。只要对这 64 种情况进行判断就可以了：如果按照其中的某个 press 对矩阵中的按钮进行操作后，第五行的所有灯也恰好熄灭，则找到了答案。

我们这样来判断第五行灯是否是熄灭的，如 puzzle[5] [j]，它的最终状态由按钮 press[5] [$j-1$] (左)，press[5][j](它本身)，press[5] [$j+1$](右)，press[4] [j](上)决定，如果 puzzle[5] [j]原

先是亮着(值为 1)，那么决定它最终状态的按钮作用互相抵消后，某一个按钮仍然需要是按下的(值为 1)，如果 puzzle[5] [j]原先是熄灭的(值为 0)，那么决定它最终状态的按钮作用互相抵消后，没有按钮是按下的(值为 0)。判断公式为：

```
if (press[5][c - 1] + press[5][c] + press[5][c + 1] + press[4][c]) % 2 !=
puzzle[5][c]:
```

如果是相等的，则该灯是熄灭的，否则它还是亮着的。

2.4.2　使用 numpy 和枚举算法解决熄灯问题

numpy(Numerical Python)是 Python 语言的一个扩展程序库，支持大量的维度数组与矩阵运算，此外，也针对数组运算提供大量的数学函数库。因为我们将要解决的熄灯问题，实质上就是一个维度数组与矩阵运算的问题，所以借助于 numpy 解决熄灯问题会达到事半功倍的效果。

根据 2.4.1 小节中的算法分析编写文件 xideng01.py，在枚举的时候将按钮矩阵的第一行看作是一个二进制数，然后通过++递增实现遍历。实例文件 xideng01.py 的具体实现代码如下所示。

```python
import numpy as np

line = [[0] * 6] * 5
for i in range(5):
    line[i] = input("请输入第" + str(i) + "行: ").split(',')
    # 将 line 中的元素转换为整型
    line[i] = list(map(int, line[i]))

puzzle = np.array(line)
zero = np.zeros(6)
# 向 puzzle 中的最上面加入一行 0
puzzle = np.insert(puzzle, 0, values=zero, axis=0)
# 向 puzzle 中的最后一列加入一列 0
puzzle = np.insert(puzzle, 6, values=zero, axis=1)
# 向 puzzle 中的第 0 列加入一行 0
puzzle = np.insert(puzzle, 0, values=zero, axis=1)

b = [[0 for col in range(8)] for row in range(6)]  # 6*8  不要写反
press = np.array(b)


# 或 press=np.zeros((6,8))
def guess():
    for r in range(1, 5):
        for c in range(1, 7):
            # 根据 press 的第一行和 puzzle 的第一行，确定 press 其他行的值
            press[r + 1][c] = (puzzle[r][c] + press[r][c] + press[r - 1][c] +
                press[r][c - 1] + press[r][c + 1]) % 2
    # 判断所计算的 press 能否熄灭最后一行的所有灯
    for c in range(1, 7):
```

```
        if (press[5][c - 1] + press[5][c] + press[5][c + 1] + press[4][c]) % 2 !=
            puzzle[5][c]:
            return 0
    return 1
    # 枚举第一行按下开关的所有可能性，有2^6个


def enumeration():
    while guess() == 0:
        press[1][1] += 1
        c = 1
        while (press[1][c] > 1):
            press[1][c] = 0
            c += 1
            press[1][c] += 1
        continue


enumeration()
print("灯的初始状态: \n", puzzle[1:6, 1:7])
print("按下结果为: \n", press[1:6, 1:7])
```

执行以上代码后会提示输入 5 行数据，例如输入下面的数据后的执行结果是：

```
请输入第0行: 0,0,0,1,1,1
请输入第1行: 0,1,0,0,1,0
请输入第2行: 1,1,1,0,0,0
请输入第3行: 1,0,1,1,0,1
请输入第4行: 0,0,0,1,0,1
灯的初始状态:
 [[0 0 0 1 1 1]
 [0 1 0 0 1 0]
 [1 1 1 0 0 0]
 [1 0 1 1 0 1]
 [0 0 0 1 0 1]]
按下结果为:
 [[1 0 1 0 0 0]
 [1 0 1 0 1 1]
 [0 1 0 0 1 0]
 [1 0 1 1 0 0]
 [0 1 1 1 0 1]]
```

2.5 解决"讨厌的青蛙"问题

扫码观看视频讲解

问题描述：有一个矩形稻田，每天晚上，青蛙会从一侧跳进稻田从而踩坏稻子。规定：每只青蛙总沿着一条直线跳跃，且每只青蛙每次跳跃距离相同(不同青蛙的蛙跳步长不同，不同青蛙的蛙跳方向可能不同)。稻田里的稻子组成一个栅格，每棵稻子位于一个格点上，而青蛙总是从稻田的一侧跳进稻田，然后沿着某条直线穿越稻田，从另一侧跳出去，如图 2-4 所示。

可能会有多只青蛙从稻田穿越，青蛙每一跳都恰好踩在一棵水稻上，将这棵水稻拍倒，

如图 2-5 所示。有些水稻可能被多只青蛙踩踏，农民所见到的是图 2-6 中的情形,看不到图 2-5 中的直线，也见不到别人家田里被踩踏的水稻。

农民想知道那只踩了最多稻子的青蛙的跳跃轨迹，请给出该轨迹上踩的稻子数(规定一条路径上稻子数至少为3)。

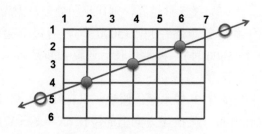

图 2-4　稻田中的青蛙

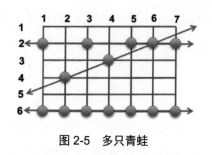

图 2-5　多只青蛙

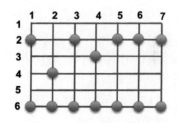

图 2-6　农民眼中的情形

输入：

第一行中的两个整数 R、C 分别表示稻田中水稻的行数和列数，$1 \leqslant R$，$C \leqslant 5000$；第二行是一个整数 N，表示被踩踏的水稻数量，$3 \leqslant N \leqslant 5000$；在剩下的 N 行中，每行有两个整数，分别是一棵被踩踏水稻的行号($1 \sim R$)和列号($1 \sim C$)，两个整数用一个空格隔开；且每棵被踩踏的水稻只被列出一次。

输出：

如果在稻田中存在青蛙行走路径，就输出包含最多水稻的青蛙行走路径中的水稻数量，否则输出 0。

2.5.1　算法分析

大多数开发者会自然想到用枚举算法解决这个问题，因为稻田是有限的，或者说被破坏的稻子数量是有限的(不超过 5000)。我们如何确定这一条路径呢？如从起始点、方向和步长 3 个方面考虑似乎可行，但是在最坏情况下，需要付出 5000*5000*5000 的枚举代价，这不能令人满意。因此，必须设法缩小解空间。

如果我们从踩坏的稻子序列中，拿出两个，假设一个是第一个跳跃点，一个是第二个跳跃点。在这种假设下，我们得到跳跃步长(作减法即可，注意 x、y 两个方向上的向量分解)，然后根据一些必要条件判断是否为可能解，如果不是则提前从解空间中删除该解，进入下一个枚举。如果满足必要条件，则需要计算该走法情况下的踩坏的稻子数，如果比既定的max 大，则更新 max，否则继续下一轮枚举。

根据第一个点坐标和计算得到的步长，计算第一个点的前一个点，是否落在稻田内，如果是，则假设不正确，继续枚举。为了避免无效计算，可根据假定的 max，从 x 和 y 两个角度判断是否可能比 max 大，如果提早越界，则作相应处理，因为不可能是有效解。

枚举每个被踩的稻子作为行走路径起点(5000 个)，对每个起点，枚举行走方向(5000种)，对每个方向枚举步长(5000 种)，枚举步长后还要判断是否每步都踩到水稻，时间是5000*5000*5000，这显然不行！

每条青蛙行走路径中至少有 3 棵水稻，假设一只青蛙进入稻田后踩踏的前两棵水稻分别是$(X_1,Y_1),(X_2,Y_2)$。那么青蛙每一跳在 X 方向上的步长 $dX=X_2-X_1$，在 Y 方向上的步长 $dY=Y_2-Y_1$。

$(X_1 - dX, Y_1 - dY)$需要落在稻田之外；当青蛙踩在水稻(X, Y)上时，下一跳踩踏的水稻是$(X + dX, Y + dY)$；将路径上的最后一棵水稻记作(X_K, Y_K)，$(X_K + dY, Y_K + dY)$需要落在稻田之外。

假设猜测(X_1, Y_1)、(X_2, Y_2)是所要寻找的行走路径上的前两棵水稻，当下列条件之一满足时，这个猜测就不成立：

▶　　青蛙不能经过一跳从稻田外跳到(X_1, Y_1)上。

▶　　按照(X_1, Y_1)、(X_2, Y_2)确定的步长，从(X_1, Y_1)出发，青蛙最多经过(MAXSTEPS－1)步，就会跳到稻田之外。MAXSTEPS 是当前已经找到的最好答案。

2.5.2　具体实现

根据上面介绍的算法分析编写文件 wa01.py，具体实现代码如下所示。

```python
max = 2
RC = input("请输入水稻的行数和列数：").split(' ')

RC = list(map(int, RC))


n = int(input("请输入被踩踏的水稻数目："))
# 输入被踩踏的水稻坐标
plants = [[0, 0]] * n
plant = [0, 0]

for i in range(n):
    plants[i] = input("请输入第" + str(i + 1) + "棵被踩踏的水稻的坐标：").split(' ')
    plants[i] = list(map(int, plants[i]))


def searchpath(secplant, dx, dy):
    plant[0] = secplant[0] + dx
    plant[1] = secplant[1] + dy
    steps = 2
    RC = [6, 7]
```

```
        while 1 <= plant[0] <= RC[0] and 1 <= plant[1] <= RC[1]:
            if plant not in plants:
                steps = 0
                break
            plant[0] += dx
            plant[1] += dy
            steps += 1
        return steps

# 将被踩踏的水稻按坐标大小进行排序，先比较 x，若 x 相等，则比较 y
plants = sorted(plants)
for i in range(n - 2):
    for j in range(i + 1, n - 1):
        # 选取 plants[i] 为第一个点，plants[j] 为第二个点，求取间距 dX 和 dY
        dX = plants[j][0] - plants[i][0]
        dY = plants[j][1] - plants[i][1]
        # 判断选取的第一个点的前一个点的坐标是否在稻田里
        # 若在，说明选取的步长太小，换第二个点再试
        pX = plants[i][0] - dX
        pY = plants[i][1] - dY
        if 1 <= pX <= RC[0] and 1 <= pY <= RC[1]:
            continue
        # 跳跃 max 步后，判断其在 x 方向是否过早越界
        # 其中 max 是程序实时比较计算出的最大步数
        # 由于 plants 是排序过的，当这个点越界时，换第二个点，dX 增大
        # 那么无论怎么换第二个点，都一定越界，因此，换第一个点再试
        if plants[i][0] + (max - 1) * dX > RC[0]:
            break
        # 跳跃 max 步后，判断其在 Y 方向是否过早越界
        # 由于 plants 是排序过的，换第二个点时，dX 增大，但是 dY 减小
        # 因此，如果越界，则需换第二个点再试
        pY = plants[i][1] + (max - 1) * dY
        if pY > RC[1] or pY < 1:
            continue
        # 走到这步说明，该条路径不仅符合条件，而且跳跃步数比之前的 max 要大
        # 因此，计算该条路径的步数
        steps = searchpath(plants[j], dX, dY)
        if steps > max:
            max = steps
    if steps == 2:
        max = 0
print(max)
```

执行以上代码后会得到和前面问题描述中要求的输入、输出结果一样。执行以上代码后会输出：

```
请输入水稻的行数和列数：6 7
请输入被踩踏的水稻数目：14
请输入第 1 棵被踩踏的水稻的坐标：2 1
请输入第 2 棵被踩踏的水稻的坐标：6 6
请输入第 3 棵被踩踏的水稻的坐标：4 2
请输入第 4 棵被踩踏的水稻的坐标：2 5
```

```
请输入第 5 棵被踩踏的水稻的坐标: 2 6
请输入第 6 棵被踩踏的水稻的坐标: 2 7
请输入第 7 棵被踩踏的水稻的坐标: 3 4
请输入第 8 棵被踩踏的水稻的坐标: 6 1
请输入第 9 棵被踩踏的水稻的坐标: 6 2
请输入第 10 棵被踩踏的水稻的坐标: 2 3
请输入第 11 棵被踩踏的水稻的坐标: 6 3
请输入第 12 棵被踩踏的水稻的坐标: 6 4
请输入第 13 棵被踩踏的水稻的坐标: 6 5
请输入第 14 棵被踩踏的水稻的坐标: 6 7
7
```

2.6   解决"鸡兔同笼"问题

扫码观看视频讲解

问题描述:今有鸡兔同笼,上有三十头,下有九十足。问鸡兔各几只?意思是假设共有鸡、兔 30 只,脚 90 只,请计算鸡、兔各有多少只?

2.6.1   算法分析

先看使用自然语言表示的算法,解法需要满足下面的 4 个条件。

(1) 鸡加兔共 30 只。

(2) 鸡 2 只脚,兔 4 只脚。

(3) 鸡加兔的脚一共 90 只。

(4) 鸡小于等于 30 只,兔小于等于 30 只。

根据上述算法列出下面的方程式:

```
X + Y = 30
2X + 4Y = 90
```

下面是计算机算法分析。

(1)   先定义两个变量并设其初值为 $a = 0$,$b = 0$(鸡的数量等于 a,兔的数量等于 b)。

(2)   用 while 语句去判断隐藏条件 $a \leqslant 30$ and $b \leqslant 30$。

(3)   当判定条件满足的情况下,在满足鸡加兔 30 只时用 if 语句去实现。

(4)   当条件满足时格式化输出满足的所有情况。

(5)   当满足条件(1)时,还需要满足条件(3),需要用 if 语句去实现。

(6)   当满足条件(3)时,格式化输出满足条件的组合,然后终止循环。

2.6.2   具体实现:输入头和脚的个数的解法

在解决"鸡兔同笼"问题时,还有一种要求输入头和脚的个数然后计算鸡、兔各有多少只的问题。此时可以编写实例文件 chick01.py 实现,具体实现代码如下所示。

```
def app(a, b):
```

```
x = (4 * a - b) / 2
if a != 0 and (4 * a - b) % (x * 2) == 0:
    y = a - x
    if x < 0 or y < 0:
        print("{}只动物{}条腿的情况无解".format(a, b))
    else:
        print("鸡有{}只，兔有{}只".format(int(x), int(y)))
else:
    print("{}只动物{}条腿的情况无解".format(a, b))


a = input("请输入鸡和兔的总数\n")
b = input("请输入鸡和兔的脚数\n")

a = int(a)
b = int(b)

app(a, b)
```

执行以上代码后会要求输入鸡兔的总数和鸡兔的总脚数，例如分别输入 120 和 350 后会输出：

```
请输入鸡和兔的总数
120
请输入鸡和兔的脚数
350
鸡有 65 只，兔有 55 只
```

2.7　解决"水仙花数"问题

水仙花数(narcissistic number)，又称超完全数字不变数、自恋数、自幂数、阿姆斯特朗数(Armstrong number)，是指一个 n 位数($n \geq 3$)，它的每个数位上的数字的 n 次幂之和，等于它本身(例如：$1^3 + 5^3 + 3^3 = 153$)。严格来说，只有三位数的 3 次幂数才能被视为水仙花数。

扫码观看视频讲解

2.7.1　找出 1000 以内的水仙花数

将 1000 以内的水仙花数定义为 X，则 $100 \leq X \leq 999$。假设水仙花数 X 的三位数分别是百位数 a、十位数 b 和个位数 c，则：

$$X = a^3 + b^3 + c^3$$

在编写水仙花数的算法程序时，根据水仙花数的定义，编写过程如下所示。

(1) 首先要把每一位数都取出来，然后通过验证等式是否成立来找出水仙花数。

(2) 如何取到一个三位数的每一位呢？以水仙花数 153 为例，153%10 取余为 1 将个位取出来，然后 153%100 取余，然后除以 10 取整，获得十位数，153/100 取整获得百位数。

(3) 在取到三位数后如何去判断呢？通过 if 判断语句来判断 $1^3 + 5^3 + 3^3$ 是否成立,成立则打印出来。

根据上述算法制作实现流程图，如图 2-7 所示。

根据上面的算法编写实例文件 Narcissistic01.py，具体实现代码如下所示。

```
x=100
while int(x)<=999:
    a=int(x/100)
    b=int((x-a*100)/10)
    c=x-a*100-b*10
    if a**3+b**3+c**3==x:
        print("a",a,"b",b,"c",c)
    x=x+1
```

执行以上代码后会输出：

```
a 1 b 5 c 3
a 3 b 7 c 0
a 3 b 7 c 1
a 4 b 0 c 7
```

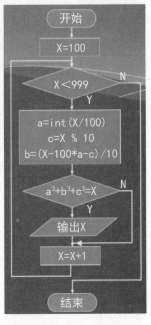

图 2-7　水仙花编码流程

2.7.2　找出 5 位水仙花数

根据前面介绍的算法思路，我们可以编写实例文件 Narcissistic02.py 找出 5 位水仙花数，具体实现代码如下所示。

```
for i in range(10000,100001):
    sum=0
    temp=i
    while temp:
        sum=sum+(temp%10)**5
        temp//=10
    if sum==i:
        print(i)
```

执行以上代码后会输出：

```
54748
92727
93084
```

2.7.3　找出 10000 以内的水仙花数(包括 1 位、2 位)

从严格意义上说，水仙花数只是自幂数的一种。不同位数对应的自幂数名字如下。

▶　　一位自幂数：独身数。

▶　　两位自幂数：没有。

▶　　三位自幂数：水仙花数。

▶　　四位自幂数：四叶玫瑰数。

> ▶ 五位自幂数：五角星数。
> ▶ 六位自幂数：六合数。
> ▶ 七位自幂数：北斗七星数。

在下面的实例文件 Narcissistic03.py 中，能够找出 10000 以内的水仙花数(包括 1 位、2 位)。根据上面的介绍，一位自幂数叫独身数，两位自幂数不存在。实例文件 Narcissistic03.py 的具体实现代码如下所示。

```
for i in range(0,100001):
    temp=i
    sum=0
    a=len(str(i))
    while temp:
        sum+=(temp%10)**a
        temp//=10
    if sum==i:
        print(i,end=' ')
```

执行以上代码后会输出：

```
0 1 2 3 4 5 6 7 8 9 153 370 371 407 1634 8208 9474 54748 92727
93084
```

在上述执行结果中，一位数 0、1、2、3、4、5、6、7、8、9 是独身数，153、370、371、407 是水仙花数，1634、8208、9474、54748、92727、93084 是四叶玫瑰数。

第3章

递归算法思想

在本章的内容中，将详细讲解递归算法思想的基本知识，并通过具体例子详细讲解递归算法的用法和技巧。希望读者理解并掌握递归算法思想的用法和核心知识，为步入本书后面知识的学习打下基础。

扫码观看视频讲解

3.1 递归算法思想基础

递归算法(recursion algorithm)在计算机科学中是指一种通过重复将问题分解为同类的子问题而解决问题的方法。对递归算法的通俗理解是，递归就是在函数内部调用自己的函数的过程。

3.1.1 什么是递归

递归式方法可以被用于解决很多计算机科学问题，因此它是计算机科学中十分重要的一个概念。绝大多数编程语言支持函数的自调用，在这些语言中函数可以通过调用自身来进行递归。计算理论可以证明递归的作用可以完全取代循环，因此在很多函数编程语言(如Scheme)中习惯用递归来实现循环。在计算机编程应用中，递归算法对解决大多数问题是十分有效的，它能够使算法的描述变得简洁而且易于理解。

为了帮助大家理解递归算法，下面是几个关于递归算法的通俗比喻。

(1) 我们使用的词典，本身就是递归，为了解释一个词，需要使用更多的词。当你查一个词，发现这个词的解释中某个词仍然不懂，于是你开始查第二个词，可惜，第二个词里仍然有不懂的词，于是查第三个词，这样查下去，直到有一个词的解释是你完全能看懂的，那么递归走到了尽头，然后你开始后退，逐个明白之前查过的每一个词，最终，你明白了最开始那个词的意思。

(2) 一个小朋友坐在第 10 排，他的作业本被小组长扔到了第 1 排，小朋友要拿回他的作业本，怎么办？他可以拍拍第 9 排小朋友，说："帮我拿第 1 排的本子"，而第 9 排的小朋友可以拍拍第 8 排小朋友，说："帮我拿第 1 排的本子"……如此下去，消息终于传到了第 1 排小朋友那里，于是他把本子递给第 2 排，第 2 排又递给第 3 排……终于，本子到手啦！这就是递归，拍拍小朋友的背可以类比函数调用，而小朋友们都记得要传消息、送本子，是因为他们有记忆力，这可以类比栈。

(3) 从递归的定义上来看，我们对于那些可以使用递归思想来简化并解决的问题，就相当于是在剥洋葱，将一个大的问题(洋葱)简化成一个一个与原问题相似但是规模更小的子问题(一片洋葱)，然后递归调用方法(剥)，这样最后得到答案。

注 意　递推和递归有什么差异

递推和递归虽然只有一个字的差异，但是两者之间还是不同的。递推像是多米诺骨牌，根据前面几个得到后面的；递归是大事化小，比如"汉诺塔"(Tower of Hanoi)问题就是典型的递归。如果一个问题既可以用递归算法求解，也可以用递推算法求解，此时往往选择用递推算法，因为递推的效率比递归高。

3.1.2　对递归和循环的生动解释

在正式介绍递归的内涵之前，我们首先引用知乎大神李继刚对递归和循环的生动解释。

(1) 递归：你打开面前这扇门，看到屋里面还有一扇门。你走过去，发现手中的钥匙还可以打开它，你推开门，发现里面还有一扇门，你继续打开它。若干次之后，你打开面前的门后，发现只有一间屋子，没有门了。然后，你开始原路返回，每走回一间屋子，你数一次，走到入口的时候，你可以回答出你到底用这把钥匙打开了几扇门。

(2) 循环：你打开面前这扇门，看到屋里面还有一扇门。你走过去，发现手中的钥匙还可以打开它，你推开门，发现里面还有一扇门(若前面两扇门都一样，那么这扇门和前两扇门也一样；如果第二扇门比第一扇门小，那么这扇门也比第二扇门小)，你继续打开这扇门，一直这样继续下去直到打开所有的门。但是，入口处的人始终等不到你回去告诉他答案。

上面的比喻形象地阐述了递归与循环的内涵，根据递归算法的含义，递归包含了两个意思：递和归，这正是递归思想的精华所在。递归就是有去(递去)有回(归来)，如图 3-1 所示。"有去"是指递归问题必须可以分解为若干个规模较小且与原问题形式相同的子问题，这些子问题可以用相同的解题思路来解决，就像上面例子中的钥匙可以打开后面所有门上的锁一样；"有回"是指这些问题的演化过程是一个从大到小，由近及远的过程，并且会有一个明确的终点(临界点)，一旦到达了这个临界点，就不用再往更小、更远的地方走下去。最后，从这个临界点开始，原路返回到原点，解决原问题。

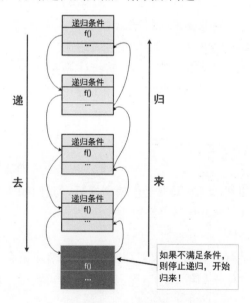

图 3-1　递归就是有去(递去)有回(归来)

针对递归算法思想有一种更直接的说法，递归的基本思想就是把规模大的问题转化为规模小的相似的子问题来解决。特别地，在函数实现时，因为解决大问题的方法和解决小问题的方法往往是同一个方法，所以就产生了函数调用它自身的情况，这也正是递归的定义所在。格外重要的是，这个解决问题的函数必须有明确的结束条件，否则就会导致无限递归的情况。

3.1.3　用归纳法来理解递归

很多学过高中数学的读者的第一反应就是递归在数学上的模型是什么，毕竟对于他们来说，将问题进行数学建模比起代码建模要拿手得多。通过观察递归会发现，递归的数学模型其实就是数学归纳法，这个在高中的数列里面很常用，而递归和数学归纳法的思维方式正好相反。那我们应该如何判断这个递归计算是否正确呢？Paul Graham 提到了一种方法：如果下面这两点是成立的，我们就知道这个递归对于所有的 n 都是正确的。

(1)　当 $n=0,1$ 时，结果正确。

(2)　假设递归对于 n 是正确的，同时对于 $n+1$ 也正确。

这种方法很像数学归纳法，也是递归正确的思考方式，将上述第(1)点称为基本情况，将第(2)点称为通用情况。在递归算法中，通常把第(1)点称为终止条件，因为这样更容易理解，其作用就是终止递归，防止递归无限地运行下去。

数学归纳法适用于将解决的原问题转化为解决它的子问题，而它的子问题又变成子问题的子问题，而且我们发现这些问题其实都是一个模型，也就是说存在相同的逻辑归纳处理项。当然有一个是例外的，也就是归纳结束的那一个处理方法不适用于我们的归纳处理项，当然也不能适用，否则就是无穷归纳了。总的来说，归纳法主要包含以下三个关键要素。

▶　步进表达式：问题蜕变成子问题的表达式。

▶　结束条件：什么时候可以不再使用步进表达式。

▶　直接求解表达式：在结束条件下能够直接计算返回值的表达式。

正因如此，这也正是当利用编程的方式解决数学中的数列问题时，递归算法是最受欢迎的原因。

3.1.4　递归的三个要素

在我们了解了递归的基本思想及其数学模型之后，我们如何才能写出一个漂亮的递归程序呢？笔者认为主要是把握好如下三个要素。

(1)　明确递归终止条件。

我们知道，递归就是有去有回，既然这样，那么必然应该有一个明确的临界点，程序一旦到达了这个临界点，就不用继续往下递去而是开始实实在在地归来。换句话说，该临界点就是一种简单情境，可以防止无限递归。

(2)　给出递归终止时的处理办法。

前面曾经说到，在递归的临界点存在一种简单情境，在这种简单情境下，我们应该直接给出问题的解决方案。一般来说，在这种情境下，解决问题的方案是直观的、容易的。

(3)　提取重复的逻辑，缩小问题规模。

在前面介绍递归思想的内涵时曾经提到过，递归问题必须可以分解为若干个规模较小、与原问题形式相同的子问题，这些子问题可以用相同的解题思路来解决。从程序实现的角度而言，我们需要抽象出一个干净利落的重复的逻辑，以便使用相同的方式解决子问题。

在明确了上述递归算法的三要素后，接下来就可以开始编写具体的算法了。在现实应用中，递归算法常用于解决以下三类问题：

(1) 问题的定义是按递归定义的，例如 Fibonacci 函数、阶乘等；

(2) 问题的解法是递归的，有些问题只能使用递归方法来解决，例如汉诺塔问题等；

(3) 数据结构是递归的，例如链表和树等的操作(包括树的遍历、树的深度等)。

3.2 解决"斐波那契数列"问题

扫码观看视频讲解

斐波那契数列因数学家列昂纳多•斐波那契以兔子繁殖为例子而引入，故又称为"兔子数列"。一般而言，兔子在出生两个月后，就有繁殖能力，一对兔子每个月能生出一对小兔子来。如果所有兔子都不死，那么一年以后可以繁殖多少对兔子？

3.2.1 算法分析

以新出生的一对小兔子为例进行如下分析。

(1) 第 1 个月小兔子没有繁殖能力，所以还是一对。

(2) 2 个月后，一对小兔子生下了一对新的小兔子，所以共有两对兔子。

(3) 3 个月以后，老兔子又生下一对，因为小兔子还没有繁殖能力，所以一共是 3 对。

……

依此类推可以列出关系表，如表 3-1 所示。

表 3-1　月数与兔子对数关系表

月数	1	2	3	4	5	6	7	8	…
对数	1	1	2	3	5	8	13	21	…

表中数字 1，1，2，3，5，8，…构成了一个数列，这个数列有一个十分明显的特点：前面相邻两项之和，构成了后一项。这个特点证明：每月的大兔子数为上月的兔子数，每月的小兔子数为上月的大兔子数，某月兔子的对数等于其前面紧邻两个月的和。

由此可以得出具体算法如下所示：

设置初始值为 $F_0=1$，第 1 个月兔子的总对数是 $F_1=1$。

第 2 个月的兔子总对数是 $F_2=F_0+F_1$。

第 3 个月的兔子总对数是 $F_3=F_1+F_2$。

第 4 个月的兔子总对数是 $F_4=F_2+F_3$。

……

第 n 个月的兔子总对数是 $F_n=F_{n-2}+F_{n-1}$。

3.2.2　计算斐波那契数列的第 *n* 项值

因为递归算法思想往往用函数的形式来体现，所以递归算法需要预先编写功能函数。这些函数具有独立的功能，能够实现解决某个问题的具体功能，当需要时直接调用这个函数即可。在下面的实例文件 di.py 中，演示了使用递归算法计算斐波那契数列的第 *n* 项值的过程。

```python
fib_table = {}

def fib_num(n):
    if (n <= 1):
        return n
    if n not in fib_table:
        fib_table[n] = fib_num(n - 1) + fib_num(n - 2)
    return fib_table[n]

n = int(input("输入斐波那契数列的第 n 项 \n"))
print("斐波那契数列的第 ", n, "项是", fib_num(n))
```

执行以上代码后会输出：

```
输入斐波那契数列的第 n 项
4
斐波那契数列的第   4 项是 3
```

上述函数 fib_num(*n*)的功能是使用递归算法计算斐波那契数列的第 n 项值，为了明确递归步骤，假设参数 *n* 的值是 5，则对 5! 进行分解的过程如下所示。

```
fib_num(5)                              # 第 1 次调用使用 5
5 * fib_num(4)                          # 第 2 次调用使用 4
5 * (4 * fib_num(3))                    # 第 3 次调用使用 3
5 * (4 * (3 * fib_num(2)))              # 第 4 次调用使用 2
5 * (4 * (3 * (2 * fib_num(1))))        # 第 5 次调用使用 1
5 * (4 * (3 * (2 * 1)))                 # 从第 5 次调用返回
5 * (4 * (3 * 2))                       # 从第 4 次调用返回
5 * (4 * 6)                             # 从第 3 次调用返回
5 * 24                                  # 从第 2 次调用返回
120                                     # 从第 1 次调用返回
```

> **注 意**
>
> 在使用上述函数 fib_num(*n*)时，分别设置 *n* 的值为 998 和 999 进行测试，会发现当 *n* 为 998 时能输出正确答案，但当 *n* 大于 998 时会出现下面的错误：
>
> ```
> RuntimeError: maximum recursion depth exceeded
> ```
>
> 这是因为 Python 设置了递归的深度的默认限制值，目的是避免耗尽计算机的内存。在 Windows 系统中，这个默认值是 998。

3.2.3　使用 Memorization(记忆化)优化递归

继续以计算斐波那契数列为例，请看下面的实例文件 di02.py，功能是计算并输出前 30 个斐波那契数列的值。

```
def fib_recur(n):
  assert n >= 0, "n > 0"
  if n <= 1:
    return n
  return fib_recur(n-1) + fib_recur(n-2)

for i in range(1, 31):
    print(fib_recur(i), end=' ')
```

执行以上代码后会输出：

```
1 1 2 3 5 8 13 21 34 55 89 144 233 377 610 987 1597 2584 4181 6765 10946 17711
28657 46368 75025 121393 196418 317811 514229 832040
```

上述基于递归实现的代码虽然写法简洁，但是效率比较低，我们在执行上述实例文件时会发现，在输出显示最后的三个数值(317811、514229 和 832040)时会非常慢。这是因为会出现大量的重复计算，时间复杂度为 $O(1.618^n)$，而且最深度仅仅为 1000。例如在上面的实例中，由于递归函数会重复调用很多遍函数，传入同样的参数，得到同样的结果，实际是重复实现同一个行为，导致效率很低。

为了提高递归算法的效率，我们可以考虑使用 Memorization(记忆化)技术优化我们的递归算法。Memorization 是一种利用缓存来加速函数调用的技术手段，将消耗较大的调用结果存储起来，当再次遇到相同调用时就从缓存读取结果而无须重新计算，这种方法叫作 LRU(least recently used)缓存算法。Memorization 技术的核心思想就是建立一个散列，然后把递归循环里的计算结果记录下来，如果在循环中发现重复的计算就直接获取结果。

例如在使用递归计算斐波那契数列时我们用递归函数 fibonacci(n)来实现，如果不使用 Memorization 技术，则基本的计算过程如图 3-2 所示。

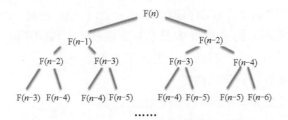

图 3-2　递归的计算过程

从上面的递归计算过程可以看出，我们需要计算很多遍的重复数据，这就影响了效率。通过使用 Memorization 技术，可以把已经计算过的结果暂时存起来，等到下次用的时候直接取出结果。这样就会省去不需要的计算，提高程序的效率。

在 Python 语言中，为我们提供了内置的库函数 functools.lru_cache()来实现 Memorization

功能。函数 lru_cache()是一个内置函数缓存装饰器，具体语法如下所示。

```
@functools.lru_cache(maxsize=128, typed=False)
```

▶ 参数 maxsize：指最大缓存多少个调用，如果赋值为 None，则表示无限制缓存，
且关闭 LRU 功能。

▶ 参数 typed：表示当控制函数参数的类型不同时是否单独缓存。当设置为 True 时，
例如 $f(3)$ 和 $f(3.0)$ 将会区别对待。

请看下面的实例文件 di03.py，功能是计算并输出前 30 个斐波那契数列的值。

```
def fib_recur(n):
 assert n >= 0, "n > 0"
 if n <= 1:
   return n
 return fib_recur(n-1) + fib_recur(n-2)

for i in range(1, 31):
   print(fib_recur(i), end=' ')
```

执行以上代码后会输出下面的结果，发现执行速度会优于上面的递归方案，在输出显
示最后的三个数值(317811、514229 和 832040)时没有出现非常慢的情况。

```
1 1 2 3 5 8 13 21 34 55 89 144 233 377 610 987 1597 2584 4181 6765 10946 17711
28657 46368 75025 121393 196418 317811 514229 832040
```

3.3 用递归算法解决"汉诺塔"问题

扫码观看视频讲解

寺院里有 3 根柱子，第一根有 64 个盘子，从上往下盘子越来越大。方
丈要求小和尚 A_1 把这 64 个盘子全部移动到第三根柱子上。在移动的时候，
始终只能小盘子压着大盘子，而且每次只能移动一个。

方丈发布命令后，小和尚 A_1 就马上开始了工作，下面看他的工作过程。

(1) 聪明的小和尚 A_1 在移动时，觉得很难，另外他也非常懒惰，所以找 A_2 来帮他。他
觉得要是 A_2 能把前 63 个盘子先移动到第二根柱子上，自己再把最后一个盘子直接移动到第
三根柱子，然后让 A_2 把刚才的前 63 个盘子从第二根柱子上移动到第三根柱子上，整个任务
就完成了。所以他找了另一个小和尚 A_2，并下了如下命令：

① 把前 63 个盘子移动到第二根柱子上；

② 自己把第 64 个盘子移动到第三根柱子上；

③ 把前 63 个盘子移动到第三根柱子上。

(2) 小和尚 A_2 接到任务后也觉得很难，所以他也和 A_1 想的一样：要是有一个人能把前
62 个盘子先移动到第三根柱子上，再把最后一个盘子直接移动到第二根柱子上，然后让那
个人把刚才的前 62 个盘子从第三根柱子上移动到第二根柱子上，任务就算完成了。所以他
也找了另外一个小和尚 A_3，并下了如下命令：

① 把前 62 个盘子移动到第三根柱子上；

② 自己把第 63 个盘子移动到第二根柱子上；

③ 把前 62 个盘子移动到第二根柱子上。

(3) 小和尚 A_3 接了任务，又把移动前 61 个盘子的任务"依葫芦画瓢"地交给了小和尚 A_4，这样一直递推下去，直到把任务交给了第 64 个小和尚 A_{64} 为止。

(4) 此时此刻，任务马上就要完成了，唯一的工作就是 A_{63} 和 A_{64} 的工作了。

小和尚 A_{64} 移动第 1 个盘子，把它移开，然后小和尚 A_{63} 移动给他分配的第 2 个盘子。

小和尚 A_{64} 再把第 1 个盘子移动到第 2 个盘子上。到这里 A_{64} 的任务完成，A_{63} 完成了 A_{62} 交给他的任务的第一步。

3.3.1　算法分析

从上面小和尚的工作过程可以看出，只有 A_{64} 的任务完成后，A_{63} 的任务才能完成，只有小和尚 A_2 的任务完成后，小和尚 A_1 剩余的任务才能完成。只有小和尚 A_1 剩余的任务完成，才能完成方丈吩咐给他的任务。由此可见，整个过程是一个典型的递归问题。接下来我们以 3 个盘子来分析。

第 1 个小和尚命令：

① 第 2 个小和尚先把第一根柱子前 2 个盘子移动到第二根柱子，借助第三根柱子；

② 第 1 个小和尚自己把第一根柱子最后的盘子移动到第三根柱子；

③ 第 2 个小和尚把前 2 个盘子从第二根柱子移动到第三根柱子。

非常显然，第②步很容易实现。

其中第一步，第 2 个小和尚有 2 个盘子，他就命令：

① 第 3 个小和尚把第一根柱子第 1 个盘子移动到第三根柱子(借助第二根柱子)；

② 第 2 个小和尚自己把第一根柱子第 2 个盘子移动到第二根柱子上；

③ 第 3 个小和尚把第 1 个盘子从第三根柱子移动到第二根柱子。

同样，第②步很容易实现，但第 3 个小和尚只需要移动 1 个盘子，所以他也不用再下派任务了(注意：这就是停止递归的条件，也叫边界值)。

第③步可以分解为，第 2 个小和尚还是有 2 个盘子，于是命令：

① 第 3 个小和尚把第二根柱子上的第 1 个盘子移动到第一根柱子；

② 第 2 个小和尚把第 2 个盘子从第二根柱子移动到第三根柱子；

③ 第 3 个小和尚把第一根柱子上的盘子移动到第三根柱子。

分析组合起来就是：1→3，1→2，3→2，借助第三根柱子移动到第二根柱子；1→3 是自私人留给自己的活；2→1，2→3，1→3 是借助别人帮忙，从第一根柱子移动到第三根柱子一共需要 7 步来完成。

如果是 4 个盘子，则第 1 个小和尚的命令中第①步和第③步各有 3 个盘子，所以各需要 7 步，共 14 步，再加上第 1 个小和尚的第①步，所以 4 个盘子总共需要移动 7+1+7=15 步；同样，5 个盘子需要 15+1+15=31 步，6 个盘子需要 31+1+31=63 步……由此可以知道，移动 n 个盘子需要 (2^n-1) 步。

假设用 hannuo(n,a,b,c)表示把第一根柱子上的 n 个盘子借助第二根柱子移动到第三根柱子。由此可以得出如下结论。

第①步的操作是 hannuo(n-1,1,3,2)，第③步的操作是 hannuo(n-1,2,1,3)。

3.3.2 使用递归算法解决"汉诺塔"问题的具体实现

在下面的实例文件 hannuo01.py 中，演示了使用递归算法解决"汉诺塔"问题的过程。

```python
def move(n, a, buffer, c):
  if(n == 1):
    print(a,"->",c)
    return
  move(n-1, a, c, buffer)
  move(1, a, buffer, c)
  move(n-1, buffer, a, c)

move(3, "a", "b", "c")
```

执行以上代码后会显示移动过程：

```
a -> c
a -> b
c -> b
a -> c
b -> a
b -> c
a -> c
```

在上述代码中，首先是定义了一个移动的函数，4 个参数的具体说明如下。

▶ n：代表 a 柱上的盘子个数。

▶ a：就是 a 柱。

▶ buffer：就是 b 柱，命名为 buffer 便于理解，顾名思义，就是一个从 a 移动到 c 的缓冲区。

▶ c：就是 c 柱，也就是目标柱子。

在递归中有一个中止递归循环的条件，所以在判断 a 柱上的盘子个数为 1 的时候即可以中止递归并返回。在 a 柱上面只有 1 个盘子的时候肯定就是从 a 移动到 c 了。递归其实是一种很抽象的算法，我们要利用抽象思维去想汉诺塔这个问题，把 a 柱上的盘子想成两份，就是上面的盘子和最底下的盘子，如图 3-3 所示。

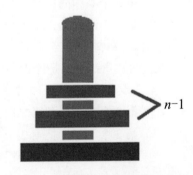

图 3-3　上面的盘子和最底下的盘子

我们无须关心上面的盘子到底有几个，每次操作就是把最底下的盘子通过缓冲区 b 柱 buffer 移动到 c 柱。为什么要这样移动呢？其实这是一种总结归纳，整个汉诺塔游戏就是不停地把上面的所有的盘子想方设法地移到 b 上，然后把 a 上最后、最大的那个移动到 c 上，再绞尽脑汁地把 b 上的移动到 c。这时候你就会发现，原来 b 上的也要先通过空的，也就是 a 来存放当前 b 上面的 n-1 个，然后把 b 的最大、最后的移动到 c，这里规律就体现出来了，也可以抽象出移动的方法，并可以以此设计出程序算法。接下来分析本实例的核心代码。

- ▶ move(n-1, a, c, buffer)：这段代码就是表示把刚才所说的 a 柱的上面的 n-1 个，通过 c 按照从小到大的规则先移动到缓冲区 buffer，此函数进入递归。
- ▶ move(1, a, buffer, c)：当上面的代码语句执行完成，也就是完成 n-1 个盘子的递归移动后执行此语句，然后把 a 柱上的一个盘子移动到 c，也就是所谓的最底下的盘子。
- ▶ move(n-1, buffer , a, c)：这最后一步，功能是刚才把 a 上面的 n-1 个都移动到了 buffer 上面，肯定要通过 a 移动到 c 才能完成整个汉诺塔的移动，于是最后一步自然是把刚才的 n-1 个通过 a 当缓冲区移动到 c 柱上。

如果 n 的值为 3，则表示移动 3 个盘子，具体移动过程如下。

```
move(3, "a", "b", "c")
n=3:
 # 开始从 a 上移动 n-1 即 2 个盘子通过 c 移动到 b，以腾出 c 供 a 最后一个盘子移动
 move(2, "a","c","b")
 n=2:
 # 开始进行 n=2 的一个递归，把当前 a('a')柱上的 n-1 个盘子通过 c('b')移动到 b('c')
  move(1, "a", "b", "c")
  n=1:
  # n=2 的第一个递归完成，打印结果，执行当前子函数剩余代码
    print("a", "->", "c")
  move(1, "a", "c", "b")
  n=1:
    print("a", "->", "b")
  move(1, "c", "a", "b")
  n=1:
    print("c", "->", "b")
    # 到这里完成了 a 柱上面的 n-1 即是 2 个盘子的移动
# 开始把 a 柱上最后一个盘子移动到 c 柱上
move(1, "a", "b", "c")
n=1:
  print("a", "->", "c")
 # 到这里完成移动 a 柱上的最后一个盘子到 c 柱上
move(2, "b", "a", "c")
n=2:
# 开始进行 n=2 的第二个递归，即把当前 b('b')的盘子(n-1 个)通过 a('a')移动到 c('c')上
 move(1, "b", "c", "a")
 n=1:
 # n=2 的第二个递归完成，打印结果并执行当前子函数的剩余代码
   print("b", "->", "a")
 move(1, "b", "a", "c")
 n=1:
   print("b", "->", "c")
 move(1, "a", "b", "c")
 n=1:
   print("a", "->", "c")
   # 到这里把 b 上的盘子通过 a 移动到 c
# 整个代码执行完毕，汉诺塔移动完成
```

3.4 解决"阶乘"问题

阶乘(factorial)是基斯顿·卡曼(Christian Kramp)于 1808 年发明的一种运算符号。自然数由 1～n 的 n 个数连乘积叫作 n 的阶乘，记作 $n!$。

▶ 例如所要求的数是 4，则阶乘式是 1×2×3×4，得到的积是 24，即 24 就是 4 的阶乘。

▶ 例如所要求的数是 6，则阶乘式是 1×2×3×…×6，得到的积是 720，即 720 就是 6 的阶乘。

▶ 例如所要求的数是 n，则阶乘式是 1×2×3×…×n，设得到的积是 x，x 就是 n 的阶乘。

在下面列出了 0～10 的阶乘。

0!=1

1!=1

2!=2

3!=6

4!=24

5!=120

6!=720

7!=5040

8!=40320

9!=362880

10!=3628800

3.4.1 算法分析

假如计算 6 的阶乘，则计算过程如图 3-4 所示。

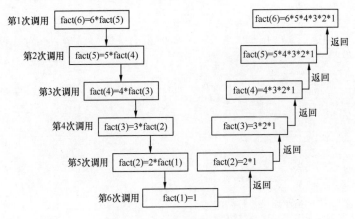

图 3-4 计算 6 的阶乘的过程

3.4.2　使用递归算法计算 10 之内的阶乘

根据上述算法分析，在下面的实例文件 gui.py 中，演示了使用递归算法计算显示 10 之内阶乘的过程。

```python
def fact(n):
    print("factorial has been called with n = " + str(n))
    if n == 1:
        return 1
    else:
        res = n * fact(n - 1)
        print("intermediate result for ", n, " * fact(", n - 1, "): ", res)
        return res

print(fact(10))
```

执行以上代码后会输出：

```
factorial has been called with n = 10
factorial has been called with n = 9
factorial has been called with n = 8
factorial has been called with n = 7
factorial has been called with n = 6
factorial has been called with n = 5
factorial has been called with n = 4
factorial has been called with n = 3
factorial has been called with n = 2
factorial has been called with n = 1
intermediate result for  2  * fact( 1 ):  2
intermediate result for  3  * fact( 2 ):  6
intermediate result for  4  * fact( 3 ):  24
intermediate result for  5  * fact( 4 ):  120
intermediate result for  6  * fact( 5 ):  720
intermediate result for  7  * fact( 6 ):  5040
intermediate result for  8  * fact( 7 ):  40320
intermediate result for  9  * fact( 8 ):  362880
intermediate result for  10  * fact( 9 ):  3628800
3628800
```

输出显示第 4 个阶乘的值：

```
24
```

3.4.3　使用循环计算阶乘

编写实例文件 gui02.py，功能是编写函数 factorial()使用循环计算第 *n* 个阶乘的值。

```python
def factorial(n):
    result = n
    for i in range(1, n):
        result *= i #依次与 1 至 n-1 的数相乘
    return result

print(factorial(4))
```

在上述代码中，首先把数字 *n* 赋值给变量 result，然后 result 依次与 1～*n*-1 的数相乘，最后返回结果。执行以上代码后会输出显示整数 4 的阶乘：

```
24
```

3.5 进制转换器

扫码观看视频讲解

问题描述：编写一个 Python 程序，将输入的十进制数字转换为二进制。

3.5.1 算法分析

在计算机进制中，十进制转二进制的过程是一个不断除以 2 获取余数的过程。我们可以考虑编写一个函数，然后采用递归"取 2 取余"的方式返回一个字符串结果。

3.5.2 比较递归方案和循环方案

编写实例文件 shi01.py，功能是使用递归算法计算某个十进制数的二进制数是多少，具体实现代码如下所示。

```python
def decimal_to_binary_recursion(n, result = ''):
    if n == 0:
        return result    # 基例
    return decimal_to_binary_recursion(n//2, str(n%2) + result)

print(decimal_to_binary_recursion(8))
```

上述代码执行后会计算十进制数 8 的二进制数是：

```
1000
```

通过上述代码，使用函数 decimal_to_binary_recursion()将十进制数 8 转换为二进制数的过程如下所示。

```
decimal_to_binary_recursion(8, '')
        --> n == 8
        --> decimal_to_binary_recursion(4, '0') # 8//2, str(8%2) + ''
            --> n == 4
            --> decimal_to_binary_recursion(2, '00') # 4//2, str(4%2) + '0'
            --> n == 2
            --> decimal_to_binary_recursion(1, '000') # 8//2, str(2%2) + '00'
                --> n == 1
                --> decimal_to_binary_recursion(0, '1000')
                    # 1//2, str(1%2) + '000'
                    --> n == 0
                    --> return '1000'    # result == '1000'
                --> return '1000'   # decimal_to_binary_recursion(1, '000')
            --> return '1000'   # decimal_to_binary_recursion(2, '00')
        --> return '1000'    # decimal_to_binary_recursion(4, '0')
    --> return '1000'    # decimal_to_binary_recursion(8, '')
```

再看下面的实例文件 shi02.py，功能是使用循环计算某个十进制数的二进制数是多少，具体实现代码如下所示。

```python
def decimal_to_binary_while_loop(n):
    s = ''
    while n > 0:
        s = str(n%2) + s      # 取余后更新 s
        n = n//2              # 取整后更新 n
    return s

print(decimal_to_binary_while_loop(8))
```

上述代码执行后会计算十进制数 8 的二进制数是：

```
1000
```

3.6 解决二叉树遍历问题

二叉树有三种遍历方式：先序遍历、中序遍历和后序遍历，其中的"先、中、后"指的是访问根节点的顺序。遍历总体思路是将二叉树分成最小的子树，然后按照顺序输出。请编写一个 Python 程序，实现二叉树的递归遍历(实现先序、中序、后序、层次的遍历)。

3.6.1 算法分析

(1) 假设存在如图 3-5 所示的二叉树，则先序遍历的流程如下：

a 先访问根节点

b 访问左节点

c 访问右节点

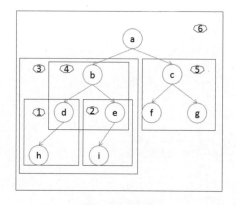

图 3-5 二叉树

完整顺序是：a(b (d (h))(e (i)))(c (f)(g)) —— abdheicfg

(2) 假设存在如图 3-5 所示的二叉树，则中序遍历的流程如下：

a 先访问左节点

b 访问根节点

c 访问右节点

完整顺序是：(((h)d)b((i)e))a((f)c(g))——hdbieafcg

(3) 假设存在如图 3-5 所示的二叉树，则后序遍历的流程如下：

a 先访问左节点

b 访问右节点

c 访问根节点

完整顺序是：((hd)(ie)b)(fgc)a——hdiebfgca

3.6.2 实现树结构

编写文件 shu01.py 实现树结构的类，树的节点有三个私有属性，分别是左指针、右指针和自身的值。文件 shu01.py 的具体实现代码如下所示。

```python
class Node():

    def __init__(self, data=None):
        self._data = data
        self._left = None
        self._right = None

    def set_data(self, data):
        self._data = data

    def get_data(self):
        return self._data

    def set_left(self, node):
        self._left = node

    def get_left(self):
        return self._left

    def set_right(self, node):
        self._right = node

    def get_right(self):
        return self._right


if __name__ == '__main__':
    # 实例化根节点
    root_node = Node('a')
    # root_node.set_data('a')
    # 实例化左子节点
    left_node = Node('b')
    # 实例化右子节点
    right_node = Node('c')

    # 给根节点的左指针赋值，使其指向左子节点
```

```
root_node.set_left(left_node)
# 给根节点的右指针赋值，使其指向右子节点
root_node.set_right(right_node)

print(root_node.get_data(), root_node.get_left().get_data(),
    root_node.get_right().get_data())
```

执行以上代码后会输出：

```
a b c
```

3.6.3   递归遍历方案

编写文件 shu02.py 实现树的递归遍历(先序、中序、后序、层次的遍历)，首先定义实现树结构的类 Node，树的节点有三个私有属性：左指针、右指针、自己的值。编写三个函数pro_order()、pos_order()、mid_order()分别实现先序遍历、后序遍历和中序遍历。文件 shu02.py的具体实现代码如下所示。

```
# 实现树结构的类，树的节点有三个私有属性：左指针、右指针、自己的值
class Node():

    def __init__(self, data=None, left=None, right=None):
        self._data = data
        self._left = left
        self._right = right


# 先序遍历函数，遍历过程：根、左、右
def pro_order(tree):
    if tree == None:
        return False
    print(tree._data)
    pro_order(tree._left)
    pro_order(tree._right)


# 后序遍历
def pos_order(tree):
    if tree == None:
        return False
    # print(tree.get_data())
    pos_order(tree._left)
    pos_order(tree._right)
    print(tree._data)


# 中序遍历
def mid_order(tree):
    if tree == None:
        return False
    # print(tree.get_data())
    mid_order(tree._left)
    print(tree._data)
```

```
        mid_order(tree._right)

# 层次遍历
def row_order(tree):
    # print(tree._data)
    queue = []
    queue.append(tree)
    while True:
        if queue == []:
            break
        print(queue[0]._data)
        first_tree = queue[0]
        if first_tree._left != None:
            queue.append(first_tree._left)
        if first_tree._right != None:
            queue.append(first_tree._right)
        queue.remove(first_tree)


if __name__ == '__main__':
    tree = Node('A', Node('B', Node('D'), Node('E')), Node('C', Node('F'),
Node('G')))
    pro_order(tree)
    mid_order(tree)
    pos_order(tree)
```

执行以上代码后会输出：

```
A
B
D
E
C
F
G
D
B
E
A
F
C
G
D
E
B
F
G
C
A
```

3.7 求解最大公约数和最小公倍数

问题描述：编写一个 Python 程序，使用递归计算两个数的最大公约数和最小公倍数。

扫码观看视频讲解

3.7.1　算法分析

1. 求最大公约数算法

首先通过比较大小将较大的数和较小的数对号入座，然后使用递归用大数除以小数取余，最后判断取余结果是否为零，若是则被除数就是最大公约数，若不为零，则调用此函数继续递归。

假设有两个整数 a 和 b，则计算流程如下所示：

① $a\%b$ 得余数 c；

② 若 $c=0$，则 b 即为两数的最大公约数；

③ 若 $c\neq0$，则 $a=b$，$b=c$，再回去执行①。

例如，求 27 和 15 的最大公约数过程为：

$27\div15$ 余 12，$15\div12$ 余 3，$12\div3$ 余 0，因此，3 即为最大公约数。

2. 求最小公倍数算法

最小公倍数=两整数的乘积÷最大公约数。也就是说最终还是要求最大公约数，所以说我们先利用上面介绍的计算最大公约数算法，然后根据"最小公倍数=两整数的乘积÷最大公约数"即可得到最小公倍数。

3.7.2　基于递归算法的方案

编写文件 zui01.py，基于递归算法分别编写函数 1cm() 和 gcd() 计算最小公倍数和最大公约数。文件 zui01.py 的具体实现代码如下所示。

```
# 最小公倍数
def lcm(a, b, c=1):
  if a * c % b != 0:
    return lcm(a, b, c+1)
  else:
    return a*c
test_cases = [(4, 8), (35, 42), (5, 7), (20, 10)]
for case in test_cases:
  print('lcm of {} & {} is {}'.format(*case, lcm(*case)))
def lcm(a, b):
  for i in range(2, min(a,b)+1):
    if a % i == 0 and b % i == 0:
      return i * lcm(a//i, b//i)
  else:
    return a*b
test_cases = [(4, 8), (5, 7), (24, 16), (35, 42)]
for case in test_cases:
  print('lcm of {} & {} is {}'.format(*case, lcm(*case)))
# 最大公约数
def gcd(a, b):
  if a == b:
    return a
```

```
  elif a-b > b:
    return gcd(a-b, b)
  else:
    return gcd(b, a-b)
test_cases = [(35, 14), (88, 66), (5, 4), (20, 10)]
for case in test_cases:
  print('GCD of {} & {} is {}'.format(*case, gcd(*case)))
```

执行以上代码后会输出测试数据的最小公倍数和最大公约数：

```
lcm of 4 & 8 is 8
lcm of 35 & 42 is 210
lcm of 5 & 7 is 35
lcm of 20 & 10 is 20
lcm of 4 & 8 is 8
lcm of 5 & 7 is 35
lcm of 24 & 16 is 48
lcm of 35 & 42 is 210
GCD of 35 & 14 is 7
GCD of 88 & 66 is 22
GCD of 5 & 4 is 1
GCD of 20 & 10 is 10
```

3.8　解决全排列问题

扫码观看视频讲解

从 n 个不同元素中任取 $m(m \leqslant n)$ 个元素，按照一定的顺序排列起来，叫作从 n 个不同元素中取出 m 个元素的一个排列。当 $m=n$ 时所有的排列情况叫全排列。例如输入的字符 s="ABC"，由字符 A、B 和 C 组成的全排列为：

```
"ABC", "ACB", "BAC", "BCA", "CAB", "CBA"
```

3.8.1　具体实现：将全排列问题分解成多个子问题

编写实例文件 quan01.py，我们将全排列问题分解成多个子问题，使用递归算法解决全排列问题。文件 quan01.py 的具体实现代码如下所示。

```
def permutation(str):
    lenstr = len(str)
    if lenstr < 2:  # 边界条件
        return str
    else:
        result = []
        for i in range(lenstr):
            ch = str[i]  # 取出 str 中每一个字符
            rest = str[0:i] + str[i + 1:lenstr]
            for s in permutation(rest):  # 递归
                result.append(ch + s)  # 将 ch 与子问题的解依次组合
    return result

print(permutation("abc"))
```

对于长度为 n 的字符串，共有 $n!$ 个全排列，因此代码的时间复杂度为 $O(n!)$。在上述代码中，设置要排列的字符串是"abc"，执行后会输出对这个字符串的全排列结果：

```
['abc', 'acb', 'bac', 'bca', 'cab', 'cba']
```

3.8.2 字节跳动的一道面试题：递归实现 n 的全排列

下面看一道来自字节跳动公司的面试题目。大数据岗位的面试官给出了一个题目：输出 n 个数的全排列。下面是具体要求：

- 当 $n=1$ 时，perm(1)= [[1]]；
- 当 $n=2$ 时，对于 perm(1)里面的每个子 list，n 可以在 list 的第 0 个位置到最后一个位置，这里 perm(1)里只有一个子 list [1]，所以 perm(2)= [[2,1],[1,2]]；
- 当 $n=3$ 时，perm(2)的子 list 有[2,1]和[1,2]，其中对于子 list 为[2,1]来说，3 可以插入到[2,1]的第 0 个位置到第二个位置，分别为[3,2,1]、[2,3,1]、[2,1,3]，同样对于子 list 为[1,2]时，可以得到[3,1,2]、[1,3,2]、[1,2,3]。

对于 perm(n)来说，先取 perm($n-1$)的每个子列表，然后依次在每个子列表中的每个位置插入 n，即可得到 perm(n)。编写实例文件 quan02.py，使用递归解决实现 n 的全排列问题。文件 quan02.py 的具体实现代码如下所示。

```python
import copy

def perm(n):
    data = []
    if(n == 1):
        data.append([1])
    else:
        for m in perm(n-1):
            for j in range(len(m)+1):
                k = copy.copy(m)  # 递归
                k.insert(j,n)
                data.append(k)
    return data

print(perm(4))
```

执行以上代码后会实现整数 4 的全排列：

```
 [[4, 3, 2, 1], [3, 4, 2, 1], [3, 2, 4, 1], [3, 2, 1, 4], [4, 2, 3, 1], [2, 4,
3, 1], [2, 3, 4, 1], [2, 3, 1, 4], [4, 2, 1, 3], [2, 4, 1, 3], [2, 1, 4, 3],
[2, 1, 3, 4], [4, 3, 1, 2], [3, 4, 1, 2], [3, 1, 4, 2], [3, 1, 2, 4], [4, 1,
3, 2], [1, 4, 3, 2], [1, 3, 4, 2], [1, 3, 2, 4], [4, 1, 2, 3], [1, 4, 2, 3],
[1, 2, 4, 3], [1, 2, 3, 4]]
```

3.9 解决迷宫问题

扫码观看视频讲解

一个由 0 和 1 构成的二维数组中，假设 1 是可以移动到的点，0 是不能移动到的点，如何从数组中间一个值为 1 的点出发，每一次只能朝上、下、左、右四个方向移动一个单位，当移动到二维数组的边缘，即可得到问题的解。类似的问题都可以称为迷宫问题。

3.9.1 算法分析

首先将迷宫数字化，用一个二维的 list 存储(即 list 嵌套在 list 里)迷宫，将不可到达的位置用 1 表示，可到达的位置用 0 表示，并将已经到过的位置用 2 表示。使用递归算法求解的基本思路是：

▶ 每个时刻总有一个当前位置，开始时这个位置是迷宫入口。

▶ 如果当前位置就是出口，问题已解决。

▶ 否则，如果从当前位置已无路可走，当前的探查失败，回退一步。

▶ 取一个可行相邻位置用同样方式探查，如果从那里可以找到通往出口的路径，那么从当前位置到出口的路径也就找到了。

在整个计算开始时，把迷宫的入口(序对)作为检查的当前位置，具体算法过程是：

▶ mark(记录)当前位置；

▶ 检查当前位置是否为出口，如果是则成功结束；

▶ 逐个检查当前位置的四邻是否可以通达出口(递归调用自身)；

▶ 如果对四邻的探索都失败，报告失败。

3.9.2 具体实现

编写实例文件 walk01.py，根据上面的算法分析使用递归算法解决迷宫问题，具体实现代码如下所示。

```python
dirs = [(0, 1), (1, 0), (0, -1), (-1, 0)] # 当前位置四个方向的偏移量
path = [] # 找到的路径

def mark(maze, pos): # 给迷宫 maze 的位置 pos 标"2"表示"到过了"
    maze[pos[0]][pos[1]] = 2

def passable(maze, pos): # 检查迷宫 maze 的位置 pos 是否可通行
    return maze[pos[0]][pos[1]] == 0

def find_path(maze, pos, end):
    mark(maze, pos)
    if pos == end:
        print(pos, end=" ")  # 已到达出口，输出这个位置。成功结束
        path.append(pos)
        return True
    for i in range(4):  # 否则按四个方向顺序检查
        nextp = pos[0] + dirs[i][0], pos[1] + dirs[i][1]
        # 考虑下一个可能方向
        if passable(maze, nextp):  # 不可行的相邻位置不管
            if find_path(maze, nextp, end):
                # 如果从 nextp 可达出口，输出这个位置。成功结束
                print(pos, end=" ")
```

```
            path.append(pos)
            return True
    return False

def see_path(maze, path):  # 使寻找到的路径可视化
    for i, p in enumerate(path):
        if i == 0:
            maze[p[0]][p[1]] = "E"
        elif i == len(path) - 1:
            maze[p[0]][p[1]] = "S"
        else:
            maze[p[0]][p[1]] = 3
    print("\n")
    for r in maze:
        for c in r:
            if c == 3:
                print('\033[0;31m' + "*" + " " + '\033[0m', end="")
            elif c == "S" or c == "E":
                print('\033[0;34m' + c + " " + '\033[0m', end="")
            elif c == 2:
                print('\033[0;32m' + "#" + " " + '\033[0m', end="")
            elif c == 1:
                print('\033[0;;40m' + " " * 2 + '\033[0m', end="")
            else:
                print(" " * 2, end="")
        print()

if __name__ == '__main__':
    maze = [[1, 1, 1, 1, 1, 1, 1, 1, 1, 1, 1, 1, 1, 1], \
            [1, 0, 0, 0, 1, 1, 0, 0, 0, 1, 0, 0, 0, 1], \
            [1, 0, 1, 0, 0, 0, 0, 1, 0, 1, 0, 1, 0, 1], \
            [1, 0, 1, 0, 1, 1, 1, 1, 0, 1, 0, 1, 0, 1], \
            [1, 0, 1, 0, 0, 0, 0, 0, 0, 1, 1, 1, 0, 1], \
            [1, 0, 1, 1, 1, 1, 1, 1, 1, 1, 0, 0, 0, 1], \
            [1, 0, 1, 0, 0, 0, 0, 0, 0, 0, 0, 1, 0, 1], \
            [1, 0, 0, 0, 1, 1, 1, 0, 1, 0, 1, 1, 0, 1], \
            [1, 0, 1, 0, 1, 0, 1, 0, 1, 0, 1, 0, 0, 1], \
            [1, 0, 1, 0, 1, 0, 1, 0, 1, 1, 1, 1, 0, 1], \
            [1, 0, 1, 0, 0, 0, 1, 0, 0, 1, 0, 0, 0, 1], \
            [1, 1, 1, 1, 1, 1, 1, 1, 1, 1, 1, 1, 1, 1]]
    start = (1, 1)
    end = (10, 12)
    find_path(maze, start, end)
    see_path(maze, path)
```

执行以上代码后的效果如图 3-6 所示。

(10, 12) (9, 12) (8, 12) (7, 12) (6, 12)

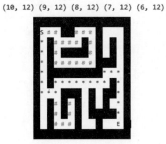

图 3-6　解决迷宫问题的程序执行效果

第 4 章

分治算法思想

在本章的内容中，将详细讲解分治算法思想的基本知识，并通过具体例子详细讲解分治算法的用法和技巧。希望读者理解并掌握分治算法思想的用法和核心知识，为步入本书后面知识的学习打下基础。

4.1　分治算法思想基础

分治算法的字面解释是"分而治之"，就是把一个复杂的问题分成两个或更多的相同或相似的子问题，再把子问题分成更小的子问题……直到最后子问题可以简单地直接求解，原问题的解即子问题的解的合并。

4.1.1　什么是分治算法

在编程过程中，经常遇到处理数据相当多、求解过程比较复杂、直接求解法会比较耗时等问题。在求解这类问题时，可以采用各个击破的方法。具体做法是：先把这个问题分解成几个较小的子问题，找到求出这几个子问题的解法后，再找到合适的方法，把它们组合成求整个大问题的解。如果这些子问题还是比较大，还可以继续再把它们分成几个更小的子问题，以此类推，直至可以直接求出解为止。这就是分治算法的基本思想。

分治算法的基本思想是将一个规模为 N 的问题分解为 K 个规模较小的子问题，这些子问题相互独立且与原问题性质相同。求出子问题的解，就可得到原问题的解。即一种分目标完成程序算法，简单问题可用二分法完成。下面是使用分治算法解题的基本步骤。

(1) 分解：将要解决的问题划分成若干个规模较小的同类问题。

(2) 求解：当子问题划分得足够小时，用较简单的方法解决。

(3) 合并：按原问题的要求，将子问题的解逐层合并构成原问题的解。

分治策略的思想起源于对问题解的特性所做出的观察和判断，即原问题可以被划分成 K 个子问题，然后用一种方法将这些子问题的解合并，合并的结果就是原问题的解。既然知道解可以以某种方式构造出来，就没有必要(使用枚举、回溯)进行大批量的搜索了。枚举、回溯、分支限界利用了计算机工作的第一个特点——高速，不怕数据量大；分治算法思想利用了计算机工作的第二个特点——重复。

4.1.2　分治法的解题思路

接下来开始讲解分治法的解题思路，在具体操作时主要包括以下两个步骤：

(1) 找出基线条件，这种条件必须尽可能简单。

(2) 确定如何缩小问题的规模，然后不断将问题分解为更小的问题(或者说缩小规模)，直到符合基线条件。

下面举一个例子，假设有一个列表[2, 4, 6, 8]，需要将该列表中的所有数字相加并返回结果。我们使用循环可以很容易地完成任务：

```
def sum(arr):
    total = 0
    for x in arr:
        total += x
```

```
return total
```

但是，分治法的思想是使用递归来完成该任务。通过递归将对列表中数字进行累加的任务划分成子问题，具体步骤如下所示。

(1)　找出基线条件。

最简单的列表是什么样的呢？当然，如果列表不包含任何元素或者只包含一个元素，该列表就是最简单的了，计算该列表的总和也就非常容易了。所以，基线条件就是列表不包含任何元素或者数组只包含一个元素。在不包含任何元素的情况下，数组总和为 0。而在只包含一个元素的情况下，列表的总和即为该元素的数值。

(2)　每次递归调用都必须离空列表更近一步，要想缩小问题的规模，请看下面的步骤。

①　首先在计算总和时需要这样做：

```
sum(2,4,6,8)=2+4+6+8=20
```

这种计算方法与下面的计算方法等效：

```
2+sum(4,6,8)=2+(4+6+8)=2+18=20
```

上述方法先把第一个元素 2 提取出来，然后计算剩下 3 个元素的总和为 18，再把 2 和 18 相加同样可以获得结果 20。

②　对于后面 3 个数相加的结果，我们依然沿用该思路。我们首先把 4 提取出来，具体过程如下：

```
sum(4,6,8)=4+sum(6,8)=4+(6+8)=4+14=18
```

对于上面的计算式子，我们依然还是要对后面的两个数字相加进行分解，将 6 提取出来，效果如下：

```
sum(6,8)=6+sum(8)=6+8=14
```

当提取到上述式子时，最后进行 sum 运算的只剩下一个元素 8，这正好符合了基线条件。而且在一次次地提取元素的过程中，我们传递给 sum 操作的操作数组越来越短，这就缩小了问题的规模。

因此，计算列表元素总和的代码如下：

```
def sum_recurve(list):
    if list == []
        return 0
    return list[0] + sum_recurve(list[1:])
```

当 list 数组内部为空时返回 0，否则将第一个元素提取出来，计算除第一个元素之外的其他数字的总和，然后与第一个元素相加，再返回结果。

注　意

编写涉及数组的递归函数时，基线条件通常情况下都是数组为空或只包含一个元素。编程陷入困境时，可以检查基线条件是否设置正确。

4.1.3 总结分治法能解决什么类型的问题

分治法所能解决的问题一般具有以下 4 个特征。

① 当问题的规模缩小到一定的程度就可以容易地解决问题。此特征是绝大多数问题都可以满足的，因为问题的计算复杂性一般随着问题规模的增加而增加。

② 问题可以分解为若干个规模较小的相同问题，即该问题具有最优子结构性质。此特征是应用分治法的前提，它也是大多数问题可以满足的。此特征反映了递归思想的应用。

③ 利用该问题分解出的子问题的解可以合并为该问题的解。此特征最为关键，能否利用分治法完全取决于问题是否具有特征③，如果具备了特征①和特征②，而不具备特征③，则可以考虑用贪婪法或动态迭代法。

④ 该问题所分解出的各个子问题是相互独立的，即子问题之间不包含公共的子问题。此特征涉及分治法的效率问题，如果各子问题是不独立的，则分治法要做许多不必要的工作，重复地解公共的子问题，此时虽然可用分治法，但一般用动态迭代法较好。

4.2 找出有序列表中的值

扫码观看视频讲解

二分法是一种快速查找的方法，时间复杂度低，逻辑简单易懂，总的来说就是不断地除以 2 除以 2……在本节的内容中，将详细讲解使用二分法找出有序列表指定值的方法。

4.2.1 算法分析

二分法查找非常快且很常用，但是唯一要求是要求数组是有序的。例如需要查找有序数组 arr 里面的某个关键字 key 的位置，那么首先应确认 arr 的中位数或者中点 center。下面分为三种情况：

(1) 假如 arr[center]>key，说明 key 在 arr 中心左边范围；

(2) 假如 arr[center]<key，说明 key 在 arr 中心右边范围；

(3) 假如 arr[center]=key，说明 key 在 arr 中心。

每执行一次，查找范围缩小一半。可以编写一个 while 死循环，一直到找到最终结果为止。

4.2.2 使用二分法在有序列表中找出指定的值

先看方案 1，编写文件 erfen01.py，定义二分法查找函数 BinarySearch()，先判断 key 是否在 arr 里，然后再进行查询操作。文件 erfen01.py 的具体实现代码如下所示。

```python
def BinarySearch(arr, key):
    # 记录数组的最高位和最低位
    min = 0
    max = len(arr) - 1
```

```
    if key in arr:
        # 建立一个死循环，直到找到 key
        while True:
            # 得到中位数
            # 这里一定要加 int，防止列表是偶数的时候出现浮点数据
            center = int((min + max) / 2)
            # key 在数组左边
            if arr[center] > key:
                max = center - 1
            # key 在数组右边
            elif arr[center] < key:
                min = center + 1
            # key 在数组中间
            elif arr[center] == key:
                print(str(key) + "在数组里面的第" + str(center) + "个位置")
                return arr[center]
    else:
        print("没有该数字！")


if __name__ == "__main__":
    arr = [1, 6, 9, 15, 26, 38, 49, 57, 63, 77, 81, 93]
    while True:
        key = input("请输入你要查找的数字：")
        if key == " ":
            print("谢谢使用！")
            break
        else:
            BinarySearch(arr, int(key))
```

执行以上代码后会输出：

```
请输入你要查找的数字：9
9 在数组里面的第 2 个位置
请输入你要查找的数字：26
26 在数组里面的第 4 个位置
请输入你要查找的数字：
谢谢使用！
```

4.2.3 使用分治算法判断某个元素是否在列表中

再看下面的实例文件 erfen02.py，功能是使用分治算法判断某个元素是否在列表中的过程。

```
# 子问题算法(子问题规模为 1)
def is_in_list(init_list, el):
    return [False, True][init_list[0] == el]


# 分治法
def solve(init_list, el):
    n = len(init_list)
```

```
    if n == 1:  # 若问题规模等于 1，直接解决
        return is_in_list(init_list, el)

    # 分解(子问题规模为 n/2)
    left_list, right_list = init_list[:n // 2], init_list[n // 2:]

    # 递归(树)，分治，合并
    res = solve(left_list, el) or solve(right_list, el)

    return res
if __name__ == "__main__":
    # 测试数据
    test_list = [12, 2, 23, 45, 67, 3, 2, 4, 45, 63, 24, 23]
    # 查找
    print(solve(test_list, 45))  # True
    print(solve(test_list, 5))  # False
```

执行以上代码后会输出：

```
True
False
```

4.3 求顺序表中数据的最大值

扫码观看视频讲解

现在存在一个列表，在列表中有 n 个整数，请用分治算法找出列表中
的最大值。例如存在列表[12, 2, 23, 45, 67, 3, 2, 4, 45, 63, 24, 23]，里面的最
大值是 67。

4.3.1 算法分析

(1) 如果在列表中只有 1 个或两个元素时，使用内置函数 max()返回其中的最大值。

(2) 如果在列表中有多余两个元素时，将列表中的元素个数除以 2 进行分割，分割成
两段列表。

(3) 分别找出两段中的最大值，然后比较这两个最大值，其中较大的就是列表中的最
大值。

4.3.2 具体实现

编写实例文件 zuida.py 用分治算法找出顺序表中数据的最大值，具体的实现代码如下所示。

```
# 基本子算法(子问题规模小于等于 2 时)
def get_max(max_list):
    return max(max_list)

# 分治法 版本二
def solve2(init_list):
```

```
    n = len(init_list)
    if n <= 2:  # 若问题规模小于等于 2，解决
        return get_max(init_list)
    # 分解(子问题规模为 n/2)
    left_list, right_list = init_list[:n // 2], init_list[n // 2:]
    # 递归(树)，分治
    left_max, right_max = solve2(left_list), solve2(right_list)
    # 合并
    return get_max([left_max, right_max])

if __name__ == "__main__":
    # 测试数据
    test_list = [12, 2, 23, 45, 67, 3, 2, 4, 45, 63, 24, 23]
    # 求最大值
    print(solve2(test_list))  # 67
```

执行以上代码后会输出：

```
67
```

扫码观看视频讲解

4.4 解决最小值和最大值的问题

给定一个列表，找出数组中最大值和最小值，假设数组中的元素两两各不相同。

4.4.1 算法分析

将列表中的元素两两分为一组，如果元素的个数是奇数个，就把最后一个元素单独分为一组，然后分别对每一组中相邻两个元素进行比较，把二者中值小的数放在数组左边，值大的数放在数组右边，只需比较 $n/2$ 次就可以将数组分组完成。这时候最小值在每一组左边部分，最大值在每一组右边部分，接着在每一组左边部分找最小值，在右边部分找最大值，查找分别需比较 $n/2-1$ 次和 $n/2-1$ 次。因此，总共比较次数约为 $(n/2)+(n/2-1)+(n/2-1)=3n/2-2$ 次。

4.4.2 查找列表中元素的最小值和最大值

编写实例文件 daxiao.py，具体实现代码如下所示。

```
class MaxMin():
    def __init__(self):
        self.max = None
        self.min = None

    def getMax(self):
        return self.max

    def getMin(self):
        return self.min

    def GetmaxAndmin(self, arr):
```

```
            if arr == None:
                print("参数不合法")
                return
            i = 0
            lens = len(arr)
            self.max = arr[0]
            self.min = arr[0]
            # 两两分组，把较小值放到左半部分，较大值放到右半部分
            i = 0
            while i < (lens - 1):  # lens-1，否则会下标越界
                if arr[i] > arr[i + 1]:
                    tmp = arr[i]
                    arr[i] = arr[i + 1]
                    arr[i + 1] = tmp
                i += 2
            # 在各个分组左半部分找最小值
            self.min = arr[0]
            i = 2
            while i < lens:
                if arr[i] < self.min:
                    self.min = arr[i]
                i += 2
            # 在各个分组右半部分找最大值
            self.max = arr[1]
            i = 3
            while i < lens:
                if arr[i] > self.max:
                    self.max = arr[i]
                i += 2
            # 如果数组元素个数是奇数，最后一个元素被分为一组，需特殊处理
            if lens % 2 == 1:
                if self.max < arr[lens - 1]:
                    self.max = arr[lens - 1]
                if self.min > arr[lens - 1]:
                    self.min = arr[lens - 1]


if __name__ == "__main__":
    array = [7, 3, 19, 40, 4, 7, 1]
    m = MaxMin()
    m.GetmaxAndmin(array)
    print("max=" + str(m.getMax()))
    print("min=" + str(m.getMin()))
```

执行以上代码后会输出：

```
max=40
min=1
```

> **注 意**
>
> 无论是最好、最坏或者平均情况，该 MaxMin 分治算法所用的比较次数都是 $3n/2-2$。而在实际应用中，任何一种以元素比较为基础的找最大值、最小值元素的算法，其元素比较次数的下界为 $3n/2-2$。因此，从此种情况上分析，该算法是最优的。

4.5　解决第 k 小(大)元素的问题

找出一组序列中的第 k 小的元素，例如列表[3, 4, 1, 6, 3, 7, 9, 13, 93, 0, 100, 1, 2, 2, 3, 3, 2]中的第 3 小元素是 2，第 1 小元素是 0。

4.5.1　算法分析

在本问题中，假设有 N 个数存储在列表 a 中，我们从 a 中随机找出一个元素作为枢纽元，把列表分为两部分。其中左边元素都不比枢纽元大，右边元素都不比枢纽元小。此时枢纽元所在的位置记为 mid。

- ▶ 如果右半边(包括 a[mid])的长度恰好为 k，说明 a[mid]就是需要的第 k 大元素，直接返回 a[mid]。
- ▶ 如果右半边(包括 a[mid])的长度大于 k，说明要寻找的第 k 大元素就在右半边，往右半边寻找。
- ▶ 如果右半边(包括 a[mid])的长度小于 k，说明要寻找的第 k 大元素就在左半边，往左半边寻找。

4.5.2　找出一组序列中的第 k 小(大)的元素

编写实例文件 k.py，功能是使用分治算法找出一组序列中的第 k 小的元素。具体实现代码如下所示。

```python
# 划分(基于主元 pivot)
def partition(seq):
    pi = seq[0]  # 挑选主元
    lo = [x for x in seq[1:] if x <= pi]  # 所有小的元素
    hi = [x for x in seq[1:] if x > pi]   # 所有大的元素
    return lo, pi, hi

# 查找第 k 小的元素
def select(seq, k):
    # 分解
    lo, pi, hi = partition(seq)
    m = len(lo)
    if m == k:
        return pi  # 解决!
    elif m < k:
        return select(hi, k - m - 1)  # 递归(树)，分治
    else:
        return select(lo, k)          # 递归(树)，分治

if __name__ == '__main__':
    seq = [3, 4, 1, 6, 3, 7, 9, 13, 93, 0, 100, 1, 2, 2, 3, 3, 2]
    print(select(seq, 3))
    print(select(seq, 1))
```

执行以上代码后会输出：

```
2
1
```

4.5.3　找出列表中第 k 大的元素

请看下面的实例文件 da.py，功能是找出列表中第 k 大的元素。k 是列表中元素的一个下标，实现方法类似快速排序的分治法，需要先选择一个固定位置。文件 da.py 的具体实现代码如下所示。

```python
def selectTopK(a,low,high,k):
    '''
    :param a:
    :param low:
    :param high:
    :param k:
    :return:
    '''
    if low==high and k==0:
        return a[0]
    pivotkey=a[high]
    # print(pivotkey)
    i,j=low,high
    while i<j:
        while i<j and a[i]<=pivotkey:
            i+=1
        a[i],a[j]=a[j],a[i]
        while i<j and a[j]>=pivotkey:
            j-=1
        a[i], a[j] = a[j], a[i]
    print('i:',i)
    # return i  partition函数
    if k<i:
        return selectTopK(a,low,i-1,k)
    elif k>i:
        return selectTopK(a,i+1,high,k)
    else:
        return a[i]

print(selectTopK([1,5,3,4,2,3],0,5,3))
```

执行以上代码后会输出：

```
i: 3
3
```

4.6　快速排序

快速排序某个列表中的元素，要求按照从小到大的顺序进行排列。例如列表中的元素是[5,11,3,5,8,2,6,7,3]，则排列后的结果是[2, 3, 3, 5, 5, 6, 7, 8, 11]。

扫码观看视频讲解

4.6.1　算法分析

基于分治策略，设定一个基准线(pivot)，将数据与基准线对比，分成大于和小于两部分，通过递归，不断通过分治算法实现数据的排序。

4.6.2　快速排序具体方案

编写实例文件 fast.py，具体实现代码如下所示。

```
def quick_sort(n):
    if len(n) < 2:
        return n
    else:
        pivot = n[0]
        left = [x for x in n[1:] if x < pivot]
        right = [x for x in n[1:] if x > pivot]
    return quick_sort(left) + [x for x in n if x == n[0]] + quick_sort(right)

print(quick_sort([5,11,3,5,8,2,6,7,3]))
```

执行以上代码后会输出：

```
[2, 3, 3, 5, 5, 6, 7, 8, 11]
```

扫码观看视频讲解

4.7　实现归并排序

归并排序(merge sort)与快速排序思想类似：将待排序数据分成两部分，继续将两个子部分进行递归的归并排序；然后将已经有序的两个子部分进行合并，最终完成排序。请编写一个 Python 程序，使用分治算法对一个指定的列表实现归并排序。

4.7.1　算法分析

归并排序的基本思路是：

(1)　利用分治思想将待排序列递归分成细度为 1 的子序列，如图 4-1 所示。

(2)　此时，每个子序列只有一个元素，无须排序，两两进行简单的归并，如图 4-2 所示。

图 4-1　步骤(1)　　　　　　　　　　　　图 4-2　步骤(2)

(3) 归并到上一个层级后继续归并，归并到更高的层级，如图 4-3 所示。

(4) 直至归并完成，完成排序工作，如图 4-4 所示。

图 4-3　步骤(3)

图 4-4　步骤(4)

4.7.2　对指定列表实现归并排序

编写实例文件 guibing.py，对列表[1,6,12,3,8]实现归并排序，具体实现代码如下所示。

```python
def mergesort(seq):
    mid = len(seq) // 2
    if len(seq) <= 1:
        return seq
    lft = mergesort(seq[:mid])
    rgt = mergesort(seq[mid:])
    res = []
    while lft and rgt:
        if lft[-1] >= rgt[-1]:
            res.append(lft.pop())
        else:
            res.append(rgt.pop())
    res.reverse()
    # 返回合并排序后的序列
    return lft + rgt + res

print(mergesort([1,6,12,3,8]))
```

执行以上代码后会输出：

```
[1, 3, 6, 8, 12]
```

4.8　整数划分

扫码观看视频讲解

问题描述：将正整数 n 表示成一系列正整数之和：$n=n_1+n_2+\cdots+n_k$，其中 $n_1 \geq n_2 \geq \cdots \geq n_k \geq 1$，$k \geq 1$。正整数 n 的这种表示称为正整数 n 的划分。例如正整数 6 有如下 11 种不同的划分：

```
6;
5+1;
4+2, 4+1+1;
3+3, 3+2+1, 3+1+1+1;
2+2+2, 2+2+1+1, 2+1+1+1+1;
1+1+1+1+1+1
```

请编写一个 Python 程序，解决整数划分问题，计算整数 6 最大的加数是 2 时的划分数量。

4.8.1　算法分析

在正整数 n 的所有划分中，将最大加数 N_1 不大于 m 的划分的个数记作 divide(n,m)，建立如下所示的递推关系式：

(1)　当最大加数不大于 1 的时候，只有一种划分形式，也就是 1+1+1+1+…；

(2)　最大加数实际上不可能大于 n，所以当 $m>n$ 的时候，划分的个数也是 1；

(3)　当 $n=m$ 的时候，正整数的划分是由 $N_1=m$ 和 $N_1 \leqslant n-1$ 的划分组成；

(4)　当 $n>m>1$ 的时候，正整数的最大加数 N_1 不大于 m 的划分由 $N_1=m$ 的划分和 $N_1 \leqslant m-1$ 的划分组成。

4.8.2　整数划分问题的具体实现

编写实例文件 zheng.py，使用分治算法计算整数 6 最大的加数是 2 时的种类数量。文件 zheng.py 的具体实现代码如下所示。

```python
def intDivide(n,m):
    '''
    整数划分
    :param n:待划分整数
    :param m: 划分的最大值
    :return:
    '''
    if n==1 or m==1:
        return 1
    if n<m :
        return intDivide(n,n)
    if n==m :
        return intDivide(n,m-1)+1
    if n>m and m>1:
        return intDivide(n-m,m)+intDivide(n,m-1)
    return 0

print(intDivide(6,2))
```

执行以上代码后会输出：

```
4
```

这说明整数 6 最大的加数是 2 时的划分数量是 4，这 4 种情况分别是：

```
2+2+2
2+2+1+1
2+1+1+1+1;
1+1+1+1+1+1
```

4.9　棋盘覆盖

扫码观看视频讲解

问题描述：在一个 $2^k \times 2^k$ 个方格组成的棋盘上，有一个方格与其他方格不同，称为特殊方格，称这样的棋盘为一个特殊棋盘。要求对棋盘上除特殊方格外的所有部分用 4 种不同方向的 L 形方块填满，如图 4-5 所示。

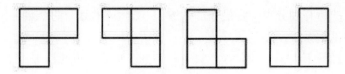

图 4-5　4 种 L 形方块

4.9.1　算法分析

使用 n 表示棋盘的宽度，n 必须满足 2^k，如果 $n=8$，特殊方格位于(2,2)位置，如图 4-6 所示。

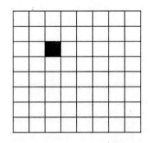

图 4-6　n 为 8 的棋盘

我们使用分治法每次把整个棋盘分成 4 份，如果特殊方格在这个小棋盘中则继续分成 4 份，如果不在这个小棋盘中就把该小棋盘中靠近中央的那个方格置位，表示 L 形方块的 1/3 占据此处，每一次递归都会遍历查询 4 个小棋盘，3 个不含有特殊方格的棋盘置位的 3 个方格正好在大棋盘中央构成一个完整的 L 形方块，依此类推，找到全部覆盖方法。

4.9.2　使用分治算法解决棋盘覆盖问题

在实例文件 chess01.py 中，将 n 设置为 8，使用分治算法解决了棋盘覆盖问题。实例文件 chess01.py 的具体实现代码如下所示。

```python
def chess(tr,tc,pr,pc,size):
  global mark
  global table
  mark+=1
  count=mark
  if size==1:
    return
  half=size//2
  if pr<tr+half and pc<tc+half:
    chess(tr,tc,pr,pc,half)
  else:
    table[tr+half-1][tc+half-1]=count
    chess(tr,tc,tr+half-1,tc+half-1,half)
```

```
 if pr<tr+half and pc>=tc+half:
   chess(tr,tc+half,pr,pc,half)
 else:
   table[tr+half-1][tc+half]=count
   chess(tr,tc+half,tr+half-1,tc+half,half)
 if pr>=tr+half and pc<tc+half:
   chess(tr+half,tc,pr,pc,half)
 else:
   table[tr+half][tc+half-1]=count
   chess(tr+half,tc,tr+half,tc+half-1,half)
 if pr>=tr+half and pc>=tc+half:
   chess(tr+half,tc+half,pr,pc,half)
 else:
   table[tr+half][tc+half]=count
   chess(tr+half,tc+half,tr+half,tc+half,half)
def show(table):
 n=len(table)
 for i in range(n):
   for j in range(n):
     print(table[i][j],end=' ')
   print('')
mark=0
n=8
table=[[-1 for x in range(n)] for y in range(n)]
chess(0,0,2,2,n)
show(table)
```

执行以上代码后会输出:

```
3 3 8 8 24 24 29 29
3 2 2 8 24 23 23 29
13 2 -1 18 34 34 23 39
13 13 18 18 1 34 39 39
45 45 50 1 1 66 71 71
45 44 50 50 66 66 65 71
55 44 44 60 76 65 65 81
55 55 60 60 76 76 81 81
```

4.9.3　GUI 版本的解决棋盘覆盖方案

1. 算法分析

　　当 $k>0$ 时，将 $2^k \times 2^k$ 棋盘分割为 4 个 $2^{k-1} \times 2^{k-1}$ 的子棋盘。特殊方格必然位于 4 个较小子棋盘之一中，其余 3 个子棋盘中无特殊方格。为了将这 3 个无特殊方格的子棋盘转化为特殊棋盘，我们可以用一个 L 形方块覆盖这 3 个较小的棋盘的汇合处，具体如图 4-7 所示。这 3 个子棋盘上被 L 形方块覆盖的方格就成为该棋盘上的特殊方格，从而将原问题化为 4 个较小规模的棋盘覆盖问题。使用递归算法实现这种分割，一直到将棋盘简化为 1×1 的棋盘为止。

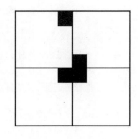

图 4-7　L 形方块

2. 具体实现

实例文件 chess02.py 的具体实现代码如下所示。

```python
import threading
colors = '''#FFB6C1
#A9A9A9
#DC143C
#FFF0F5
#800080
########省略很多颜色值
#808080'''
c=colors.split('\n')
global i,j

def Going():
    global c
    global board
    start_x=int(var_x.get())
    start_y=int(var_y.get())
    start_size=int(var_size.get())

    window_chessboard = tk.Toplevel(window)
    window_chessboard.title('Chessboard')
    canvas1=tk.Canvas(window_chessboard,bg="white")
    canvas1.pack()
    size=pow(2,start_size)
    board=np.zeros(shape=[size,size],dtype=int)
    chessBoard(0,0,start_x,start_y,size)
    drawboard(canvas1,board,c)

def drawboard(canvas1,board,colors,startx=50,starty=50,cellwidth=50):
    width=2*startx+len(board)*cellwidth
    height=2*starty+len(board)*cellwidth
    canvas1.config(width=width,height=height)
    for i in range(len(board)):
        for j in range(len(board)):

            index=board[i][j]
            if index== 0:
                color='white'
            else:
                color=colors[index]
            cellx=startx+i*50
            celly=starty+j*50

canvas1.create_rectangle(cellx,celly,cellx+cellwidth,celly+cellwidth,
            fill=color,outline="black")
    canvas1.update()

def chessBoard(tr,tc,dr,dc,size):
    global tile
    global board
    if (size==1):
        return 0
```

```
    tile+=1
    t=tile
    s=size//2
    # 左上角
    if (dr<tr+s and dc<tc+s):
        chessBoard(tr,tc,dr,dc,s)
    else:
        board[tr+s-1,tc+s-1]=t
        chessBoard(tr,tc,tr+s-1,tc+s-1,s)
    # 右上角
    if (dr<tr+s and dc>=tc+s):
        chessBoard(tr,tc+s,dr,dc,s)
    else:
        board[tr+s-1,tc+s]=t
        chessBoard(tr,tc+s,tr+s-1,tc+s,s)
    # 左下角
    if (dr>=tr+s and dc<tc+s):
        chessBoard(tr+s,tc,dr,dc,s)
    else:
        board[tr+s,tc+s-1]=t
        chessBoard(tr+s,tc,tr+s,tc+s-1,s)
    # 右下角
    if (dr>=tr+s and dc>=tc+s):
        chessBoard(tr+s,tc+s,dr,dc,s)
    else:
        board[tr+s,tc+s]=t
        chessBoard(tr+s,tc+s,tr+s,tc+s,s)

window = tk.Tk()
window.title('Welcome')
window.geometry('500x400')
canvas = tk.Canvas(window, height=150, width=500)
image_file = tk.PhotoImage(file='welcome.gif')  # 加载图片文件
image = canvas.create_image(0,0, anchor='nw', image=image_file)  # 将图片置于画布上
canvas.place(x=30,y=20,anchor='nw')#放置画布(为上端)
special_label_x=tk.Label(window,
    text=r'请输入特殊方格的 x 坐标',  # 标签的文字
    font=('Arial', 10),            # 字体和字体大小
    width=20, height=2  # 标签长宽
    ).place(x=10,y=200,anchor='nw')

special_label_y=tk.Label(window,
    text=r'请输入特殊方格的 y 坐标',  # 标签的文字
    font=('Arial', 10),            # 字体和字体大小
    width=20, height=2            # 标签长宽
    ).place(x=240,y=200,anchor='nw')

special_label_size=tk.Label(window,
    text=r'请输入棋盘大小',          # 标签的文字
    font=('Arial', 10),            # 字体和字体大小
    width=20, height=2            # 标签长宽
    ).place(x=30,y=240,anchor='nw')
```

```
var_x=tk.StringVar()
var_y=tk.StringVar()
var_size=tk.StringVar()
entry_x=tk.Entry(window,textvariable=var_x,width=5).place(x=170,y=210,
anchor='nw')
entry_y=tk.Entry(window,textvariable=var_y,width=5).place(x=400,y=210,
anchor='nw')
entry_size=tk.Entry(window,textvariable=var_size,width=5).place(x=170,
y=250,anchor='nw')
tile=0
button=tk.Button(window, font=('Arial', 10),width=15, height=2, bg='red',
text='Going',command=Going).place(x=280,y=250,anchor='nw')

window.mainloop()
```

执行以上代码后会要求设置特殊方格的 x 坐标、y 坐标和棋盘大小，如图 4-8 所示。例如设置特殊方格的 x 坐标是 1、y 坐标是 1，棋盘大小是 $2^2 \times 2^2$，单击 Going 按钮后会根据输入的坐标和棋盘大小绘制棋盘。执行效果如图 4-9 所示。

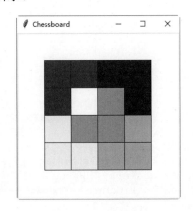

图 4-8　设置特殊方格的 x 坐标、y 坐标和棋盘大小　　　　图 4-9　执行效果

4.10　解决汉诺塔问题

扫码观看视频讲解

在本书前面的内容中，曾经讲解过使用递归算法解决汉诺塔问题的方法，其实我们也可以使用分治算法解决汉诺塔问题。在本节的内容中，将详细讲解使用分治算法解决汉诺塔问题的方法。

4.10.1　算法分析

按照分治算法策略，我们把复杂问题拆分成若干个容易解决的小问题。可以假设如果在 A 塔上只有一个圆盘，则直接把 A 塔圆盘移动到 C：A->C。假设 A 塔圆盘的数量 n≥2，则总是可以看作两个圆盘，即最下面的一个盘和上面剩余的盘。先把最上面的盘 A->B，然后把最下面的盘 A->C，最后把 B 塔的所有盘从 B->C。由此也可以看出，不管有多少个盘，只要它的数量大于 1，我们都可以将问题分解成上面的 3 个步骤。

4.10.2 用分治算法解决汉诺塔问题

实例文件 han01.py 的具体实现代码如下所示。

```python
class HanoiTower(object):
    def hanoi_tower(self, num, a, b, c):
        # 如果只有一个盘
        if num == 1:
            print('第 1 个盘从' + a + '->' + c)
        else:
            # 如果我们有 n>=2 情况，我们总是可以看作是两个盘：最下面的一个盘和上面的所有盘
            # 1.先把最上面的盘 A-> B
            self.hanoi_tower(num - 1, a, c, b)
            # 2.把最下面的盘 A->C
            print('第' + str(num) + '个盘从' + a + '->' + c)
            # 3.把 B 塔所有的盘从 B->C，移动过程使用到 a 塔
            self.hanoi_tower(num - 1, b, a, c)

if __name__ == '__main__':
    t = HanoiTower()
    t.hanoi_tower(5, "A", 'B', "C")
```

执行以上代码后会输出显示有 5 个盘子时的移动方案：

```
第 1 个盘从 A->C
第 2 个盘从 A->B
第 1 个盘从 C->B
第 3 个盘从 A->C
第 1 个盘从 B->A
第 2 个盘从 B->C
第 1 个盘从 A->C
第 4 个盘从 A->B
第 1 个盘从 C->B
第 2 个盘从 C->A
第 1 个盘从 B->A
第 3 个盘从 C->B
第 1 个盘从 A->C
第 2 个盘从 A->B
第 1 个盘从 C->B
第 5 个盘从 A->C
第 1 个盘从 B->A
第 2 个盘从 B->C
第 1 个盘从 A->C
第 3 个盘从 B->A
第 1 个盘从 C->B
第 2 个盘从 C->A
第 1 个盘从 B->A
第 4 个盘从 B->C
第 1 个盘从 A->C
第 2 个盘从 A->B
```

```
第 1 个盘从 C->B
第 3 个盘从 A->C
第 1 个盘从 B->A
第 2 个盘从 B->C
第 1 个盘从 A->C
```

4.11 解决循环赛问题

扫码观看视频讲解

问题描述：一共有 n 个选手要进行循环赛，请设计一个满足以下要求的比赛日程表：

▶ 每个选手必须与其他 $n-1$ 个选手各赛一次；

▶ 每个选手一天只能赛一次；

▶ 当 n 是偶数时循环赛进行 $n-1$ 天，当 n 是奇数时循环赛进行 n 天。

4.11.1 算法分析

按分治算法策略，将所有的选手分为两半，n 个选手的比赛日程表就可以通过为 $n/2$ 个选手设计的比赛日程表来决定。递归地对选手进行分割，直到只剩下 2 个选手时，比赛日程表的制定就变得很简单，这时只要让这 2 个选手进行比赛就可以了。

总共需要进行 $n(n-1)/2$ 场比赛，当有偶数个选手参加比赛时需要进行 $n-1$ 天比赛。当有奇数个选手时会出现轮空现象，考虑 $n+1$ 个选手参加比赛的日程安排，最后将多出来的选手对应的比赛轮空，一共需要进行$(n+1)-1$ 天比赛。由此推测，不论参加选手人数为偶数还是奇数，统一处理为偶数进行考虑。当 $n/2$ 为偶数时，通过对子问题矩阵元素的平移即可得到结果。当 $n/2$ 为奇数时，首先将子问题处理为 $n/2+1$ 的情况，然后再扩充矩阵。

4.11.2 根据输入的比赛人数解决循环赛问题

实例文件 match01.py 的具体实现代码如下所示。

```python
from numpy import *
def competition(n,mymat):
    if n==2:
        mymat[0,0]=1
        mymat[0,1]=2
        mymat[1,0]=2
        mymat[1,1]=1
        return              #分治迭代至只有 2 名运动员
    # if n%2==1:n+=1 #奇数
    # t=int(n/2)
    if n % 2 == 1:
        t=int((n+1)/2)
        n+=1
    else:
        t=int(n/2)
```

```
        competition(t,mymat)  # 分治迭代
        # 在原先的基础上，扩展矩阵
        if n%4==0:  # 除以 2 为偶数个运动员
            for i in range(int(n/2)):
                for j in range(int(n/2)):
                    thevalue=mymat[i][j]
                    mymat[i+t][j]=thevalue+t
                    mymat[i][j+t]=thevalue+t
                    mymat[i+t][j+t]=thevalue
        else:  # 除以 2 为奇数个运动员
            for i in range(int(n/2)):  # 截取部分子问题的解
                for j in range(int(n/2)+1):
                    thevalue=mymat[i][j]
                    if thevalue>t:  # 子问题中假设出的选手
                        # 用以下两行解决奇数个运动员时矩阵的左半部分
                        mymat[i+t][j]=i+1  # 假设左下部分恰好为 i+1
                        mymat[i][j] =i+t+1  # 新假设出的选手处正好为 i+t+1
                        # 需要处理矩阵 k 列开始的右半部分
                        c=i+t+2  # 第一个是 5
                        k=int(n/2)+1  # 第一个是 4
                        while k<n:
                            if c>n:
                                c-=t
                              # if(c==i+t)  c++;
                            mymat[i][k]=c  # 右
                            mymat[c-1][k]=i+1  # 右下
                            c+=1
                            k+=1
                    else:
                        mymat[i+t][j]=thevalue+t  # 向下延拓
    return mymat

def main():
    a =int(input("输入需要进行循环赛的人数:"))
    if a%2==0:  # 运动员人数为偶数
        b = zeros([a, a])
        competition(a, b)
    else:  # 运动员人数为奇数
        b = zeros([a+1, a+1])
        competition(a+1, b)
        for i in range(a+1):
            for j in range(a+1):
                if b[i][j]>a:
                    b[i][j]=0
                if i ==a:b[i][j]=0
    print(b)

if __name__ == '__main__':
    main()
```

执行以上代码后会要求输入要进行循环赛的人数，例如输入整数 5 后会输出：

```
输入需要进行循环赛的人数:5

[[ 1. 2.  3.  4. 5.  0.]

 [2.  1.  5.  3.  0.  4.]
```

```
[3.  0.  1.  2.  4.  5.]

[4.  5.  0.  1.  3.  2.]

[5.  4.  2.  0.  1.  3.]

[0.  0.  0.  0.  0.  0.]]
```

如果输入 6 后会输出：

输入需要进行循环赛的人数：6

```
[[ 1.  2.  3.  4.  5.  6.]

 [2.  1.  5.  3.  6.  4.]

 [3.  6.  1.  2.  4.  5.]

 [4.  5.  6.  1.  3.  2.]

 [5.  4.  2.  6.  1.  3.]

 [6.  3.  4.  5.  2.  1.]]
```

在上述输出结果中，第一列表示选手序号，第二列表示第一天进行比赛的对手，第三列表示第二天进行比赛的选手。当对手序号为 0 时，表示当天该选手轮空。经过对比，5 个选手的比赛安排是在 6 个选手的比赛安排上去掉涉及第 6 个选手的比赛。运行结果和预先的思路相符。

第 **5** 章

贪心算法思想

在本章的内容中，将详细讲解贪心算法思想的基本知识，并通过具体例子详细讲解贪心算法的用法和技巧。希望读者理解并掌握贪心算法思想的用法和核心知识，为步入本书后面知识的学习打下基础。

5.1　贪心算法思想基础

贪心算法(又称贪婪算法)是指,在对问题求解时,总是做出在当前看来是最好的选择。也就是说,不从整体最优上加以考虑,他所做出的是在某种意义上的局部最优解。在本节的内容中,将详细讲解 Python 贪心算法的知识。

5.1.1　什么是贪心算法

贪心算法不是对所有问题都能得到整体最优解,关键是贪心策略的选择,选择的贪心策略必须具备无后效性,即某个状态以前的过程不会影响以后的状态,只与当前状态有关。

贪心算法从问题的某一个初始解出发,逐步逼近给定的目标,以便尽快求出更好的解。当达到算法中的某一步不能再继续前进时,就停止算法,给出一个近似解。由贪心算法的特点和思路可看出,贪心算法存在以下 3 个问题。

(1) 不能保证最后的解是最优的。

(2) 不能用来求最大或最小解问题。

(3) 只能求满足某些约束条件的可行解的范围。

当一个问题的最优解包含其子问题的最优解时,称此问题具有最优子结构性质。运用贪心策略在每一次转化时都取得了最优解。问题的最优子结构性质是该问题可用贪心算法或动态规划算法求解的关键特征。贪心算法的每一次操作都对结果产生直接影响,而动态规划则不是。贪心算法对每个子问题的解决方案都做出选择,不能回退;动态规划则会根据以前的选择结果对当前进行选择,有回退功能。动态规划主要运用于二维或三维问题,而贪心一般是一维问题。

5.1.2　贪心算法的基本思路和基本特性

1. 基本思路

贪心算法的基本思路是从问题的某一个初始解出发一步一步地进行,根据某个优化测度,每一步都要确保能获得局部最优解。每一步只考虑一个数据,它的选取应该满足局部优化的条件。若下一个数据和部分最优解连在一起不再是可行解时,就不把该数据添加到部分解中,直到把所有数据枚举完,或者不能再添加时算法停止。

2. 基本特性

贪心算法可解决的问题通常具有以下特性。

▶　随着算法的进行,将积累起其他两个集合:一个包含已经被考虑过并被选出的候选对象,另一个包含已经被考虑过但被丢弃的候选对象。

▶　有一个函数来检查一个候选对象的集合是否提供了问题的解答。该函数不考虑此时的解决方法是否最优。

▶ 还有一个函数检查是否一个候选对象的集合是可行的,也即是否可能往该集合上添加更多的候选对象以获得一个解。和上一个函数一样,此时不考虑解决方法的最优性。

▶ 选择函数可以指出哪一个剩余的候选对象最有希望构成问题的解。

▶ 最后,目标函数给出解的值。

▶ 为了解决问题,需要寻找一个构成解的候选对象集合,它可以优化目标函数,贪心算法一步一步地进行。起初,算法选出的候选对象的集合为空。接下来的每一步中,根据选择函数,算法从剩余候选对象中选出最有希望构成解的对象。如果集合中加上该对象后不可行,那么该对象就被丢弃并不再考虑;否则就加到集合里。每一次都扩充集合,并检查该集合是否构成解。如果贪心算法正确工作,那么找到的第一个解通常是最优的。

5.2 解决“找零方案”问题

扫码观看视频讲解

问题描述:假设只有 1 分、2 分、5 分、1 角、2 角、5 角、1 元的硬币。在超市结账时,如果需要找零钱,收银员希望将最少的硬币数找给顾客。那么,给定需要找的零钱数目,如何求得最少的硬币数呢?

5.2.1 算法分析

在找零钱时可以有多种方案,例如需补零钱 0.5 元时可有以下方案:

(1) 1 张 0.5 元。

(2) 2 张 0.2 元、1 张 0.1 元。

(3) 5 张 0.1 元。

……

5.2.2 解决“找零方案”的具体实现

编写实例文件 ling.py,具体实现代码如下所示。

```
def main():
    d = [0.01,0.02,0.05,0.1,0.2,0.5,1.0] # 存储每种硬币面值
    d_num = [] # 存储每种硬币的数量
    s = 0
    # 拥有的零钱总和
    temp = input('请输入每种零钱的数量: ')
    d_num0 = temp.split(" ")

    for i in range(0, len(d_num0)):
        d_num.append(int(d_num0[i]))
```

```
        s += d[i] * d_num[i] # 计算出收银员拥有多少钱

    sum = float(input("请输入需要找的零钱:"))

    if sum > s:
        # 当输入的总金额比收银员的总金额多时，无法进行找零
        print("数据有错")
        return 0

    s = s - sum
    # 要想用的钱币数量最少，那么需要利用所有面值大的钱币，因此从数组的面值大的元素开始遍历
    i = 6
    while i >= 0:
        if sum >= d[i]:
            n = int(sum / d[i])
            if n >= d_num[i]:
                n = d_num[i]  # 更新n
            sum -= n * d[i] # 贪心的关键步骤，令sum动态地改变
            print("用了%d个%f元硬币"%(n, d[i]))
        i -= 1

if __name__ == "__main__":
    main()
```

执行以上代码后先输入拥有的零钱个数，然后输入需要找零的金额，例如 0.8，按 Enter 键后会输出找零方案：

```
请输入每种零钱的数量: 12 11 11 11 11 11 11
请输入需要找的零钱:0.8
用了1个0.500000元硬币
用了1个0.200000元硬币
用了1个0.100000元硬币
```

5.3 解决"汽车加油"问题

扫码观看视频讲解

问题描述：一辆汽车加满油后可行驶 n 公里，旅途中有 k 个加油站。设计一个有效算法，指出应在哪些加油站停靠加油，使沿途加油次数最少。对于给定的 $n(n \leqslant 5000)$ 和 $k(k \leqslant 1000)$ 个加油站位置，编程计算最少加油次数。

5.3.1 算法分析

在汽车行驶过程中，应走到自己能走到并且离自己最远的那个加油站，在那个加油站加油后再按照同样的方法(即贪心算法)进行选择。编程思路是先检测各加油站之间的距离，若发现其中有一个距离大于汽车加满油能跑的距离，则输出 no solution。否则，对加油站间的距离进行逐个扫描，尽量选择往远处走，不能走了就让 num++，最终统计出来的 num 便是最少的加油站数。

5.3.2　计算最少加油次数

假设汽车加满油后可行驶 n 公里，且旅途中有 k 个加油站。通过下面的实例文件 jiayou01.py，演示了使用贪心算法解决"汽车加油"问题的过程。

```python
def greedy():
    n = 100
    k = 5
    d = [50,80,39,60,40,32]
    # 表示加油站之间的距离
    num = 0
    # 表示加油次数
    for i in range(k):
        if d[i] > n:
            print('no solution')
            # 如果距离中得到任何一个数值大于 n 则无法计算
            return

    i, s = 0, 0
    # 利用 s 进行迭代
    while i <= k:
        s += d[i]
        if s >= n:
            # 当局部和大于 n 时则局部和更新为当前距离
            s = d[i]
            # 贪心意在令每一次加满油之后跑尽可能多的距离
            num += 1
        i += 1
    print(num)

if __name__ == '__main__':
    greedy()
```

执行以上代码后会输出：

```
3
```

5.3.3　计算如何加油次数会最少

实例文件 jiayou02.py 的功能是使用贪心算法解决"汽车加油"问题，具体实现代码如下所示。

```python
print('\n***案例：汽车加油***')
def car_oil():
    x = 100 # 汽车一次加满油走100 千米
    n = 5 # 路上一共5 个加油站
    d = [50, 80, 39, 60, 40, 32] # 起点->1->2->3->4->5->终点。各段距离

    if max(d) > x:
        print('因为两点距离%d 大于%d，此题无解' % (max(d), x))
        return
```

```
    i, s = 0, 0
    count = 0 # 最少加油次数
    while i <= n:
        s += d[i]
        # 50+80>100，在该点加油一次
        # 80+39>100，在该点加油一次
        # 39+60<100，上个点加的油够，该点不需要加油
        # 60+40=100，在该点加油一次
        # 40+32<100，上个点加的油够，该点不需要加油
        if s >= x: # 两段距离之和大于汽车满油行程，则需要加油
            s = d[i]
            count += 1
            print('在%d 和%d 之间加第%d 次油' % (d[i-1], d[i], count))
        i += 1

    print('最少需要加%d 次油' % count)
car_oil()
```

执行以上代码后会输出：

```
***案例：汽车加油***
在 50 和 80 之间加第 1 次油
在 80 和 39 之间加第 2 次油
在 60 和 40 之间加第 3 次油
最少需要加 3 次油
```

5.4 解决"求最大子数组之和"问题

扫码观看视频讲解

问题描述：给定一个整数列表(里面的元素有负有正)，请编写一个 Python 程序，能够计算其连续子元素之和的最大值。

5.4.1 算法分析

这个问题的要求是计算数组中拥有最大和的子数组，肯定需要先遍历数组的，不然怎么能确定我们考虑到了数组中所有元素呢？我们结合贪心算法的定义，怎么确定现在的子数组元素的和到目前为止是最大的呢？方法是与在添加了下一个元素之前的数组进行比较。一旦加到某个元素出现和为负的情况，我们就应该舍弃前面的所有元素，然后在下一个元素处重新开始求和。如果等于零，那么我们就要从这个元素开始重新求和。

> **注　意**
>
> 不要钻最大子数组在中间的这一种情况的牛角尖，除非在计算时数组前面的元素和小于等于零，否则我们在这个代码里，永远会得到[0..x](x 代表子数组的最后一个元素序)。

5.4.2　具体实现

编写实例文件 max.py，具体实现代码如下所示。

```python
def main():
    s = [12,-4,32,-36,12,6,-6]
    print("定义的列表为: ",s)
    s_max, s_sum = 0, 0
    for i in range(len(s)):
        s_sum += s[i]
        if s_sum >= s_max:
            s_max = s_sum  # 不断更新迭代 s_max 的值，尽可能地令其最大
        elif s_sum < 0:
            s_sum = 0
    print("最大子列表和为: ",s_max)

if __name__ == "__main__":
    main()
```

执行以上代码后会输出：

```
定义的列表为: [12, -4, 32, -36, 12, 6, -6]
最大子列表和为: 40
```

5.5　解决"幼儿园分糖果"问题

扫码观看视频讲解

问题描述：已知一些孩子和一些糖果，每个孩子有需求因子 g，每个糖果有大小 s，当某个糖果的大小 $s \geqslant$ 某个孩子的需求因子 g 时，代表该糖果可以满足该孩子，求使用这些糖果最多能满足多少个孩子(注意，每个孩子最多只能用 1 个糖果满足)。

5.5.1　算法分析

首先考虑下面的三个问题：

(1) 当某个孩子可以被多个糖果满足时，是否需要优先用某个糖果满足这个孩子？

(2) 当某个糖果可以满足多个孩子时，是否需要优先满足某个孩子？

(3) 贪心规律是什么？

如果某个糖果不能满足某个孩子，则该糖果也一定不能满足需求因子更大的孩子。如果某个孩子可以用更小的糖果满足，则没必要用更大的糖果满足，因为可以保留更大的糖果满足需求因子更大的孩子。孩子的需求因子更小则其更容易被满足，所以优先从需求因子小的孩子尝试，可以得到正确的结果(因为我们追求更多的孩子被满足，所以用一个糖果满足需求因子较小或较大的孩子都是一样的)。

5.5.2 具体实现

编写实例文件 tangguo.py，首先将需求因子数组 g 和糖果大小数组 s 从小到大进行排序。然后按照从小到大的顺序使用各糖果尝试是否可满足某个孩子，每个糖果只尝试 1 次，只有尝试成功时，换下一个孩子尝试，直到发现没更多的孩子或者没有更多的糖果，循环结束。文件 tangguo.py 的具体实现代码如下所示。

```python
class Solution:
    def findContentChild(self,g,s):
        g = sorted(g)
        s = sorted(s)
        child = 0
        cookie = 0
        while child < len(g) and cookie < len(s):
            if g[child] <= s[cookie]:
                child +=1
            cookie+=1
        return child
if __name__ =="__main__":
    g = [5,10,2,9,15,9]
    s = [6,1,20,3,8]
    S = Solution()
    result = S.findContentChild(g,s)
    print(result)
```

在上述代码中，设置需求因子数组 g 的值是列表[5,10,2,9,15,9]，糖果大小数组 s 是列表[6,1,20,3,8]。执行以上代码后会输出 3，这说明设置的 g 和 s 最多能满足 3 个孩子。

```
3
```

5.6 圣诞节的礼物

扫码观看视频讲解

问题描述：圣诞节来临，在城市 A 中，圣诞老人准备分发糖果。现在有多箱不同的糖果，每一种糖果都有自己的价值和重量。每箱糖果都可以拆分成任意散装组合带走。圣诞老人的驯鹿最多只能承受一定重量的糖果。请问圣诞老人最多能带走多大价值的糖果？

(1) 输入数据：

输入的第一行由两个部分组成：分别为糖果箱数正整数 n($1 \leqslant n \leqslant 100$)、驯鹿能承受的最大重量正整数 w($0 < w < 10000$)；其余 n 行每行对应一箱糖果，由两部分正整数 v 和 w 组成，分别为一箱糖果的价值和重量。

(2) 输出要求：

输出圣诞老人能带的糖果的最大总价值，保留一位小数，输出为一行。

(3) 输出样例：

```
4       15
```

```
100  4
412  8
266  7
591  2
```

(4)　输出样例：

```
1193.0
```

注意，此处并没有按照这样的格式进行输入。

5.6.1　算法分析

这个问题和上一节的"幼儿园分糖果"问题十分相似，也是使用贪心算法实现。首先使用列表 sum 存放取走的总重量，其中 sum 中的第一个值是取走的重量，第二个值表示超出前的备份。如果所有取走的重量超出驯鹿最多能承受的重量，就依次减少 1 单位的重量，并循环下去依次减去 1 单位的重量。使用备份进行判断，此时取走的数量已经大于最大承受量。当取走的重量 v 等于最大承受量时，计算价值较大的一件物品应取走的数量。

5.6.2　分配指定箱数的糖果

编写实例文件 tangguo02.py，具体实现代码如下所示。

```python
input_a = input(u'箱数:')
input_b = input(u'最大承受重量:')

list_c = []
list_z = []

for i in range(1,int(input_a)+1):
    input_c = input('第'+str(i)+'箱的总价值:')
    input_d = input('第'+str(i)+'箱的重量:')
    avg = round(int(input_c)/int(input_d),1)  # 每一箱，重量为1的价值
    list_c.append(avg)#添加到列表，用于之后做比较
    list_z.append([int(input_d),avg,0])  # 此处列表中添加列表，中间的列表第一个存放总
重量，第二个存放单位价值，第三个存放是否该物品已被取走

list_c.sort(reverse=True)  # 降序排序
sum =[0,0]  # 用于存放取走的总重量，第一个参数是取走的重量，第二个是超出前的备份
num =0
ji = 0


for i in range(len(list_c)):
    for k in range(len(list_z)):
        if ji == 0:  # 做是否超出驯鹿最大承受量的标记，未超出为0
            if (list_c[i] == list_z[k][1]) and (list_z[k][2]==0):
                sum[1] = sum[0]  # 备份
                sum[0] = sum[0] + list_z[k][0]  # 取走的重量
                v = list_z[k][0]  # 取走的重量
```

```
            if sum[0] > int(input_b):
            # 如果所有取走的重量超出驯鹿的重量，就依次减少1单位的重量
                ji = 1  # 超出为1
                t= list_z[k][0]
                while True:           # 依次减去单位1的重量
                    z = sum[1] + t  # 使用备份进行判断，此时取走的数量已经大于最大承受量了
                    if z <= int(input_b):
                        break
                    t = t-1
                v=t#等于最大承受量时，价值较大的一件物品应取走的数量
                sum[0]=sum[1]                  # 从备份恢复
                sum[0] = sum[0] + t            # 此时为真正的取走数量
            num = list_c[i]*v + num            # 总价值
            list_z[k][2] = 1                   # 取走的标记
print(u'能带走的糖果的最大价值为:',num)
```

执行以上代码后会输出：

```
箱数:4
最大承受重量:15
第1箱的总价值:100
第1箱的重量:4
第2箱的总价值:412
第2箱的重量:8
第3箱的总价值:266
第3箱的重量:7
第4箱的总价值:591
第4箱的重量:2
能带走的糖果的最大价值为: 1193.0
```

5.7 解决"活动安排"问题

扫码观看视频讲解

问题描述：假设有 n 个活动的集合 $E = \{1,2,\cdots,n\}$，其中每个活动都要求使用同一资源，如演讲会场等，而在同一时间内只有一个活动能使用这一资源。每个活动 i 都有一个要求使用该资源的起始时间 s_i 和一个结束时间 f_i，且 $s_i < f_i$。如果选择了活动 i，则它在半开时间区间$[s_i,f_i)$内占用资源。若区间$[s_i,f_i)$与区间$[s_j,f_j)$不相交，则称活动 i 与活动 j 是相容的。也就是说，当 $s_i \geq f_j$ 或 $s_j \geq f_i$ 时，活动 i 与活动 j 相容。

假设某个场地安排 10 个活动，每个活动的开始时间和结束时间按结束时间的非减序排列如表 5-1 所示。

表 5-1 10 个活动的时间信息表

i	1	2	3	4	5	6	7	8	9	10
s_i	3	1	0	3	5	6	5	8	2	8
f_i	5	4	6	8	7	10	9	11	13	12

活动安排问题就是要在所给的活动集合中选出最大的相容活动子集合。

5.7.1　算法分析

将活动按照结束时间从小到大进行排序。然后用 i 代表第 i 个活动，$s[i]$ 代表第 i 个活动的开始时间，$f[i]$ 代表第 i 个活动的结束时间。挑选出结束时间尽量早的活动(活动结束时间最早的活动)，并且满足后一个活动的起始时间晚于前一个活动的结束时间，全部找出这些活动就是最大的相容活动子集合。即有活动 i，j 为 i 的下一个活动。$f[i]$ 最小，$s[j] \geqslant f[i]$。

假设 $E = \{0, 1, 2, \cdots, n-1\}$ 为所给的活动集合。由于 E 中活动安排按结束时间的非减序排列，因此活动 1 具有最早完成时间。首先证明活动安排问题有一个最优解以贪心选择开始(选择了活动 1)。设 A 是所给的活动安排问题的一个最优解，且 B 中活动也按结束时间非减序排列，A 中的第一个活动是活动 k。若 $k =1$，则 A 就是一个以贪心选择开始的最优解。若 $k > 1$，则我们设 $B = A - \{k\} \cup \{1\}$。由于 $end[1] \leqslant end[k]$(非减序排列)，且 A 中活动是互为相容的，故 B 中的活动也是互为相容的。又由于 B 中的活动个数与 A 中活动个数相同，且 A 是最优的，故 B 也是最优的。也就是说，B 是一个以贪心选择活动 1 开始的最优活动安排。因此，证明了总存在一个以贪心选择开始的最优活动安排方案，也就是算法具有贪心选择性质。

> **注　意**
>
> 　　贪心算法并不总能求得问题的整体最优解。但对于活动安排问题，贪心算法却总能求得整体最优解，即它最终所确定的相容活动集合 A 的规模最大。这个结论可以用数学归纳法证明。

5.7.2　使用贪心算法解决"活动安排"问题的方案

下面再看另一个使用贪心算法解决"活动安排"问题的方法。编写实例文件 huodong.py，用两个列表 s 和 f 分别存储活动的起止时间，根据活动的结束时间对活动建立一个非减的活动序列，同样活动的开始时间 list 也要做对应的调整。在本实例中是通过冒泡排序同步交换的，例如活动是(1, 4)(2, 3)(3, 5)，则我们得到的是：

```
s = [2,1,3]
f = [3,4,5]
```

通过比较下一个活动的开始时间与上一个活动的结束时间的大小关系，确定这两个活动是否相容，如果开始时间大于结束时间就相容，反之则不相容。文件 huodong02.py 的具体实现代码如下所示。

```python
#用冒泡排序对结束时间进行排序，同时得到对应的开始时间的list
def bubble_sort(s,f):
    for i in range(len(f)):
        for j in range(0,len(f)-i-1):
            if f[j] > f[j+1]:
                f[j], f[j+1] = f[j+1],f[j]
                s[j],s[j+1] = s[j+1],s[j]
    return s,f
```

```python
def greedy(s,f,n):
    a = [True for x in range(n)]
    # 初始选择第一个活动
    j = 0
    for i in range(1,n):
        # 如果下一个活动的开始时间大于等于上个活动的结束时间
        if s[i] >= f[j]:
            a[i] = True
            j = i
        else:
            a[i] = False
    return a

n = int(input())
arr = input().split()
s = []
f = []
for ar in arr:
    ar = ar[1:-1]
    start = int(ar.split(',')[0])
    end = int(ar.split(',')[1])
    s.append(start)
    f.append(end)

s,f = bubble_sort(s,f)
A = greedy(s,f,n)

res = []
for k in range(len(A)):
    if A[k]:
        res.append('({},{})'.format(s[k],f[k]))
print(' '.join(res))
```

执行以上代码后需要输入每个活动的时间信息，例如输入如下 11 个活动的时间信息后会输出：

```
11
(12,14) (2,13) (8,12) (8,11) (6,10) (5,9) (3,8) (5,7) (0,6) (3,5) (1,4)
(1,4) (5,7) (8,11)
```

5.8 解决"摇摆序列"问题

扫码观看视频讲解

问题描述：一个整数序列，如果两个相邻元素的差恰好正负(负正)交替出现，则该序列称为摇摆序列，一个小于 2 个元素的序列直接为摇摆序列。给出一个随机序列，求这个序列满足摇摆序列定义的最长子序列的长度。例如在序列 [1,7,4,9,2,5]中的相邻元素的差是(6,-3,5,-7,3)，该序列为摇摆序列。序列[1,4,7,2,5] 中相邻元素的差是(3,3,-5,3)，此序列不是摇摆序列。

5.8.1 算法分析

举个例子，[1,17,5,10,13,15,10,5,16,8]，整体不是摇摆序列，但是我们观察该序列的前 6

位[1,17,5,10,13,15]，其中 5,10,13,15 部分为上升段，其中有如下 3 个子序列是摇摆序列：

```
[1,17,5,10….]
[1,17,5,13,…]
[1,17,5,15…..]
```

在不清楚原始序列的 7 位是什么的情况下，只看前 6 位，摇摆子系列的第四位从 10、13、15 中选择一个数，我们应该选择哪一个呢？应该选择使得摇摆子序列长度更长的数，所以应该是 15，这样遇到比它小的数的可能性就会大一点。按照这种思路总结出贪心规律。当序列有一段连续的递增(或递减)时，为形成摇摆子序列，我们只需要保留这段连续的序列递增(或递减)的首尾元素，这样更有可能使得尾部的后一个元素成为摇摆子序列的下一个元素。

开始设计算法。设置最长摇摆子序列长度为 max_length，从头到尾扫描原始序列，这个过程中设置三种状态，即起始、上升、下降。在不同的状态中，根据当前数字和前一个数字的比较结果进行累加 max_length 计算或者状态切换。具体如图 5-1 所示。

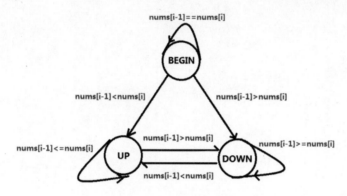

图 5-1　算法分析

对图 5-1 中各个元素的具体说明如下。

▶ BEGIN(初始)、UP(上升)和 DOWN(下降)：分别表示当前扫描完成的摇摆子序列的状态。当状态转换时，最长摇摆子序列的长度是 max_length++。

▶ nums[i-1]：表示正在扫描的原始序列元素的前一个元素，同时也是最长摇摆子序列的最后一个元素。

▶ nums[i]：表示正在扫描的新元素。

根据上述算法，处理列表[1, 17, 5, 10, 13, 15, 10, 5, 16, 8]的流程如图 5-2 所示。

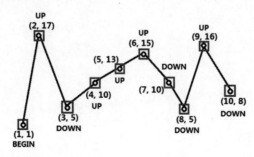

图 5-2　处理列表[1, 17, 5, 10, 13, 15, 10, 5, 16, 8]的流程

5.8.2　具体解决方案

编写实例文件 yaobai.py 使用贪心算法解决"摇摆序列"问题，具体实现代码如下所示。

```python
# 摇摆序列 (leetcode 376)
class Solution(object):
    def wiggleMaxLength(self, nums):
        """
        :type nums: List[int]
        :rtype: int
        """
        if len(nums) < 2:
            return len(nums)

        self.state = 0
        self.max_length = 1

        for i in range(1, len(nums)):
            if self.state == 0:
                self.begin(i, nums)
            elif self.state == 1:
                self.up(i, nums)
            elif self.state == 2:
                self.down(i, nums)
        return self.max_length

    def begin(self, i, nums):
        if nums[i-1] > nums[i]:    # 下降
            self.state = 2
            self.max_length += 1
        elif nums[i-1] < nums[i]:  # 上升
            self.state = 1
            self.max_length += 1

    def up(self, i, nums):
        if nums[i-1] > nums[i]:    # 下降
            self.state = 2
            self.max_length += 1

    def down(self, i, nums):
        if nums[i-1] < nums[i]:    # 上升
            self.state = 1
            self.max_length += 1

if __name__ == "__main__":
    S = Solution()
    g = [1, 17, 5, 10, 13, 15, 10, 5, 16, 8]
    result = S.wiggleMaxLength(g)
print(result)
```

执行以上代码后会输出：

7

5.9　移除 k 个数字

问题描述：已知一个使用字符串表示的非负整数 num，将 num 中的 k 个数字移除，求移除 k 个数字后，可以获得的最小的可能的新数字(num 不会以 0 开头，num 长度小于 10002)。例如输入：

```
num = "1432219",k=3
```

在去掉 3 个数字后得到的很多可能里，如 1432、4322、2219、1219、…，去掉数字 4、3、2 后，1219 是最小值。

5.9.1　算法分析

一个长度为 n 的数字，去掉 k 个数字，可以有多少种可能？$C(k,n)=n!/((n-k)!*k!)$ 种可能，数字太大，所以用枚举法肯定是不可能的。若去掉某一位数字，为了使得到的新数字最小，需要尽可能让得到的新数字优先最高位最小，其次第二位最小，再其次第三位最小……。例如：一个四位数 "1×××" 一定比任何 "9×××" 小。一个四位数若最高位确定，如 "51××" 一定比任何 "59××" "57××" 小。

贪心算法的规律是从高位向低位遍历，如果对应的数字大于下一位数字，则把该位数字去掉，得到的数字最小。为此，针对本问题的算法设计如下。

使用栈存储最终结果或删除工作，从高位向低位遍历 num，如果遍历的数字大于栈顶元素，就将该数字 push 入栈；如果小于栈顶元素，则进行 pop 弹栈，直到栈为空或不能再删除数字(k==0)或栈顶小于当前元素为止。最终栈中从栈底到栈顶存储的数字，即为结果。

5.9.2　具体实现方案

编写实例文件 dell01.py 使用贪心算法解决"移除 k 个数字"问题，具体实现代码如下所示。

```python
class Solution:
    def removeknums(self, nums, k):
        s = []
        nums = list(map(int, nums))
        for i in range(len(nums)):
            number = int(nums[i])
            while len(s) != 0 and s[len(s) - 1] > number and k > 0:
                s.pop(-1)
                k -= 1
            if number != 0 or len(s) != 0:
                s.append(number)
        while len(s) != 0 and k > 0:
            s.pop(-1)
            k -= 1
```

```
    result = ""

    result = ''.join(str(i) for i in s)

    return result


if __name__ == "__main__":
    S = Solution()
    print(S.removeknums("1432219", 2))
```

执行以上代码后会输出：

```
12219
```

5.10 解决"背包"问题

扫码观看视频讲解

问题描述：有 N 件物品和一个承重为 W 的背包(也可定义为体积)，每件物品的重量是 w_i，价值是 p_i，求解将哪几件物品装入背包可使这些物品在重量总和不超过 C 的情况下价值总和最大。这个问题隐含了一个条件，每个物品只有一件，也就是限定每件物品只能选择 0 个或 1 个，因此又被称为 0-1 背包问题。

来看一个具体的例子。假设有一个背包，最多能承载重量为 W=150 的物品，现在有 7 件物品(物品不能分割成任意大小)，编号为 1～7，重量 w_i=[35, 30, 60, 50, 40, 10, 25]，价值 p_i=[10, 40, 30, 50, 35, 40, 30]，现在从这 7 件物品中选择一个或多个装入背包，要求在物品总重量不超过 W 的前提下，所装入的物品总价值最高。

5.10.1 算法分析

针对"背包"问题，有如下所示的 3 种贪心策略的选择问题。

(1) 根据最小重量贪心策略，这个策略每次选择最小重量的物品，最终选择装入背包的物品重量依次是 10、25、30、35、40，此时包中物品总重量是 140，总价值是 155。

(2) 根据最大价值贪心策略，这个策略每次都选择价值最大的物品，根据这个策略最终选择装入背包的物品价值依次是 50、40、40、35，此时包中物品总重量是 130，总价值是 165。

(3) 根据价值密度贪心策略(这个策略是定义一个价值密度的概念)，每次选择都选价值密度最高或最低的物品，物品的价值密度 s_i 定义为 p_i/w_i，这 7 件物品的价值密度分别为 s_i=[0.286, 1.333, 0.5, 1.0, 0.875, 4.0, 1.2]。根据这个策略最终选择装入背包的物品密度依次是 4.0、1.33、1.2、1.0、0.29，此时包中物品的总重量是 150，总价值是 170。

5.10.2 使用最小重量贪心策略解决背包问题

编写实例文件 beibao.py，使用最小重量贪心策略解决背包问题，具体实现代码如下所示。

```python
class Good:
    def __init__(self, weight, value, status):
        self.weight = weight
        self.value = value
        self.status = status    # 0是未放入背包，1是已经放入背包


class Greedy(object):

    def greedy(self, goods, W):    # goods 是物品的集合，W 是背包的空闲重量
        result = []
        sum_weight = 0
        while True:
            s = self.strategy(goods, W)
            if s == -1:
                break
            sum_weight = sum_weight + goods[s].weight
            result.append(goods[s].weight)
            W = W - goods[s].weight
            goods[s].status = 1
            goods.pop(s)
        return result, sum_weight

    def strategy(self, goods, W):    # 按最小重量贪心策略
        index = -1
        minWeight = goods[0].weight
        for i in range(0, len(goods)):
            currentGood = goods[i]
            if currentGood.status == 0 and currentGood.weight <= W and
currentGood.weight <= minWeight:
                index = i
                minWeight = goods[index].weight
        return index

if __name__ == '__main__':
    goods = [Good(35, 10, 0), Good(30, 40, 0), Good(60, 30, 0), Good(50, 50, 0),
             Good(40, 35, 0), Good(10, 40, 0), Good(25, 30, 0)]
    g = Greedy()
    result, sum_weight = g.greedy(goods, 150)
    print("--------------按照取最小重量贪心策略--------------")
    print("最终总重量为: " + str(sum_weight))
    print("重量选取依次为: ", end='')
    print(result)
```

执行以上代码后会输出：

```
--------------按照取最小重量贪心策略--------------
最终总重量为：140
重量选取依次为：[10, 25, 30, 35, 40]
```

5.10.3　使用价值密度贪心策略解决背包问题

编写实例文件 jiazhi.py，是使用贪心算法解决背包问题的另外一种方案。使用价值密度
贪心策略解决背包问题，具体实现代码如下所示。

```
class goods:
    def __init__(self, name, weight=0, value=0):
        self.name = name
        self.weight = weight
        self.value = value

    def __repr__(self):
        return self.__str__()

    def __str__(self):
        return "('%s',%d,%.2f)" % (self.name, self.weight, self.value)


def knapsack(bag_volume=0, goods_set=[]):
    # 利用 lambda 函数对 goods_set 以单位价值作为规则进行排序，由大到小排列
    goods_set.sort(key=lambda x: x.value / x.weight, reverse=True)
    result = []
    the_cost = 0
    for good in goods_set:
        if bag_volume < good.weight:
            break
        # 如果存在空间，则将此商品装入背包，即放进 result 中，同时修改背包容量
        else:
            result.append(good)
            bag_volume = bag_volume - good.weight

    if len(result) < len(goods_set) and bag_volume != 0:
        result.append(goods(good.name, bag_volume, good.value * (bag_volume /
                                                    good.weight)))
    # 计算背包的最终价值 the_cost 并输出(保留两位小数)
    for x in result:
        the_cost += x.value
    print('%.2f' % the_cost)
    return result


if __name__ == '__main__':
    some_goods = [goods(0, 3, 5), goods(1, 5, 7), goods(2, 6, 2), goods(3, 4,
7), goods(4, 1, 3)]
    # 调用 knapsack 函数，输出背包容量为 6 公斤时背包的最大价值与商品选择
    print(knapsack(6, some_goods))
```

执行以上代码后会输出：

```
11.67
[('4',1,3.00), ('3',4,7.00), ('0',1,1.67)]
```

5.10.4　从单位重量价值角度解决背包问题

编写实例文件 zuida.py，是使用贪心算法解决背包问题的另外一个方案，从单位重量价值角度分析问题。要使得背包中可以容纳最大总价值的物品，选择单位重量下价值最高的

物品放入为最优选择。但是由于物品不可分割，无法保证能将背包刚好装满，最后闲置的容量无法将单位重量价值更高的物品放入，此时要是可以将单位重量价值相对低的物品放入，反而会让背包的总价值和单位重量的价值更高。假设现在背包的剩余总重量为 5kg，存在一个 4kg 价值为 4.5 的物品、一个 3kg 价值为 3 的物品、一个 2kg 价值为 2 的物品，很显然，将 3kg 和 2kg 的物品放入背包中所获得的价值更高，虽然没有 4kg 的物品单位重量的价值高。因此通过贪心算法求解 0-1 背包的问题可能得不到问题的最优解，得到的是近似最优解的解。

在文件 zuida.py 中创建一个物品对象，分别存在价值、重量以及单位重量价值三种属性，使用贪心算法基于单位重量价值角度分析问题。文件 zuida.py 的具体实现代码如下所示。

```python
import json

def dictsum(list, keyname):
    num = 0
    for item in list:
        num += item[keyname]
    return num

class Greedy():
    def __init__(self,data,maxWeight):
        self.maxWeight=maxWeight
        self.dataList=sorted(self.readData(data), key=lambda e:
e.__getitem__('average'), reverse=True)
        self.selectedList=[]
    def readData(self,data):
        for item in data:
            value=item["price"]/item["weight"]
            item.setdefault("average", value)
        return data
    def pick(self):
        for i in range(len(self.dataList)-1):
            tempList=[]
            totleWeight = self.maxWeight
            for j in range(i,len(self.dataList)):
                if self.dataList[j]["weight"]<=totleWeight:
                    tempList.append(self.dataList[j])
                    totleWeight=totleWeight-self.dataList[j]["weight"]
            if tempList!=[]:
                if
dictsum(tempList,"price")>dictsum(self.selectedList,"price"):
                    self.selectedList = tempList
                elif
dictsum(tempList,"price")==dictsum(self.selectedList,"price"):
                    if
dictsum(tempList,"price")<dictsum(self.selectedList,"price"):
                        self.selectedList = tempList
                tempList = []
        return
self.selectedList,dictsum(self.selectedList,"weight"),dictsum(self.selected
List,"price")
```

```
class Genetic():
    def __init__(self):
        pass

if __name__ == "__main__":
    # 使用贪心算法求解 0-1 背包问题
    data = [
        {"weight": 4, "price": 4},
        {"weight": 2, "price": 1.9},
        {"weight": 3, "price": 2.9},
    ]
    maxWeight = 5
    selected, subweight, subprice = Greedy(data, maxWeight).pick()
    result = json.dumps([{'select': selected, 'all weight': subweight, 'all
price': subprice}])
    print(result )
```

执行以上代码后会输出：

```
[{"select": [{"weight": 3, "price": 2.9, "average": 0.9666666666666667},
{"weight": 2, "price": 1.9, "average": 0.95}], "all weight": 5, "all price":
4.8}]
```

5.11 解决"霍夫曼编码"问题

扫码观看视频讲解

问题描述：霍夫曼编码(也称哈夫曼编码)是一种十分有效的编码方法，广泛用于数据压缩中，其压缩率通常为20%～90%。霍夫曼编码不仅会考察文本中有多少个不同字符，还会考察每个字符出现的频率，根据频率的不同，选择不同长度的编码。霍夫曼编码试图用这种不等长的编码方法，来进一步增加压缩的效率。如何给不同频率的字符选择不同长度的编码呢？根据贪心的思想，我们可以把出现频率比较多的字符，用稍微短一些的编码；出现频率比较少的字符，用稍微长一些的编码。

对于等长的编码来说，我们解压缩起来很简单。比如刚才那个例子中，我们用 3 个 bit 表示一个字符。在解压缩的时候，我们每次从文本中读取 3 位二进制码，然后翻译成对应的字符。但是，霍夫曼编码是不等长的，每次应该读取 1 位还是 2 位、3 位等来解压缩呢？这个问题就导致霍夫曼编码解压缩起来比较复杂。为了避免解压缩过程中的歧义，霍夫曼编码要求各个字符的编码之间，不会出现某个编码是另一个编码前缀的情况。

请编写一个 Python 程序，构建字符串"1310773597218806522025"的霍夫曼编码。

5.11.1 算法分析

将字符串构建哈夫曼树，树的节点名称为字符，节点的权重为字符出现的次数，以此来构建哈夫曼树，最终形成编码并输出结果。具体过程如图 5-3 所示。

在本书中我们使用 4 种方式实现哈夫曼树，其中第一种构建的时候每次循环都采用 sort

的方式，相对于采用堆的数据结构，时间复杂度明显增加。

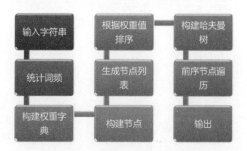

图 5-3　霍夫曼编码的实现流程

5.11.2　使用内置库解决问题

本实例的实现文件是 hafuman02.py，使用 Python 自带的内置库 heapq 将列表作为一个堆来处理。这种方式无论是代码上还是时间复杂度上，都很有优势。文件 hafuman02.py 的具体实现代码如下所示。

```python
from heapq import *

inp = input("请输入要构建哈夫曼树的字符串")


# 统计每个字符出现的频率并生成字典
def generate_dict(s):
    dic = {}

    for i in s:
        if i not in dic:
            dic[i] = 1
        else:
            dic[i] += 1

    return dic

dic = generate_dict(inp)

# 节点类
class Node(object):
    def __init__(self, name=None, weight=None):
        self.name = name
        self.weight = weight
        self.parent = None
        self.left = None
        self.right = None
        self.id = None

    # 自定义类的比较
    def __lt__(self, other):
        return int(self.weight) < int(other.weight)

# 按权值排序
```

```
def sort(list):
    return sorted(list, key=lambda Node: Node.weight)

def generate_node2(dic):
    lis = []

    for i in dic:
        newNode = Node(i, dic[i])
        heappush(lis, newNode)

    return lis

# lis = generate_node(dic)
lis = generate_node2(dic)


# Huffman 编码 2 使用堆的方式
def HuffmanTree2(lis):
    global id
    while (len(lis) != 1):
        a = heappop(lis)
        b = heappop(lis)
        new = Node()
        new.weight = a.weight + b.weight
        new.left, new.right = a, b

        a.parent = new
        b.parent = new

        heappush(lis, new)
    return lis


lis = HuffmanTree2(lis)

node = lis[0]  # 获取根节点

# 定义前序遍历方法并执行一定的操作
def pre_order(root, code):
    if root is None:
        code = code[:-1]
        return

    pre_order(root.left, code + "0")

    if root.name is not None:
        print(root.name, "的权重为", root.weight, "编码为", code)

    pre_order(root.right, code + "1")

code = ""
# print(res)
print("构建的哈夫曼树为:")
pre_order(node, code)
```

执行以上代码后会要求输入要构建哈夫曼树的字符串，例如输入 1310773597218806522025
后会输出：

请输入要构建哈夫曼树的字符串1310773597218806522025
构建的哈夫曼树为:
2 的权重为 4 编码为 00
9 的权重为 1 编码为 0100
6 的权重为 1 编码为 0101
0 的权重为 3 编码为 011
1 的权重为 3 编码为 100
5 的权重为 3 编码为 101
7 的权重为 3 编码为 110
3 的权重为 2 编码为 1110
8 的权重为 2 编码为 1111

5.11.3　实现一个可变长度的编码问题

　　哈夫曼编码问题的实质是用来实现一个可变长度的编码问题,但可以总结成这样一个问题:假设我们有很多的叶子节点,每个节点都有一个权值 w(可以是任何有意义的数值,比如它出现的概率),我们要用这些叶子节点构造一棵树,那么每个叶子节点就有一个深度 d,我们的目标是使得所有叶子节点的权值与深度的乘积之和$\Sigma w_{i}d_{i}$最小。

　　大家很自然的一个想法就是,对于权值大的叶子节点我们让它的深度小些(更加靠近根节点),权值小的让它的深度相对大些,这样的话我们自然就会想着每次取当前权值最小的两个节点将它们组合出一个父节点,一直这样组合下去直到只有一个节点即根节点为止,如图 5-4 所示的例子。

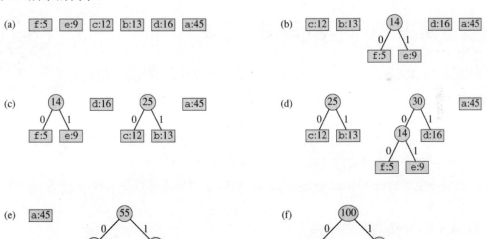

图 5-4　哈夫曼过程

编写文件 hafuman03.py，整个代码实现比较简单，在代码中用到了 heapq 模块。使用 list 来保存树结构，将统计函数 count 作为 zip 函数的参数。文件 hafuman03.py 的具体实现代码如下所示。

```python
from heapq import heapify, heappush, heappop
from itertools import count

def huffman(seq, frq):
    num = count()
    trees = list(zip(frq, num, seq))          # 通过参数 num 确保是有效的排序
    heapify(trees)                            # 基于 freq 的最小堆
    while len(trees) > 1:                     # 直到所有的组合起来
        fa, _, a = heappop(trees)             # 获取两棵最小的树
        fb, _, b = heappop(trees)
        n = next(num)
        heappush(trees, (fa+fb, n, [a, b]))   #合并并重新添加
    # print trees
    return trees[0][-1]

seq = "abcdefghi"
frq = [4, 5, 6, 9, 11, 12, 15, 16, 20]
print(huffman(seq, frq))
```

执行以上代码后会输出：

```
[['i', [['a', 'b'], 'e']], [['f', 'g'], [['c', 'd'], 'h']]]
```

5.12 解决 "Kruskal 算法" 问题

扫码观看视频讲解

问题描述：Kruskal 算法是一种求最小生成树的算法，下面是和图相关的几个概念。

▶ 图：由顶点集 V 和边集 E 组成，表示为 $G=(V,E)$。

▶ 边权：边 e 具有权重(结合不同环境具体可以理解为两点的距离、相似度)。

▶ 树：任意两点都有路径相连，但是没有回路。

▶ 最小生成树(minimum spanning tree，MST)：边权之和最小的树，n 个顶点产生 $(n-1)$ 个边。

Kruskal 算法的原理如下所示：

▶ 将边按权重从小到大进行排序；

▶ 将每个顶点独立视为根节点，产生 n 棵树；

▶ 依次选取每条边，如果边的两个顶点不属于同一棵树，就将其合并，如果属于同一棵树(意味着会形成回路)，则将其舍弃，考虑下一条边，最后形成 $(n-1)$ 条边。

5.12.1 算法分析

图 5-5(a)由顶点集{'A', 'B', 'C', 'D', 'E', 'F', 'G'}和一系列带有权重的边组成(本质上 n 个顶

点两两相连可以形成 $n(n-1)/2$ 条边，图中省略部分边及边权)。将 7 个顶点视为 7 棵树的根节点。首先选取权重最小的边 $e(BF)$，其顶点为 B、F，两点不属于同一棵树，故合并得到图 5-5(b)。然后选取权重为 3 的边 $e(CD)$，两点也不属于同一棵树，故合并得到图 5-5(c)。重复上述步骤，依次得到图 5-5(d)、(e)、(f)。当选取到权重为 6 的边 $e(EF)$ 时，发现顶点 E、F 同属于一棵树，故舍弃，最后最小生成树有两种情况，如图 5-5(g)、(h)所示。

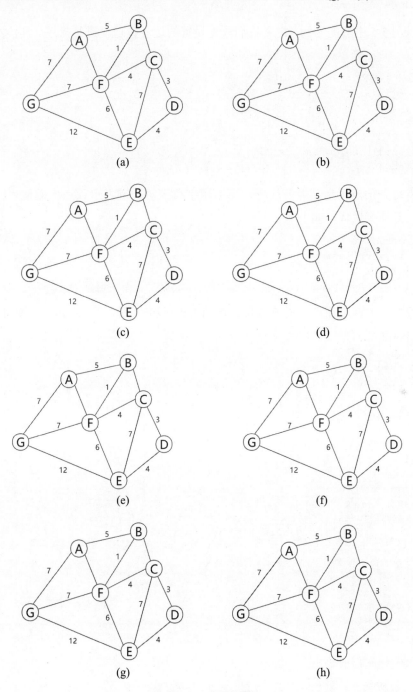

图 5-5　一个图的例子

5.12.2 第一种使用 Kruskal 算法获取最小生成树的方案

编写文件 kr01.py 使用 Kruskal 算法获取最小生成树，具体实现流程如下所示。

(1) 定义顶点，具体实现代码如下所示。

```
vertices=list('ABCDEFG')
```

(2) 以图 5-5 中的图为例，定义我们预先设置的边并按边权进行排序。具体实现代码如下所示。

```
edges = [("A", "B", 5), ("A", "G", 7),
        ("B", "F", 1), ("C", "F", 4),
        ("C", "D", 3), ("C", "E", 7),
        ("E", "F", 6), ("D", "E", 4),
        ("E", "G", 12),("F", "G", 12)]
edges.sort(key=lambda x:x[2])
print(edges)
```

(3) 将每个顶点视为一棵节点树，可以用字典表示，键表示顶点，键值表示顶点所在树的节点。具体实现代码如下所示。

```
ori_trees=dict()
for i in vertices:
    ori_trees[i]=i
print(ori_trees)
```

(4) 根据边的两个顶点的根节点是否相同考虑是否合并，具体实现代码如下所示。

```
# 寻找根节点
def find_node(x):
    if ori_trees[x]!=x:
        ori_trees[x]=find_node(ori_trees[x])
    return ori_trees[x]
# 定义最小生成树
mst=[]
# 定义循环次数，n 为需要添加的边数=顶点数-1
n=len(vertices)-1
# 循环
for edge in edges:
    v1,v2,_=edge
    if find_node(v1)!=find_node(v2):
        ori_trees[find_node(v2)]=find_node(v1)
        mst.append(edge)
        print('添加第'+str(7-n)+'条边后：')
        n-=1
        print(ori_trees)
        print(mst)
        if n==0:
            break
```

执行以上代码后会输出：

```
添加第 1 条边后：
{'A': 'A', 'B': 'B', 'C': 'C', 'D': 'D', 'E': 'E', 'F': 'B', 'G': 'G'}
```

```
[('B', 'F', 1)]
添加第 2 条边后:
{'A': 'A', 'B': 'B', 'C': 'C', 'D': 'C', 'E': 'E', 'F': 'B', 'G': 'G'}
[('B', 'F', 1), ('C', 'D', 3)]
添加第 3 条边后:
{'A': 'A', 'B': 'C', 'C': 'C', 'D': 'C', 'E': 'E', 'F': 'B', 'G': 'G'}
[('B', 'F', 1), ('C', 'D', 3), ('C', 'F', 4)]
添加第 4 条边后:
{'A': 'A', 'B': 'C', 'C': 'C', 'D': 'C', 'E': 'C', 'F': 'B', 'G': 'G'}
[('B', 'F', 1), ('C', 'D', 3), ('C', 'F', 4), ('D', 'E', 4)]
添加第 5 条边后:
{'A': 'A', 'B': 'C', 'C': 'A', 'D': 'C', 'E': 'C', 'F': 'B', 'G': 'G'}
[('B', 'F', 1), ('C', 'D', 3), ('C', 'F', 4), ('D', 'E', 4), ('A', 'B', 5)]
添加第 6 条边后:
{'A': 'A', 'B': 'A', 'C': 'A', 'D': 'C', 'E': 'A', 'F': 'A', 'G': 'A'}
[('B', 'F', 1), ('C', 'D', 3), ('C', 'F', 4), ('D', 'E', 4), ('A', 'B', 5), ('A',
'G', 7)]
```

5.12.3　第二种使用 Kruskal 算法获取最小生成树的方案

再看下面的实例文件 kr02.py，是使用 Kruskal 算法获取最小生成树的另外一种方案。首先遍历全图找到权重最小的边，然后将这个边加入最小生成树。再次进行遍历操作，如果出现了环则取下一小权重的边加入。重复上述步骤，直到所有的节点都加入到其中才表示完成所有工作。文件 kr02.py 的具体实现代码如下所示。

```
data =[[0, 2, 8, 1, 0, 0, 0, 0],
      [2, 0, 6, 0, 1, 0, 0, 0],
      [8, 6, 0, 7, 5, 1, 2, 0],
      [1, 0, 7, 0, 0, 0, 9, 0],
      [0, 1, 5, 0, 0, 3, 0, 8],
      [0, 0, 1, 0, 3, 0, 4, 6],
      [0, 0, 2, 9, 0, 4, 0, 3],
      [0, 0, 0, 0, 8, 6, 3, 0]]


# 转换数据格式
def build_graph(data):
    G = {}
    for i in range(len(data)):
        G[str(i)] = {}
        for j in range(len(data[i])):
            if data[i][j] != 0:
                G[str(i)][str(j)] = data[i][j]
    return G


G = build_graph(data)


# 返回 U 中包含顶点 v 的连通分支的名字。这个运算用来确定某条边的两个端点所属的连通分支
def find(C, u):
    if C[u] != u:
```

```
        C[u] = find(C, C[u])
    return C[u]


# 将C、R两个连通分支连接起来
def union(C, R, u, v):
    u, v = find(C, u), find(C, v)
    if R[u] > R[v]:
        C[v] = u
    else:
        C[u] = v
    if R[u] == R[v]:
        R[v] += 1


def kruskal(G):
    E = [(G[u][v], u, v) for u in G for v in G[u]]
    print(E)
    T = set()
    C, R = {u: u for u in G}, {u: 0 for u in G}
    print(C, R)
    for _, u, v in sorted(E):
        print(_, u, v)
        if find(C, u) != find(C, v):
            T.add((u, v))
            union(C, R, u, v)
    return T


print(list(kruskal(G)))
```

执行以上代码后会输出：

```
[(2, '0', '1'), (8, '0', '2'), (1, '0', '3'), (2, '1', '0'), (6, '1', '2'),
(1, '1', '4'), (8, '2', '0'), (6, '2', '1'), (7, '2', '3'), (5, '2', '4'), (1,
'2', '5'), (2, '2', '6'), (1, '3', '0'), (7, '3', '2'), (9, '3', '6'), (1, '4',
'1'), (5, '4', '2'), (3, '4', '5'), (8, '4', '7'), (1, '5', '2'), (3, '5', '4'),
(4, '5', '6'), (6, '5', '7'), (2, '6', '2'), (9, '6', '3'), (4, '6', '5'), (3,
'6', '7'), (8, '7', '4'), (6, '7', '5'), (3, '7', '6')]
{'0': '0', '1': '1', '2': '2', '3': '3', '4': '4', '5': '5', '6': '6', '7': '7'}
{'0': 0, '1': 0, '2': 0, '3': 0, '4': 0, '5': 0, '6': 0, '7': 0}
1 0 3
1 1 4
1 2 5
1 3 0
1 4 1
1 5 2
2 0 1
2 1 0
2 2 6
2 6 2
3 4 5
3 5 4
3 6 7
3 7 6
4 5 6
```

```
4 6 5
5 2 4
5 4 2
6 1 2
6 2 1
6 5 7
6 7 5
7 2 3
7 3 2
8 0 2
8 2 0
8 4 7
8 7 4
9 3 6
9 6 3
[('2', '6'), ('6', '7'), ('1', '4'), ('4', '5'), ('2', '5'), ('0', '3'), ('0',
'1')]
```

5.12.4　第三种使用 Kruskal 算法获取最小生成树的方案

再看下面的实例文件 kr03.py，是使用 Kruskal 算法获取最小生成树的另外一种方案，具体实现代码如下所示。

```python
class DisjointSet(dict):
    '''不相交集'''

    def __init__(self, dict):
        pass

    def add(self, item):
        self[item] = item

    def find(self, item):
        if self[item] != item:
            self[item] = self.find(self[item])
        return self[item]

    def unionset(self, item1, item2):
        self[item2] = self[item1]


def Kruskal_1(nodes, edges):
    '''基于不相交集实现Kruskal算法'''
    forest = DisjointSet(nodes)
    MST = []
    for item in nodes:
        print(item)
        forest.add(item)
    edges = sorted(edges, key=lambda element: element[2])
    num_sides = len(nodes) - 1   # 最小生成树的边数等于顶点数减1
    for e in edges:
        node1, node2, _ = e
        parent1 = forest.find(node1)
        parent2 = forest.find(node2)
```

```
            if parent1 != parent2:
                MST.append(e)
                num_sides -= 1
                if num_sides == 0:
                    return MST
                else:
                    forest.unionset(parent1, parent2)
        pass


def Kruskal(nodes, edges):
    ''' Kruskal 无向图生成最小生成树 '''
    all_nodes = nodes  # set(nodes)
    used_nodes = set()
    MST = []
    edges = sorted(edges, key=lambda element: element[2], reverse=True)
    # 对所有的边按权重升序排列
    while used_nodes != all_nodes and edges:
        element = edges.pop(-1)
        if element[0] in used_nodes and element[1] in used_nodes:
            continue
        MST.append(element)
        used_nodes.update(element[:2])
        # print(used_nodes)
    return MST


def main():
    nodes = set(list('ABCDEFGHI'))
    edges = [("A", "B", 4), ("A", "H", 8),
            ("B", "C", 8), ("B", "H", 11),
            ("C", "D", 7), ("C", "F", 4),
            ("C", "I", 2), ("D", "E", 9),
            ("D", "F", 14), ("E", "F", 10),
            ("F", "G", 2), ("G", "H", 1),
            ("G", "I", 6), ("H", "I", 7)]
    print("\n\n 无向图是:", edges)
    print("\n\nKruskal 的最小生成树是: ")
    print(Kruskal_1(nodes, edges))


if __name__ == '__main__':
    main()
```

执行以上代码后会输出：

```
无向图是: [('A', 'B', 4), ('A', 'H', 8), ('B', 'C', 8), ('B', 'H', 11), ('C',
'D', 7), ('C', 'F', 4), ('C', 'I', 2), ('D', 'E', 9), ('D', 'F', 14), ('E', 'F',
10), ('F', 'G', 2), ('G', 'H', 1), ('G', 'I', 6), ('H', 'I', 7)]


Kruskal 的最小生成树是:
I
A
C
```

```
F
G
H
D
E
B
    [('G', 'H', 1), ('C', 'I', 2), ('F', 'G', 2), ('A', 'B', 4), ('C', 'F', 4),
('C', 'D', 7), ('A', 'H', 8), ('D', 'E', 9)]
```

5.13　解决 Prim 算法问题

扫码观看视频讲解

问题描述：Prim 算法也是一种求最小生成树的算法，目的是获取整个图所有权重的最小和，每次添加到集合中的是到整个集合最短距离的点。Prim 算法是从一个点开始，在给出的无向图中寻找这个点所连接的权值最小的边，并在树中连接这条边，再寻找树中节点在无向图连接的权值最小的边，找到之后要判断这条边是否会构成一个环，最小生成树中是不能出现环的。

例如在图 5-6 中，①从点 1 开始，权值最小的边是(1,3)，权值为 1，连接；②点 1 和点 3 在原始无向图中权值最小的边是(3,6)，权值为 4，连接；③点 1、点 3 和点 6 中权值最小的边是(6,4)，权值为 2，连接；④在点 1、3、6、4 中权值最小的边是(4,1)和(3,2)，权值都为 5，但是(4,1)连接后会构成环，所以不能连接(4,1)；⑤再找点 1、3、6、4、2 中权值最小的边，连接(2,5)，完成最小生成树的构造。

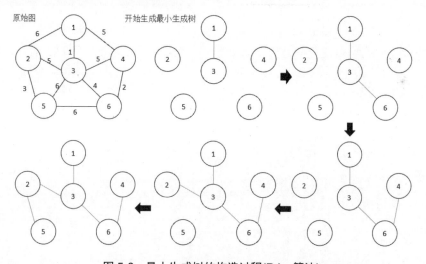

图 5-6　最小生成树的构造过程(Prim 算法)

5.13.1　算法分析

Prim 算法的基本思路是先对边按权重从小到大排序，先选取权重最小的一条边，如果该边的两个节点均为不同的分量，则加入到最小生成树，否则计算下一条边，直到遍历完所有的边。在具体实现时，可以将所有的节点分成两个 group，一个为已经选取的

selected_node(为 list 类型)，另一个为 candidate_node，首先任取一个节点加入 selected_node，然后遍历头节点在 selected_node、尾节点在 candidate_node 的边，选取符合这个条件的边里面权重最小的边，加入到最小生成树，选出的边的尾节点加入到 selected_node，并从 candidate_node 删除。直到 candidate_node 中没有备选节点。(这个循环条件要求所有节点都有边连接，即边数要大于等于节点数-1，循环开始前要加入这个条件判断，否则可能会有节点一直在 candidate 中，导致死循环)

5.13.2　第一种方案

编写实例文件 zuixiao.py，具体实现代码如下所示。

```python
        group = [[i] for i in range(self.nodenum)]
        for edge in edge_list:
            for i in range(len(group)):
                if edge[0] in group[i]:
                    m = i
                if edge[1] in group[i]:
                    n = i
            if m != n:
                res.append(edge)
                group[m] = group[m] + group[n]
                group[n] = []
        return res

    def prim(self):
        res = []
        if self.nodenum <= 0 or self.edgenum < self.nodenum - 1:
            return res
        res = []
        selected_node = [0]
        candidate_node = [i for i in range(1, self.nodenum)]

        while len(candidate_node) > 0:
            begin, end, minweight = 0, 0, 9999
            for i in selected_node:
                for j in candidate_node:
                    if self.maps[i][j] < minweight:
                        minweight = self.maps[i][j]
                        begin = i
                        end = j
            res.append([begin, end, minweight])
            selected_node.append(end)
            candidate_node.remove(end)
        return res


max_value = 9999
row0 = [0, 7, max_value, max_value, max_value, 5]
row1 = [7, 0, 9, max_value, 3, max_value]
row2 = [max_value, 9, 0, 6, max_value, max_value]
row3 = [max_value, max_value, 6, 0, 8, 10]
```

```
row4 = [max_value, 3, max_value, 8, 0, 4]
row5 = [5, max_value, max_value, 10, 4, 0]
maps = [row0, row1, row2, row3, row4, row5]
graph = Graph(maps)
print('邻接矩阵为\n%s' % graph.maps)
print('节点数据为%d，边数为%d\n' % (graph.nodenum, graph.edgenum))
print('------最小生成树 Kruskal 算法------')
print(graph.kruskal())
print('------最小生成树 Prim 算法')
print(graph.prim())
```

在上述代码中，要处理的原始的图的结构如图 5-7 所示。

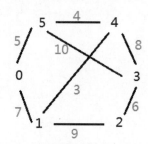

图 5-7　要处理的原始的图的结构

执行以上代码后会输出显示上述原始图最小生成树结果：

```
邻接矩阵为
[[0, 7, 9999, 9999, 9999, 5], [7, 0, 9, 9999, 3, 9999], [9999, 9, 0, 6, 9999,
9999], [9999, 9999, 6, 0, 8, 10], [9999, 3, 9999, 8, 0, 4], [5, 9999, 9999, 10,
4, 0]]
节点数据为 6，边数为 8

------最小生成树 Kruskal 算法------
[[1, 4, 3], [4, 5, 4], [0, 5, 5], [2, 3, 6], [3, 4, 8]]
------最小生成树 Prim 算法
[[0, 5, 5], [5, 4, 4], [4, 1, 3], [4, 3, 8], [3, 2, 6]]
```

5.13.3　第二种方案

再看下面的实例文件 zuixiao02.py，功能也是使用 Prim 算法求最小生成树。首先随机选取一个节点，然后取节点权重最小的一条边，把边连接的节点也考虑进去，再次选择所有边中权重最小的边，直到选取了所有的节点。文件 zuixiao02.py 的具体实现代码如下所示。

```
from heapq import heappush, heappop
import math

data =[[0, 2, 8, 1, 0, 0, 0, 0],
       [2, 0, 6, 0, 1, 0, 0, 0],
       [8, 6, 0, 7, 5, 1, 2, 0],
       [1, 0, 7, 0, 0, 0, 9, 0],
       [0, 1, 5, 0, 0, 3, 0, 8],
       [0, 0, 1, 0, 3, 0, 4, 6],
```

```
        [0, 0, 2, 9, 0, 4, 0, 3],
        [0, 0, 0, 0, 8, 6, 3, 0]]

# 转换数据格式
def build_graph(data):
    G = {}
    for i in range(len(data)):
        G[str(i)] = {}
        for j in range(len(data[i])):
            if data[i][j] != 0:
                G[str(i)][str(j)] = data[i][j]
    return G


G = build_graph(data)


# print(G)

def prim(G, source):
    P = {}  # parent 字典
    Q = [(0, None, source)]  # 优先队列

    while Q:
        _, p, u = heappop(Q)  # 将权值最小的元素弹出
        if u in P:  # 如果节点u在P里面的话
            continue
        P[u] = p  # 节点u链接节点p
        for v, w in G[u].items():  # 将所有现有邻接线的权重添加入优先队列中
            heappush(Q, (w, u, v))  # 权重，先节点，节点
    return P


subtree = prim(G, "0")

print(subtree)
```

执行以上代码后会将最终生成的字典打印出来：

```
{'0': None, '3': '0', '1': '0', '4': '1', '5': '4', '2': '5', '6': '2', '7':
'6'}
```

注　意　为什么说贪心算法并不是解决问题的最优方案

　　还是看“装箱”问题，说明贪心算法并不是解决问题的最优方案。该算法依次将物品放到它第一个能放进去的箱子中，虽不能保证找到最优解，但还是能找到非常好的解。设 n 件物品的体积按从大到小排序，即有 $V_0 \geqslant V_1 \geqslant \cdots \geqslant V_{n-1}$。如不满足上述要求，只要先对这 n 件物品按它们的体积从大到小排序，然后按排序结果对物品重新编号即可。

　　再看下面的例子：假设有 6 种物品，它们的体积分别为 60、45、35、20、20 和 20 个单位体积，箱子的容积为 100 个单位体积。按上述算法计算，需 3 只箱子，各箱子所装物品分别为：第一只箱子装物品 1、3；第二只箱子装物品 2、4、5；第三只箱子装物

品 6。而最优解为两只箱子，分别装物品 1、4、5 和 2、3、6。这个例子说明，贪心算法不一定能找到最优解。

5.14 解决"马踏棋盘"问题

扫码观看视频讲解

问题描述：在 8×8 方格的棋盘上，从任意指定的方格出发，为马寻找一条走遍棋盘每一格并且只经过一次的一条路径。

5.14.1 算法分析

最基本的解决马踏棋盘问题的算法是深度优先搜索算法，但是对于一个 8×8 的棋盘来说，如果采取暴力搜索，将会耗费很长时间而得不到一个结果，如果采用贪心算法，对路径有目的地筛选，尽量选择出口少的路先走，也就是对当前点的下一个落脚点(可能是 8 个)进行排序，优先走可走的路最少的那个点，使得走法较好。通俗来讲，就是先预判下一个可能落脚点的出口数，出口数最少的先走掉。

我们开始分析使用贪心算法解决"马踏棋盘"问题的思路：首先将棋盘当作一个二维数组，其次将数组中的每一个元素赋值为 0，将马的起始地址设为 1，比如说是(5,6)，判断当前马所能够到达的地方，找出这些点。通过一个数组，用数组中的值记录马下一个位置和当前位置之间的差值，然后遍历一遍数组，检测其下一个位置是否还在棋盘之中，是否走过该位置，再将其走过的点记录下来，将所获得的这些点的记录进行遍历。遍历每一个点，看一下这些点是否还可以继续向下走，然后将这些点可以向下走的位置有几个记录下来，找到路径最少的一个点，将这个点设为初始点，进入下一次遍历。这里的每一个问题就是为什么要找剩余路径最少的点，而不是去找路径多的或者是随机的呢？原因就是当到达路径少的点后就变得很少了，如果这次没有选择这个点的话，下次再来这个点就会变得困难，甚至是不可以走了。

5.14.2 使用贪心算法和递归算法解决"马踏棋盘"问题

编写实例文件 horse01.py，功能是同时使用贪心算法和递归算法解决"马踏棋盘"问题，具体实现代码如下所示。

```
import time
# 棋盘长宽
X = Y = 5
# 马可以选择走的步数
STEP = 8
# 马可以选择走的方式
nextList = [(2, -1), (2, 1), (1, 2), (-1, 2), (-2, 1), (-2, -1), (-1, -2), (1,
-2)]  # 下左下逆时针
# 出发点
startPoint=(2,0)
```

```
# 初始化棋盘
chess=[[0 for j in range(Y)] for i in range(X)]

# 打印棋盘
def printChess():
    for i in range(X):
        print(chess[i])
    print('over')

# 判断下一步是否可走
def nextOk(point, i):
    nextp = (point[0] + nextList[i][0], point[1] + nextList[i][1])
    if 0 <= nextp[0] < X and 0 <= nextp[1] < Y and chess[nextp[0]][nextp[1]] ==
0:
        return True, nextp
    else:
        return False, point

# 获得下一步可走列表
def findNext(point):
    list = []
    for i in range(STEP):
        ok, pointn = nextOk(point, i)
        if ok:
            list.append(pointn)
    return list

# 获得步数最少的下一步(贪婪算法)
def getBestNext(point, step):
    temp =X+1
    best = (-1, -1)

    list = findNext(point)
    lenp = len(list)
    for i in range(lenp):
        n = len(findNext(list[i]))
        if n < temp:
            if n > 0:
                temp = n
                best = list[i]
            elif n == 0 and step == X * Y:
                best = list[i]
    return best

# 深度遍历，递归方式(速度很慢，对比方法)
def traverse(point, count):
    global sum_count
    if count > X * Y:
        return True
    for i in range(STEP):
        ok, nextp = nextOk(point, i)
        if ok:
            chess[nextp[0]][nextp[1]] = count
            result = traverse(nextp, count + 1)
            if result:
```

```
            return True
        else:
            chess[nextp[0]][nextp[1]] = 0
    return False

# 迭代方式，贪婪算法
def traverseFast(point, step):
    chess[point[0]][point[1]] = step
    while 1:
        step += 1
        best = getBestNext(point, step)
        if best[0] == -1:
            return step
        else:
            chess[best[0]][best[1]] = step
            point = best
    return step

# 测试递归方式
def testSlow():
    start = time.perf_counter()
    chess[startPoint[0]][startPoint[1]]=1
    ok = traverse(startPoint,2)
    if ok:
        print('遍历成功')
    else:
        print('遍历失败')
    printChess()
    print('user_time==', time.perf_counter() - start)

# 测试贪婪算法
def testFast():
    start = time.perf_counter()
    step = traverseFast(startPoint, 1)
    if step - 1 == X * Y:
        print('快速遍历成功')
    else:
        print('快速遍历失败')
    printChess()
    print('user_time==', time.perf_counter() - start)

if __name__ == '__main__':
    testFast()
    chess = [[0 for j in range(Y)] for i in range(X)]
    testSlow()
```

执行以上代码后会输出：

```
horse01.py::testSlow PASSED                              [ 50%]遍历成功
[23, 12, 5, 10, 21]
[6, 17, 22, 13, 4]
[1, 24, 11, 20, 9]
[16, 7, 18, 3, 14]
[25, 2, 15, 8, 19]
over
```

```
user_time== 0.5295951000000008

horse01.py::testFast PASSED                              [100%]快速遍历失败
[23, 12, 5, 10, 21]
[6, 17, 22, 13, 4]
[1, 24, 11, 20, 9]
[16, 7, 18, 3, 14]
[25, 2, 15, 8, 19]
over
user_time== 0.00048389999999987054


============================ 2 passed in 0.59s ============================
```

第6章

试探算法思想

　　试探算法也被称为回溯算法，是现实中最为常用的算法思想之一。在本章的内容中，将详细讲解试探算法思想的基本知识，并通过具体例子详细讲解试探算法的用法和技巧。希望读者理解并掌握试探算法思想的用法和核心知识，为步入本书后面知识的学习打下基础。

扫码观看视频讲解

6.1 试探算法思想基础

试探法的处事方式比较委婉，它先暂时放弃关于问题规模大小的限制，并将问题的候选解按某种顺序逐一进行枚举和检验。当发现当前候选解不可能是正确的解时，就选择下一个候选解。如果当前候选解除了不满足问题规模要求外能够满足所有其他要求时，则继续扩大当前候选解的规模，并继续试探。如果当前候选解满足包括问题规模在内的所有要求时，该候选解就是问题的一个解。在试探算法中，放弃当前候选，并继续寻找下一个候选解的过程称为回溯。扩大当前候选解的规模，并继续试探的过程称为向前试探。

6.1.1 试探法算法介绍

试探法算法是一个既带有系统性又带有跳跃性的搜索算法。它在包含问题的所有解的解空间树中，按照深度优先的策略，从根节点出发搜索解空间树。算法搜索至解空间树的任一节点时，总是先判断该节点是否肯定不包含问题的解。如果肯定不包含，则跳过对以该节点为根的子树的系统搜索，逐层向其祖先节点回溯。否则进入该子树，继续按深度优先的策略进行搜索。回溯法在用来求问题的所有解时要回溯到根，且根节点的所有子树都已被搜索遍才结束。而回溯法在用来求问题的任一解时，只要搜索到问题的一个解就可以结束。这种以深度优先的方式系统地搜索问题的解的算法称为回溯法，它适用于解一些组合数较大的问题。

回溯法通常用最简单的递归方法来实现，在反复重复上述的步骤后可能出现两种情况：

(1) 找到一个可能存在的正确的答案。

(2) 在尝试了所有可能的分步方法后宣告该问题没有答案。

在最坏的情况下，回溯法会导致一次复杂度为指数时间的计算。回溯法为了求得问题的正确解，会先委婉地试探某一种可能的情况。在进行试探的过程中，一旦发现原来选择的假设情况是不正确的，立即会自觉地退回一步重新选择，然后继续向前试探，如此这般反复进行，直至得到解或证明无解时才死心。

6.1.2 使用回溯算法的步骤

使用回溯算法的一般步骤如下所示：

(1) 定义一个解空间(子集树、排列树二选一)。

(2) 利用适于搜索的方法组织解空间。

(3) 利用深度优先法搜索解空间。

(4) 利用剪枝函数避免移动到不可能产生解的子空间。

假设存在一个可以用试探法求解的问题 P，该问题表达为：对于已知的由 n 元组(y_1, y_2, $\cdots$, y_n)组成的一个状态空间 $E=\{(y_1, y_2, \cdots, y_n) \mid y_i \in S_i, i=1, 2, \cdots, n\}$，给定关于 n 元组中

的一个分量的一个约束集 D，要求 E 中满足 D 的全部约束条件的所有 n 元组。其中，S_i 是分量 y_i 的定义域，且 $|S_i|$ 有限，$i=1, 2, \cdots, n$。E 中满足 D 的全部约束条件的任一 n 元组为问题 P 的一个解。

解问题 P 的最简单方法是使用枚举法，即对 E 中的所有 n 元组逐一检测其是否满足 D 的全部约束，如果满足，则为问题 P 的一个解。但是这种方法的计算量非常大。

对于现实中的许多问题，所给定的约束集 D 具有完备性，即 i 元组 $(y_1, y_2, \cdots, y_i)$ 满足 D 中仅涉及 $y_1, y_2, \cdots, y_j$ 的所有约束，这意味着 $j(j<i)$ 元组 $(y_1, y_2, \cdots, y_j)$ 一定也满足 D 中仅涉及 $y_1, y_2, \cdots, y_j$ 的所有约束，$i=1, 2, \cdots, n$。换句话说，只要存在 $0 \leqslant j \leqslant n-1$，使得 $(y_1, y_2, \cdots, y_j)$ 违反 D 中仅涉及 $y_1, y_2, \cdots, y_j$ 的约束之一，则以 $(y_1, y_2, \cdots, y_j)$ 为前缀的任何 n 元组 $(y_1, y_2, \cdots, y_j, y_{j+1}, \cdots, y_n)$ 一定也违反 D 中仅涉及 $y_1, y_2, \cdots, y_i$ 的一个约束，$n \geqslant i > j$。因此，对于约束集 D 具有完备性的问题 P，一旦检测断定某个 j 元组 $(y_1, y_2, \cdots, y_j)$ 违反 D 中仅涉及 $y_1, y_2, \cdots, y_j$ 的一个约束，就可以肯定，以 $(y_1, y_2, \cdots, y_j)$ 为前缀的任何 n 元组 $(y_1, y_2, \cdots, y_j, y_{j+1}, \cdots, y_n)$ 都不会是问题 P 的解，因而就不必去搜索它们、检测它们。试探法是针对这类问题而推出的，比枚举算法的效率更高。

6.1.3　回溯算法会影响程序的效率吗

下面是回溯的 3 个要素。

(1) 解空间：是要解决问题的范围，不知道范围的搜索是不可能找到结果的。

(2) 约束条件：包括隐性的和显性的，题目中的要求以及题目描述隐含的约束条件，是搜索有解的保证。

(3) 状态树：是构造深搜过程的依据，整个搜索以此树展开。

适合解决没有要求求最优解的问题，如果采用，一定要注意跳出条件及搜索完成的标志，否则会陷入泥潭不可自拔。

下面是影响算法效率的因素：

- ▶ 搜索树的结构、解的分布、约束条件的判断；
- ▶ 改进回溯算法的途径；
- ▶ 搜索顺序；
- ▶ 节点少的分支优先，解多的分支优先；
- ▶ 让回溯尽量早发生。

6.2　解决"解空间"问题

扫码观看视频讲解

问题描述：在前面曾经说过，使用回溯法解决问题的第一步是定义一个解空间，其中的解空间有两种方案——子集树和排列树。请编写 Python 程序，为回溯法的解空间的两种方案设计两套模板。

6.2.1 算法分析

1. 子集树

遍历子集树的时间复杂度为 $O(2^n)$，如果解的长度是不固定的，那么解和元素顺序无关，即可以从中选择 0 个或多个。例如子集、迷宫等问题。如果解的长度是固定的，那么解和元素顺序有关，即每个元素有一个对应的状态。例如子集、八皇后等问题。

子集树解空间的个数是指数级别的，为 2^n，可以用子集树来表示所有的解，适用于解决幂集、子集和、0-1 背包、装载、八皇后、迷宫等问题。

2. 排列树

遍历排列树的时间复杂度为 $O(n!)$，解空间是由 n 个元素的排列形成，也就是说 n 个元素的每一个排列都是解空间中的一个元素，那么最后解空间的组织形式是排列树。

排列树解空间适用于解决 n 个元素全排列、旅行商等问题。

6.2.2 使用子集树模板递归创建一个通用模板

编写实例文件 jie01.py，使用子集树模板递归创建一个通用模板，具体实现代码如下所示。

```
n = 4
# a = ['a','b','c','d']
a = [1, 2, 3, 4]
x = []  # 一个解(n元0-1数组)
X = []  # 一组解


# 冲突检测：无
def conflict(k):
    global n, x, X, a

    return False  # 无冲突


# 一个例子
# 冲突检测：奇偶性相同，且和小于8的子集
def conflict2(k):
    global n, x, X, a

    if k == 0:
        return False

    # 根据部分解，构造部分集
    s = [y[0] for y in filter(lambda s: s[1] != 0, zip(a[:k + 1], x[:k + 1]))]
    if len(s) == 0:
        return False
    if 0 < sum(map(lambda y: y % 2, s)) < len(s) or sum(s) >= 8:
    # 只比较 x[k] 与 x[k-1] 奇偶是否相同
```

```
      return True

   return False  # 无冲突

# 子集树递归模板
def subsets(k):  # 到达第 k 个元素
   global n, x, X

   if k >= n:  # 超出最尾的元素
      # print(x)
      X.append(x[:])  # 保存(一个解)
   else:
      for i in [1, 0]:  # 遍历元素 a[k] 的两种选择状态:1-选择, 0-不选
         x.append(i)
         if not conflict2(k):  # 剪枝
            subsets(k + 1)
         x.pop()  # 回溯


# 根据一个解 x, 构造一个子集
def get_a_subset(x):
   global a

   return [y[0] for y in filter(lambda s: s[1] != 0, zip(a, x))]


# 根据一组解 x, 构造一组子集
def get_all_subset(X):
   return [get_a_subset(x) for x in X]


# 测试
subsets(0)

# 查看第 3 个解及对应的子集
# print(X[2])
# print(get_a_subset(X[2]))

print(get_all_subset(X))
```

执行以上代码后会输出:

```
[[1, 3], [1], [2, 4], [2], [3], [4], []]
```

6.2.3　使用排列树模板递归创建一个通用模板

编写实例文件 jie02.py, 使用排列树模板递归创建一个通用模板, 解决了列表[1, 2, 3, 4]的全排列问题。文件 jie02.py 的具体实现代码如下所示。

```
n = 4
x = [1, 2, 3, 4]     # 一个解
X = []               # 一组解
```

```
# 冲突检测：无
def conflict(k):
    global n, x, X

    return False  # 无冲突


# 一个例子
# 冲突检测：元素奇偶相间的排列
def conflict2(k):
    global n, x, X

    if k == 0:  # 第一个元素，肯定无冲突
        return False

    if x[k - 1] % 2 == x[k] % 2:  # 只比较 x[k] 与 x[k-1] 奇偶是否相同
        return True

    return False  # 无冲突


# 排列树递归模板
def backkrak(k):  # 到达第 k 个位置
    global n, x, X

    if k >= n:  # 超出最尾的位置
        print(x)
        # X.append(x[:]) # 注意 x[:]
    else:
        for i in range(k, n):  # 遍历后面第 k~n-1 的位置
            x[k], x[i] = x[i], x[k]
            if not conflict2(k):  # 剪枝
                backkrak(k + 1)
            x[i], x[k] = x[k], x[i]  # 回溯

# 测试
backkrak(0)
```

执行以上代码后会输出：

```
[1, 2, 3, 4]
[1, 4, 3, 2]
[2, 1, 4, 3]
[2, 3, 4, 1]
[3, 2, 1, 4]
[3, 4, 1, 2]
[4, 3, 2, 1]
[4, 1, 2, 3]
```

6.3 解决"全排列"问题

扫码观看视频讲解

问题描述：从 n 个不同元素中任取 $m(m \leqslant n)$ 个元素，按照一定的顺序排列起来，叫作从 n 个不同元素中取出 m 个元素的一个排列。当 $m=n$ 时，

所有的排列情况叫全排列。请编写一个 Python 程序，使用回溯法实现 'a', 'b', 'c', 'd' 四个元素的全排列。

6.3.1　算法分析

使用回溯子集树法解决此问题，一个解 x 就是 n 个元素的一种排列，显然，解 x 的长度是固定的 n。我们可以这样考虑：对于解 x，先排第 0 个元素 $x[0]$，再排第 1 个元素 $x[1]$……当来到第 k-1 个元素 $x[k$-1$]$ 时，就将剩下的未排的所有元素看作元素 $x[k$-1$]$ 的状态空间，然后逐一遍历。

6.3.2　实现 'a', 'b', 'c', 'd' 四个元素的全排列

编写实例文件 pailie.py，使用回溯法实现 'a', 'b', 'c', 'd' 四个元素的全排列。具体实现代码如下所示。

```python
n = 4
a = ['a', 'b', 'c', 'd']

x = [0] * n   # 一个解(n元 0-1 数组)
X = []   # 一组解


# 冲突检测：无
def conflict(k):
    global n, x, X, a

    return False   # 无冲突

# 用子集树模板实现全排列
def perm(k):   # 到达第 k 个元素
    global n, a, x, X

    if k >= n:   # 超出最尾的元素
        print(x)
        # X.append(x[:]) # 保存(一个解)
    else:
        for i in set(a) - set(x[:k]):
        # 遍历，把剩下的未排的所有元素看作元素 x[k-1]的状态空间
            x[k] = i
            if not conflict(k):   # 剪枝
                perm(k + 1)

# 测试
perm(0)   # 从 x[0]开始
```

执行以上代码后会输出：

```
['c', 'd', 'b', 'a']
['c', 'd', 'a', 'b']
['c', 'b', 'd', 'a']
['c', 'b', 'a', 'd']
```

```
['c', 'a', 'd', 'b']
['c', 'a', 'b', 'd']
['d', 'c', 'b', 'a']
['d', 'c', 'a', 'b']
['d', 'b', 'c', 'a']
['d', 'b', 'a', 'c']
['d', 'a', 'c', 'b']
['d', 'a', 'b', 'c']
['b', 'c', 'd', 'a']
['b', 'c', 'a', 'd']
['b', 'd', 'c', 'a']
['b', 'd', 'a', 'c']
['b', 'a', 'c', 'd']
['b', 'a', 'd', 'c']
['a', 'c', 'd', 'b']
['a', 'c', 'b', 'd']
['a', 'd', 'c', 'b']
['a', 'd', 'b', 'c']
['a', 'b', 'c', 'd']
['a', 'b', 'd', 'c']
```

6.4 解决"选排列"问题

扫码观看视频讲解

问题描述：从 n 个元素中挑选 m 个元素进行排列，每个元素最多可重复 r 次。其中 $m\in[2,n]$，$r\in[1,m]$。例如从 4 个元素中挑选 3 个元素进行排列，每个元素最多可重复 r 次。

6.4.1 算法分析

使用回溯子集树法解决此问题，解 x 的长度是固定的 m，对于解 x 来说，先排第 0 个位置的元素 $x[0]$，再排第 1 个位置的元素 $x[1]$。我们把后者看作是前者的一种状态，即 $x[1]$ 是 $x[0]$ 的一种状态。通常把 $x[k]$ 看作 $x[k-1]$ 的状态空间 a 中的一种状态，我们要做的就是遍历 $a[k-1]$ 的所有状态。

6.4.2 使用回溯算法解决"选排列"问题

编写实例文件 xuan.py 解决选排列问题，具体实现代码如下所示。

```
n = 4
a = ['a', 'b', 'c', 'd']

m = 3   # 从 4 个中挑 3 个
r = 2   # 每个元素最多可重复 2

x = [0] * m     # 一个解 (m 元 0-1 数组)
X = []          # 一组解

# 冲突检测
```

```
def conflict(k):
    global n, r, x, X, a

    # 部分解内的元素 x[k] 不能超过 r
    if x[:k + 1].count(x[k]) > r:
        return True

    return False  # 无冲突


# 用子集树模板实现选排列问题
def perm(k):  # 到达第 k 个元素
    global n, m, a, x, X

    if k == m:  # 超出最尾的元素
        print(x)
        # X.append(x[:])  # 保存(一个解)
    else:
        for i in a:  # 遍历 x[k-1] 的状态空间 a，其他的事情交给剪枝函数
            x[k] = i
            if not conflict(k):  # 剪枝
                perm(k + 1)


# 测试
perm(0)   # 从 x[0] 开始排列
```

执行以上代码后会输出：

```
['a', 'a', 'b']
['a', 'a', 'c']
['a', 'a', 'd']
['a', 'b', 'a']
['a', 'b', 'b']
['a', 'b', 'c']
['a', 'b', 'd']
['a', 'c', 'a']
['a', 'c', 'b']
['a', 'c', 'c']
['a', 'c', 'd']
['a', 'd', 'a']
['a', 'd', 'b']
['a', 'd', 'c']
['a', 'd', 'd']
['b', 'a', 'a']
['b', 'a', 'b']
['b', 'a', 'c']
['b', 'a', 'd']
['b', 'b', 'a']
['b', 'b', 'c']
['b', 'b', 'd']
['b', 'c', 'a']
['b', 'c', 'b']
['b', 'c', 'c']
['b', 'c', 'd']
```

```
['b', 'd', 'a']
['b', 'd', 'b']
['b', 'd', 'c']
['b', 'd', 'd']
['c', 'a', 'a']
['c', 'a', 'b']
['c', 'a', 'c']
['c', 'a', 'd']
['c', 'b', 'a']
['c', 'b', 'b']
['c', 'b', 'c']
['c', 'b', 'd']
['c', 'c', 'a']
['c', 'c', 'b']
['c', 'c', 'd']
['c', 'd', 'a']
['c', 'd', 'b']
['c', 'd', 'c']
['c', 'd', 'd']
['d', 'a', 'a']
['d', 'a', 'b']
['d', 'a', 'c']
['d', 'a', 'd']
['d', 'b', 'a']
['d', 'b', 'b']
['d', 'b', 'c']
['d', 'b', 'd']
['d', 'c', 'a']
['d', 'c', 'b']
['d', 'c', 'c']
['d', 'c', 'd']
['d', 'd', 'a']
['d', 'd', 'b']
['d', 'd', 'c']
```

6.5 解决"找零钱"问题

扫码观看视频讲解

问题描述：假设有面额为 10 元、5 元、2 元、1 元的硬币，数量分别为 3 个、5 个、7 个、12 个。现在需要给顾客找零 16 元，要求硬币的个数最少，应该如何找零？或者指出该问题无解。

6.5.1 算法分析

使用回溯子集树法解决此问题，将 4 种面额的硬币看作 4 个元素，对应的数目看作各自的状态空间，遍历状态空间，其他的事情交给剪枝函数。本问题解的长度固定是 4，解的编码是(x_1, x_2, x_3, x_4)，其中 $x_1 \in [0,1,2,3]$，$x_2 \in [0,1,2,3,4,5]$，$x_3 \in [0,1,2,\cdots,7]$，$x_4 \in [0,1,2,\cdots,12]$。为了获取最优解，增添全局变量 best_x 和 best_num。

6.5.2　使用回溯算法解决"找零钱"问题

编写实例文件 lingqian.py 解决找零钱问题，具体实现代码如下所示。

```
n = 4
a = [10, 5, 2, 1]  # 4种面额
b = [3, 5, 7, 12]  # 对应的硬币数目(状态空间)

m = 53  # 给定的金额

x = [0] * n  # 一个解(n元 0-b[k]数组)
X = []       # 一组解

best_x = []  # 最佳解
best_num = 0  # 最少硬币数目


# 冲突检测
def conflict(k):
    global n, m, x, X, a, b, best_num

    # 部分解的金额已超
    if sum([p * q for p, q in zip(a[:k + 1], x[:k + 1])]) > m:
        return True

    # 部分解的金额加上剩下的所有金额不够
    if sum([p * q for p, q in zip(a[:k + 1], x[:k + 1])]) + sum([p * q for p,
q in zip(a[k + 1:], b[k + 1:])]) < m:
        return True

    # 部分解的硬币个数超 best_num
    num = sum(x[:k + 1])
    if 0 < best_num < num:
        return True

    return False  # 无冲突


# 回溯法(递归版本)
def subsets(k):  # 到达第 k 个元素
    global n, a, b, x, X, best_x, best_num

    if k == n:  # 超出最尾的元素
        # print(x)
        X.append(x[:])  # 保存(一个解)

        # 计算硬币数目，若最佳，则保存
        num = sum(x)
        if best_num == 0 or best_num > num:
            best_num = num
            best_x = x[:]
    else:
```

```
    for i in range(b[k] + 1):
                    # 遍历元素 a[k] 的可供选择状态: 0, 1, 2, ..., b[k] 个硬币
        x[k] = i
        if not conflict(k):  # 剪枝
            subsets(k + 1)


# 测试
subsets(0)
print(best_x)
```

执行以上代码后会输出:

```
[3, 4, 1, 1]
```

扫码观看视频讲解

6.6 解决"最长公共子序列"问题

问题描述: 最长公共子序列(longest common subsequence, LCS), 顾名思义, 是指在所有的子序列中最长的那一个。子串是要求更严格的一种子序列, 要求在母串中连续地出现。在上述的例子中, 最长公共子序列为 blog(cnblogs,belong), 最长公共子串为 lo(cnblogs, belong)。现在要求使用回溯算法解决"最长公共子序列"问题。

(1) 输入。

▶ 第 1 行: 字符串 A

▶ 第 2 行: 字符串 B

其中 A 和 B 的长度≤1000。

(2) 输出。

输出最长的子序列, 如果有多个, 则随意输出 1 个。

例如输入下面的内容:

```
belong
cnblogs
```

则会输出下面的结果:

```
blog
```

6.6.1 算法分析

使用回溯子集树法解决此问题, 以长度较小的字符串中的字符作为元素, 以长度较大的字符串中的字符作为状态空间, 对每一个元素, 遍历它的状态空间, 其他的事情交给剪枝函数。

解 x 的长度不固定, x_i 表示字符串 b 中的序号。在处理每一个元素时, 如果没有一个状态被选择(cnblogs 中没一个字符被选取), 那么程序无法去往下一个元素。为了解决这个程序无法去往下一个元素的问题, 需要扩充状态空间, 增加一个状态 q。如果元素选取了状态 q, 它是合法的, 但是状态 q 不加入解 x 内。例如图 6-1 所示的处理方法。

图 6-1　状态空间和元素处理图

6.6.2　使用回溯算法解决最长公共子序列问题

编写实例文件 zuichang.py 解决最长公共子序列问题，具体实现代码如下所示。

```python
a = 'belong'
b = 'cnblogs'

x = []    # 一个解(长度不固定) xi 是 b 中字符的序号
X = []    # 一组解

best_x = []    # 最佳解
best_len = 0 # 最大子序列长度


# 冲突检测
def conflict(k):
   global n, x, X, a,b,best_len

   # 如果两个字符不相等
   if x[-1] < len(b) and a[k] != b[x[-1]]:
      return True

   # 如果两个字符相等，但是相对于前一个在 b 中的位置靠前
   if a[k] == b[x[-1]] and (len(x) >= 2 and x[-1] <= x[-2]):
      return True

   # 如果部分解的长度加上后面 a 剩下的长度，小于等于 best_len
   if len(x) + (len(a)-k) < best_len:
      return True

   return False # 无冲突


# 回溯法(递归版本)
def LCS(k): # 到达 a 中的第 k 个元素
   global x, X,a,b,best_len,best_x
   #print(k, x)
   if k == len(a): # 超出最尾的元素
      if len(x) > best_len:
         best_len = len(x)
         best_x = x[:]
   else:
      for i in range(len(b)+1):
      # 遍历状态空间：0~len(b)-1。技巧：人为增加一种状态 len(b)，表示该行没有元素被选取
```

```
        if i==len(b):  # 此状态不放入解 x 内
            LCS(k+1)
        else:
            x.append(i)
            if not conflict(k):  # 剪枝
                LCS(k+1)
            x.pop()                    # 回溯


# 根据一个解 x，构造最长子序列 lcs
def get_lcs(x):
    global b

    return ''.join([b[i] for i in x])

# 测试
LCS(0)
print(b)
print(best_x)
print(get_lcs(best_x))
```

执行以上代码后会输出：

```
cnblogs
[2, 3, 4, 5]
blog
```

6.7 解决"排课"问题

扫码观看视频讲解

问题描述：某乡村小学有六个年级，每个年级有一个班，共六个班。周一到周五，每天上 6 节课，共计 30 节课。下面是各个班开设的课程说明(其中课程为简称，其后括号中的数字是每周该课程的节数)。

▶ 一年级：语(9)数(9)书(2)体(2)美(2)音(2)德(2)班(1)安(1)
▶ 二年级：语(9)数(9)书(2)体(2)美(2)音(2)德(2)班(1)安(1)
▶ 三年级：语(8)数(8)英(4)体(2)美(2)音(2)德(2)班(1)安(1)
▶ 四年级：语(8)数(8)英(4)体(2)美(2)音(2)德(2)班(1)安(1)
▶ 五年级：语(8)数(8)英(4)体(2)美(2)音(2)德(2)班(1)安(1)
▶ 六年级：语(8)数(8)英(4)体(2)美(2)音(2)德(2)班(1)安(1)

安排课程的要求如下：

▶ 各门课程的课时必须相符；
▶ 周一最后一节课班会，周五最后一节课安全教育是固定的；
▶ 上午只能排语、数、英；
▶ 全校只有两位音乐老师；
▶ 三年级的数学不能排在周五上午第三节(三年级数学潘老师家里有事)。

6.7.1　算法分析

使用回溯子集树法解决此问题，将每一个(时间，空间)点对，作为一个元素。这些元素都具有各自的[状态 1, 状态 2, 状态 3, 状态 4, 状态 5, 状态 6, 状态 7, 状态 8, 状态 9]，一共有 9 种状态。一种状态对应一门课程。对每一个元素，遍历相应的 9 种状态。解的长度是固定的 30×6 的二维数组，本问题只需要解决存在性。也就是说，只要找到一个符合要求的解就可以了。此问题的本质就是，各(时间，空间)点对取各自状态搭配的问题。

6.7.2　使用回溯算法解决排课问题

编写实例文件 paike.py 解决排课问题，具体实现代码如下所示。

```python
m = 30   # 一周课时数(时间)
n = 6  # 全校班级数(空间)
o = 30 * 6  # 元素个数，即(时，空)点对的个数

# 6个班开始的课程(状态空间)
a = [['语', '数', '书', '体', '美', '音', '德', '班', '安'],
    # 一年级
    ['语', '数', '书', '体', '美', '音', '德', '班', '安'],
    # 二年级
    ['语', '数', '英', '体', '美', '音', '德', '班', '安'],
    # 三年级
    ['语', '数', '英', '体', '美', '音', '德', '班', '安'],
    # 四年级
    ['语', '数', '英', '体', '美', '音', '德', '班', '安'],
    # 五年级
    ['语', '数', '英', '体', '美', '音', '德', '班', '安']]
    # 六年级


# 课时数
b = [[9, 9, 2, 2, 2, 2, 2, 1, 1],
    [9, 9, 2, 2, 2, 2, 2, 1, 1],
    [8, 8, 4, 2, 2, 2, 2, 1, 1],
    [8, 8, 4, 2, 2, 2, 2, 1, 1],
    [8, 8, 4, 2, 2, 2, 2, 1, 1],
    [8, 8, 4, 2, 2, 2, 2, 1, 1]]

x = [[0 for _ in range(n)] for _ in range(m)]     # 一个解，m*n 的二维数组

is_found = False  # 结束所有递归标志


# 冲突检测
def conflict(t, s):
    '''只考虑刚刚排的x[t][s]'''

    global m, n, o, a, b, x
```

```python
    # 一、各门课课时数必须相符(纵向看)
    # 1.前面已经排的课时不能超
    if [r[s] for r in x[:t + 1]].count(x[t][s]) > b[s][a[s].index(x[t][s])]:
        # 黑科技, 不要眼花
        return True
    # 2.后面剩的课时不能不够
    if [r[s] for r in x[:t + 1]].count(x[t][s]) + (m - t - 1) <
b[s][a[s].index(x[t][s])]:
        return True


    # 二、周一最后一节课班会，周五最后一节课安全教育是固定的
    # 1.周一最后一节课班会
    if x[t][s] == '班' and t != 5:
        return True
    # 2.周五最后一节课安全教育
    if x[t][s] == '安' and t != 29:
        return True


    # 三、上午只能排语、数、英
    if t % 6 in [0, 1, 2] and x[t][s] not in ['语', '数', '英']:
        return True


    # 四、只有两个音乐老师(横向看)
    # 前面已经排的班级不能有 3 个及以上的班级同时上音乐课
    if x[t][s] == '音' and x[t][:s + 1].count('音') >= 3:
        return True


    # 五、三年级的数学不能排在周五上午第三节(三年级数学潘老师家里有事)
    if x[t][s] == '数' and t == 5 * n + 3 - 1:
        return True


    return False  # 无冲突


# 套用子集树模板
def paike(t, s):  # 到达(t,s)时空点对的位置
    global m, n, o, a, b, x, is_found

    if is_found: return  # 结束所有递归

    if t == m:  # 超出最尾的元素
        # print(x)
        show(x)  # 美化版
        is_found = True  # 只需找一个
    else:
        for i in a[s]:  # 遍历第 s 个班级对应的所有状态, 不同的班级状态不同
            x[t][s] = i
            if not conflict(t, s):  # 剪枝
                ns = [s + 1, 0][s + 1 == n]  # 行扫描方式
                nt = [t, t + 1][s + 1 == n]
                paike(nt, ns)  # 去往(nt, ns)时空点对
```

```
# 可视化一个解 x
def show(x):
    import pprint

    pprint.pprint(x[:6])      # 全校的周一课表
    pprint.pprint(x[6:12])    # 全校的周二课表
    pprint.pprint(x[12:18])   # 全校的周三课表
    pprint.pprint(x[18:24])   # 全校的周四课表
    pprint.pprint(x[24:])     # 全校的周五课表

# 测试
paike(0, 0)  # 从时空点对(0,0)开始
```

6.8　解决"最佳作业调度"问题

扫码观看视频讲解

问题描述：给定 n 个作业，每一个作业都有两项子任务需要分别在两台机器上完成。每一个作业必须先由机器 1 处理，然后由机器 2 处理。请尝试设计一个 Python 算法，能够找出完成这 n 个任务的最佳调度，使其机器 2 完成各作业时间之和达到最小。

6.8.1　算法分析

使用回溯子集树法解决此问题，请看表 6-1 中的例子。

表 6-1　作业调度例子

作　业	机器 1	机器 2
作业 1	作业 2	作业 1
作业 2	作业 3	作业 1
作业 3	作业 2	作业 3

上述例子的最优调度顺序是 1、3、2，处理时间是 18，这 3 个作业 6 种可能的调度方案分别是：

▶　　1,2,3
▶　　1,3,2
▶　　2,1,3
▶　　2,3,1
▶　　3,1,2
▶　　3,2,1

上述调度方案所对应的完成时间和分别是 19, 18, 20, 21, 19, 19。可以非常直观地看到，最佳调度方案是 1,3,2，其完成时间和为 18。

(1) 如果是 1,2,3 方案，则整个过程如下：

① 作业 1 在机器 1 上完成的时间为 2，在机器 2 上完成的时间为 3。

② 作业 2 在机器 1 上完成的时间为 5，在机器 2 上完成的时间为 6。

③ 作业 3 在机器 1 上完成的时间为 7，在机器 2 上完成的时间为 10。

本方案的总消耗时间是：3+6+10 =19。

(2) 如果是 1,3,2 方案，则整个过程如下：

① 作业 1 在机器 1 上完成的时间为 2，在机器 2 上完成的时间为 3。

② 作业 3 在机器 1 上完成的时间为 4，在机器 2 上完成的时间为 7。

③ 作业 2 在机器 1 上完成的时间为 7，在机器 2 上完成的时间为 8。

本方案的总消耗时间是：3+7+8 =18。

设置解编码$(X_1,X_2,\cdots,X_n)$，其中 X_i 表示顺序 i 执行的任务编号，一个解就是任务编号的一个排列。

解空间是 $\{(X_1,X_2,\cdots,X_n) \mid X_i$ 属于 S，$i=1,2,\cdots,n\}$，$S=\{1,2,\cdots,n\}$，解空间就是任务编号的全排列。

6.8.2 使用回溯算法解决最佳作业调度问题

编写实例文件 zuoye.py 解决最佳作业调度问题，具体实现代码如下所示。

```python
n = 3                        # 作业数
# n 个作业分别在两台机器需要的时间是:
t = [[2,1],
     [3,1],
     [2,3]]

x = [0]*n    # 一个解(n 元数组, xi∈J)
X = []       # 一组解

best_x = []  # 最佳解(一个调度)
best_t = 0   # 机器 2 最小时间和


# 冲突检测
def conflict(k):
    global n, x, X, t, best_t

    # 部分解内的作业编号 x[k]不能超过 1
    if x[:k+1].count(x[k]) > 1:
        return True

    # 部分解的机器 2 执行各作业完成时间之和没有超过 best_t
    #total_t = sum([sum([y[0] for y in t][:i+1]) + t[i][1] for i in range(k+1)])
    j2_t = []
    s = 0
    for i in range(k+1):
        s += t[x[i]][0]
        j2_t.append(s + t[x[i]][1])
    total_t = sum(j2_t)
    if total_t > best_t > 0:
```

```
        return True

    return False # 无冲突


# 最佳作业调度问题
def dispatch(k): # 到达第 k 个元素
    global n, x, X, t, best_t, best_x

    if k == n: # 超出最尾的元素
        #print(x)
        #X.append(x[:]) # 保存 (一个解)

        # 根据解 x 计算机器 2 执行各作业完成时间之和
        j2_t = []
        s = 0
        for i in range(n):
            s += t[x[i]][0]
            j2_t.append(s + t[x[i]][1])
        total_t = sum(j2_t)
        if best_t == 0 or total_t < best_t:
            best_t = total_t
            best_x = x[:]
    else:
        for i in range(n):
        # 遍历第 k 个元素的状态空间，机器编号为 0~n-1，其他的事情交给剪枝函数
            x[k] = i
            if not conflict(k): # 剪枝
                dispatch(k+1)

# 测试
dispatch(0)
print(best_x) # [0, 2, 1]
print(best_t) # 18
```

执行以上代码后会输出：

```
[0, 2, 1]
18
```

6.9　解决"图的遍历"问题

问题描述：假设现在存在如下所示的一个图。

扫码观看视频讲解

```
A --> B
A --> C
B --> C
B --> D
B --> E
C --> A
C --> D
D --> C
```

```
E --> F
F --> C
F --> D
```

从图中的一个节点 E 出发，不重复地经过所有其他节点后，回到出发节点 E，称为一条路径。请编写一个 Python 程序，找出所有可能的路径。

6.9.1 算法分析

使用回溯子集树法解决此问题，问题的解的长度是固定的，即所有的路径长度都是固定的，其中 n 不回到出发节点，$n+1$ 回到出发节点。每个节点，都有各自的邻接节点。对某个节点来说，可以将它的所有邻接节点看作是这个节点的状态空间。遍历其状态空间，分别剪枝、深度优先递归到下一个节点。

6.9.2 具体实现

编写实例文件 tu.py 解决图的遍历问题，具体实现代码如下所示。

```python
# 用邻接表表示图
n = 6  # 节点数
a, b, c, d, e, f = range(n)  # 节点名称
graph = [
    {b, c},
    {c, d, e},
    {a, d},
    {c},
    {f},
    {c, d}
]

x = [0] * (n + 1)  # 一个解(n+1 元数组，长度固定)
X = []  # 一组解


# 冲突检测
def conflict(k):
    global n, graph, x

    # 第 k 个节点，是否前面已经走过
    if k < n and x[k] in x[:k]:
        return True

    # 回到出发节点
    if k == n and x[k] != x[0]:
        return True

    return False  # 无冲突


# 图的遍历
```

```
def dfs(k):  # 到达(解 x 的)第 k 个节点
    global n, a, b, c, d, e, f, graph, x, X

    if k > n:  # 解的长度超出，已走遍 n+1 个节点 (若不回到出发节点，则 k==n)
        print(x)
        # X.append(x[:])
    else:
        for node in graph[x[k - 1]]:  # 遍历节点 x[k] 的邻接节点 (x[k] 的所有状态)
            x[k] = node
            if not conflict(k):  # 剪枝
                dfs(k + 1)

# 测试
x[0] = e   # 出发节点
dfs(1)     # 开始处理解 x 中的第 2 个节点
```

执行以上代码后会输出：

```
[4, 5, 3, 2, 0, 1, 4]
```

6.10　解决"爬楼梯"问题

扫码观看视频讲解

问题描述：某楼梯有 n 层台阶，每一步只能走 1 级台阶或 2 级台阶。从下向上爬楼梯，有多少种爬法？

6.10.1　算法分析

使用回溯子集树法解决此问题，每一步是一个元素，可走的步数[1,2]就是其状态空间。不难看出，元素不固定，状态空间固定。

6.10.2　具体实现

编写实例文件 louti.py 解决爬楼梯问题，具体实现代码如下所示。

```
n = 7  # 楼梯阶数

x = []  # 一个解(长度不固定，1-2 数组，表示该步走的台阶数)
X = []  # 一组解


# 冲突检测
def conflict(k):
    global n, x, X

    # 部分解的步数之和超过总台阶数
    if sum(x[:k + 1]) > n:
        return True

    return False  # 无冲突
```

```
# 回溯法(递归版本)
def climb_stairs(k):  # 走第 k 步
    global n, x, X

    if sum(x) == n:  # 已走的所有步数之和等于楼梯总台阶数
        print(x)
        # X.append(x[:])  # 保存(一个解)
    else:
        for i in [1, 2]:  # 第 k 步这个元素的状态空间为[1,2]
            x.append(i)
            if not conflict(k):  # 剪枝
                climb_stairs(k + 1)
            x.pop()  # 回溯


# 测试
climb_stairs(0)  # 走第 0 步
```

执行以上代码后会输出：

```
[1, 1, 1, 1, 1, 1, 1]
[1, 1, 1, 1, 1, 2]
[1, 1, 1, 1, 2, 1]
[1, 1, 1, 2, 1, 1]
[1, 1, 1, 2, 2]
[1, 1, 2, 1, 1, 1]
[1, 1, 2, 1, 2]
[1, 1, 2, 2, 1]
[1, 2, 1, 1, 1, 1]
[1, 2, 1, 1, 2]
[1, 2, 1, 2, 1]
[1, 2, 2, 1, 1]
[1, 2, 2, 2]
[2, 1, 1, 1, 1, 1]
[2, 1, 1, 1, 2]
[2, 1, 1, 2, 1]
[2, 1, 2, 1, 1]
[2, 1, 2, 2]
[2, 2, 1, 1, 1]
[2, 2, 1, 2]
[2, 2, 2, 1]
```

6.11 解决 "*m*-着色" 问题

扫码观看视频讲解

问题描述：

(1) 图的 *m*-着色判定问题。

给定无向连通图 *G* 和 *m* 种不同的颜色。用这些颜色为图 *G* 的各顶点着色，每个顶点着一种颜色，是否有一种着色法使 *G* 中任意相邻的 2 个顶点着不同颜色？

(2) 图的 *m*-着色优化问题。

如果一个图最少需要 *m* 种颜色才能使图中任意相邻的 2 个顶点着不同颜色,则称这个数 *m* 为该图的色数。求一个图的最小色数 *m* 的问题称为 *m*-着色优化问题。

6.11.1 算法分析

使用回溯子集树法解决此问题,解的长度是固定的 *n*。若 *x* 为本问题的一个解,则 *x*[*i*] 表示第 *i* 个节点的涂色编号。将 *m* 种颜色看作每个节点的状态空间,每到一个节点会遍历所有颜色,然后进行剪枝和回溯操作。

6.11.2 具体实现

编写实例文件 zhuose.py 解决 *m* 着色问题,具体实现代码如下所示。

```python
# 用邻接表表示图
n = 5  # 节点数
a,b,c,d,e = range(n)  # 节点名称
graph = [
    {b,c,d},
    {a,c,d,e},
    {a,b,d},
    {a,b,c,e},
    {b,d}
]

m = 4  # m种颜色

x = [0]*n    # 一个解(n元数组,长度固定)。注意:解x的下标就是a,b,c,d,e
X = []        # 一组解


# 冲突检测
def conflict(k):
    global n,graph,x

    # 找出第 k 个节点前面已经涂色的邻接节点
    nodes = [node for node in range(k) if node in graph[k]]
    if x[k] in [x[node] for node in nodes]: # 已经有相邻节点涂了这种颜色
        return True

    return False # 无冲突


# 图的m着色(全部解)
def dfs(k): # 到达(解x的)第k个节点
    global n,m,graph,x,X

    if k == n: # 解的长度超出
        print(x)
        # X.append(x[:])
```

```
    else:
        for color in range(m):  # 遍历节点 k 的可涂颜色编号 (状态空间)，全都一样
            x[k] = color
            if not conflict(k):  # 剪枝
                dfs(k+1)

# 测试
dfs(a)    # 从节点 a 开始
```

执行以上代码后会输出:

```
[0, 1, 2, 3, 0]
[0, 1, 2, 3, 2]
[0, 1, 3, 2, 0]
[0, 1, 3, 2, 3]
[0, 2, 1, 3, 0]
[0, 2, 1, 3, 1]
[0, 2, 3, 1, 0]
[0, 2, 3, 1, 3]
[0, 3, 1, 2, 0]
[0, 3, 1, 2, 1]
[0, 3, 2, 1, 0]
[0, 3, 2, 1, 2]
[1, 0, 2, 3, 1]
[1, 0, 2, 3, 2]
[1, 0, 3, 2, 1]
[1, 0, 3, 2, 3]
[1, 2, 0, 3, 0]
[1, 2, 0, 3, 1]
[1, 2, 3, 0, 1]
[1, 2, 3, 0, 3]
[1, 3, 0, 2, 0]
[1, 3, 0, 2, 1]
[1, 3, 2, 0, 1]
[1, 3, 2, 0, 2]
[2, 0, 1, 3, 1]
[2, 0, 1, 3, 2]
[2, 0, 3, 1, 2]
[2, 0, 3, 1, 3]
[2, 1, 0, 3, 0]
[2, 1, 0, 3, 2]
[2, 1, 3, 0, 2]
[2, 1, 3, 0, 3]
[2, 3, 0, 1, 0]
[2, 3, 0, 1, 2]
[2, 3, 1, 0, 1]
[2, 3, 1, 0, 2]
[3, 0, 1, 2, 1]
[3, 0, 1, 2, 3]
[3, 0, 2, 1, 2]
[3, 0, 2, 1, 3]
[3, 1, 0, 2, 0]
[3, 1, 0, 2, 3]
[3, 1, 2, 0, 2]
[3, 1, 2, 0, 3]
[3, 2, 0, 1, 0]
```

```
[3, 2, 0, 1, 3]
[3, 2, 1, 0, 1]
[3, 2, 1, 0, 3]
```

6.12　解决"取物搭配"问题

扫码观看视频讲解

问题描述：有 5 件不同的上衣，3 条不同的裤子，4 顶不同的帽子，从中取出一顶帽子、一件上衣和一条裤子作为一种搭配，请问有多少种不同的搭配方式？

6.12.1　算法分析

使用回溯子集树法解决此问题，我们可以换个角度看这个问题，现有头、身、腿三个元素，每个元素都有各自的几种状态。头元素有['帽 1', '帽 2', '帽 3', '帽 4']共 4 种状态，身元素有['衣 1', '衣 2', '衣 3', '衣 4', '衣 5']共 5 种状态，腿元素有['裤 1', '裤 2', '裤 3']共 3 种状态。编写程序从头开始，自上而下、遍历每个元素的所有状态。最终解的长度是固定的，但是每个元素的状态数目不同。

6.12.2　使用回溯算法解决"取物搭配"问题

编写实例文件 wu.py 解决图的遍历问题，具体实现代码如下所示。

```python
n = 3 # 3个元素:头、身、腿 3 个元素各自的状态空间
a = [['帽1', '帽2', '帽3', '帽4'],
['衣1', '衣2', '衣3', '衣4', '衣5'],
['裤1', '裤2', '裤3']]

x = [0]*n # 一个解，长度固定，三元数组
X = [] # 一组解

# 冲突检测
def conflict(k):
    return False # 无冲突套用子集树模板

def match(k): # 到达第 k 个元素
    global n, a, x, X

    if k >= n: # 超出最尾的元素
        print(x)
        #X.append(x[:]) # 保存(一个解)
    else:
        for i in a[k]: # 直接a[k]，若间接则 range(len(a[k]))。 遍历第 k 个元素的对应的
                       # 所有选择状态，不同的元素状态数目不同
            x[k] = i
            if not conflict(k): # 剪枝
                match(k+1)

match(0)  # 从头(第 0 个元素)开始
```

执行以上代码后会输出：

```
['帽1', '衣1', '裤1']
['帽1', '衣1', '裤2']
['帽1', '衣1', '裤3']
['帽1', '衣2', '裤1']
['帽1', '衣2', '裤2']
['帽1', '衣2', '裤3']
['帽1', '衣3', '裤1']
['帽1', '衣3', '裤2']
['帽1', '衣3', '裤3']
['帽1', '衣4', '裤1']
['帽1', '衣4', '裤2']
['帽1', '衣4', '裤3']
['帽1', '衣5', '裤1']
['帽1', '衣5', '裤2']
['帽1', '衣5', '裤3']
['帽2', '衣1', '裤1']
['帽2', '衣1', '裤2']
['帽2', '衣1', '裤3']
['帽2', '衣2', '裤1']
['帽2', '衣2', '裤2']
['帽2', '衣2', '裤3']
['帽2', '衣3', '裤1']
['帽2', '衣3', '裤2']
['帽2', '衣3', '裤3']
['帽2', '衣4', '裤1']
['帽2', '衣4', '裤2']
['帽2', '衣4', '裤3']
['帽2', '衣5', '裤1']
['帽2', '衣5', '裤2']
['帽2', '衣5', '裤3']
['帽3', '衣1', '裤1']
['帽3', '衣1', '裤2']
['帽3', '衣1', '裤3']
['帽3', '衣2', '裤1']
['帽3', '衣2', '裤2']
['帽3', '衣2', '裤3']
['帽3', '衣3', '裤1']
['帽3', '衣3', '裤2']
['帽3', '衣3', '裤3']
['帽3', '衣4', '裤1']
['帽3', '衣4', '裤2']
['帽3', '衣4', '裤3']
['帽3', '衣5', '裤1']
['帽3', '衣5', '裤2']
['帽3', '衣5', '裤3']
['帽4', '衣1', '裤1']
['帽4', '衣1', '裤2']
['帽4', '衣1', '裤3']
['帽4', '衣2', '裤1']
```

```
['帽 4', '衣 2', '裤 2']
['帽 4', '衣 2', '裤 3']
['帽 4', '衣 3', '裤 1']
['帽 4', '衣 3', '裤 2']
['帽 4', '衣 3', '裤 3']
['帽 4', '衣 4', '裤 1']
['帽 4', '衣 4', '裤 2']
['帽 4', '衣 4', '裤 3']
['帽 4', '衣 5', '裤 1']
['帽 4', '衣 5', '裤 2']
['帽 4', '衣 5', '裤 3']
```

6.13　解决"旅行商"问题

扫码观看视频讲解

问题描述：旅行商问题(traveling salesman problem，TSP)是旅行商要到若干个城市旅行，各城市之间的费用是已知的，为了节省费用，旅行商决定从所在城市出发，到每个城市旅行一次后返回初始城市。看如图 6-2 所示的路线图，请问他选择什么样的路线才能使所走的总费用最短？

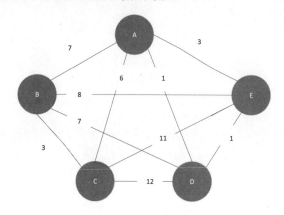

图 6-2　路线图

6.13.1　算法分析

使用回溯子集树法解决此问题，可以将此问题描述为带权的有向图 $G=(V,E)$，找到包含 V 中每个节点的一个有向环，亦即一条周游路线，使得这个有向环上所有边成本之和最小。本题是带权的图，解的长度是固定的 $n+1$。对于图中的每一个节点，都有自己的邻接节点。对某个节点而言，其所有的邻接节点构成这个节点的状态空间。当路径到达这个节点时，遍历其状态空间，最后一定可以找到最优解。

6.13.2　具体实现

编写实例文件 lvxing.py 解决旅行商问题，具体实现代码如下所示。

```
n = 5  # 节点数
a, b, c, d, e = range(n)  # 节点名称
graph = [
    {b: 7, c: 6, d: 1, e: 3},
    {a: 7, c: 3, d: 7, e: 8},
    {a: 6, b: 3, d: 12, e: 11},
    {a: 1, b: 7, c: 12, e: 2},
    {a: 3, b: 8, c: 11, d: 2}
]

x = [0] * (n + 1)  # 一个解(n+1 元数组，长度固定)
X = []  # 一组解

best_x = [0] * (n + 1)  # 已找到的最佳解(路径)
min_cost = 0  # 最小旅费


# 冲突检测
def conflict(k):
    global n, graph, x, best_x, min_cost

    # 第 k 个节点，是否前面已经走过
    if k < n and x[k] in x[:k]:
        return True

    # 回到出发节点
    if k == n and x[k] != x[0]:
        return True

    # 前面部分解的旅费之和超出已经找到的最小总旅费
    cost = sum([graph[node1][node2] for node1, node2 in zip(x[:k], x[1:k + 1])])
    if 0 < min_cost < cost:
        return True

    return False  # 无冲突


# 旅行商问题(TSP)
def tsp(k):  # 到达(解 x 的)第 k 个节点
    global n, a, b, c, d, e, graph, x, X, min_cost, best_x

    if k > n:  # 解的长度超出，已走遍 n+1 个节点 (若不回到出发节点，则 k==n)
        cost = sum([graph[node1][node2] for node1, node2 in zip(x[:-1], x[1:])])
# 计算总旅费
        if min_cost == 0 or cost < min_cost:
            best_x = x[:]
            min_cost = cost
            # print(x)
    else:
        for node in graph[x[k - 1]]:  # 遍历节点 x[k-1] 的邻接节点 (状态空间)
            x[k] = node
            if not conflict(k):  # 剪枝
                tsp(k + 1)
```

```
# 测试
x[0] = c  # 出发节点：路径 x 的第一个节点(随便哪个)
tsp(1)  # 开始处理解 x 中的第二个节点
print(best_x)
print(min_cost)
```

执行以上代码后会输出：

```
[2, 0, 3, 4, 1, 2]
20
```

6.14 解决"0-1背包"问题

扫码观看视频讲解

问题描述：给定 N 个物品和一个背包。物品 i 的重量是 Wi，其价值为 V_i，背包的容量为 C。问应该如何选择装入背包的物品，使得放入背包的物品的总价值为最大？

6.14.1 算法分析

使用回溯子集树法解决此问题，放入背包的物品是 N 个物品的所有子集的其中之一，N 个物品中每一个物品都有选择、不选择两种状态。只需要对每一个物品的这两种状态进行遍历就可以得到答案，解是一个长度固定的 N 元 0、1 数组。

6.14.2 使用回溯子集树法解决问题

编写实例文件 beibao.py 解决 0-1 背包问题，具体实现代码如下所示。

```
n = 3                        # 物品数量
c = 30                       # 包的载重量
w = [20, 15, 15]             # 物品重量
v = [45, 25, 25]             # 物品价值

maxw = 0                     # 符合条件的能装载的最大重量
maxv = 0                     # 符合条件的能装载的最大价值
bag = [0,0,0]                # 一个解(n元0-1数组)的长度固定为n
bags = []                    # 一组解
bestbag = None # 最佳解

# 冲突检测
def conflict(k):
    global bag, w, c

    # bag 内的前 k 个物品已超重，则冲突
    if sum([y[0] for y in filter(lambda x:x[1]==1, zip(w[:k+1], bag[:k+1]))]) >
c:
        return True
```

```
      return False


# 套用子集树模板
def backpack(k): # 到达第 k 个物品
    global bag, maxv, maxw, bestbag

    if k==n: # 超出最后一个物品，判断结果是否最优
        cv = get_a_pack_value(bag)
        cw = get_a_pack_weight(bag)

        if cv > maxv : # 价值大的优先
            maxv = cv
            bestbag = bag[:]

        if cv == maxv and cw < maxw: # 价值相同，重量轻的优先
            maxw = cw
            bestbag = bag[:]
    else:
        for i in [1,0]: # 遍历两种状态 [选取 1，不选取 0]
            bag[k] = i  # 因为解的长度是固定的
            if not conflict(k): # 剪枝
                backpack(k+1)


# 根据一个解 bag，计算重量
def get_a_pack_weight(bag):
    global w

    return sum([y[0] for y in filter(lambda x:x[1]==1, zip(w, bag))])

# 根据一个解 bag，计算价值
def get_a_pack_value(bag):
    global v

    return sum([y[0] for y in filter(lambda x:x[1]==1, zip(v, bag))])


# 测试
backpack(0)
print(bestbag, get_a_pack_value(bestbag))
```

执行以上代码后会输出：

```
[0, 1, 1] 50
```

6.15 解决"野人与传教士"问题

问题描述：在河的左岸有 *N* 个传教士、*N* 个野人和一条船，传教士们想用这条船把所有人都运过河去，但有以下条件限制：

▶　　传教士和野人都会划船，但船每次最多只能运 M 个人；

▶　　在任何岸边以及船上，野人数目都不能超过传教士，否则传教士会被野人吃掉。

假设野人会服从任何一种过河安排，请规划出一个确保传教士安全过河的计划。

6.15.1　算法分析

使用回溯子集树法解决此问题，大多数解决方案是用左岸的传教士和野人人数以及船的位置这样一个三元组作为状态，进行考虑。下面我们换一种考虑思路，只考虑船的状态。

▶　　船的状态：(x, y)，x 表示船上 x 个传教士，y 表示船上 y 个野人，其中，$|x| \in [0, m]$，$|y| \in [0, m]$，$0 < |x| + |y| \leq m$，$x*y >= 0$，$|x| >= |y|$。船从左到右时，x,y 取非负数。船从右到左时，x,y 取非正数。

▶　　解的编码：$[(x_0, y_0), (x_1, y_1), \cdots, (x_p, y_p)]$，其中，$x_0 + x_1 + \cdots + x_p = N$，$y_0 + y_1 + \cdots + y_p = N$。解的长度不固定，但一定为奇数。

▶　　开始时左岸 (N, N)、右岸 $(0, 0)$，最终时左岸 $(0, 0)$、右岸 (N, N)。由于船的合法状态是动态的、二维的，因此，使用一个函数 get_states() 来专门生成其状态空间，使得主程序更加清晰。

6.15.2　使用回溯子集树法解决野人与传教士问题

编写实例文件 yeren.py 解决野人与传教士问题，具体实现代码如下所示。

```
n = 3  # n 个传教士、n 个野人
m = 2  # 船能载 m 人

x = []  # 一个解，就是船的一系列状态
X = []  # 一组解

is_found = False  # 全局终止标志


# 计算船的合法状态空间 (二维)
def get_states(k):  # 船准备跑第 k 趟
    global n, m, x

    if k%2==0:  # 从左到右，只考虑原左岸人数
        s1, s2 = n - sum(s[0] for s in x), n - sum(s[1] for s in x)
    else:        # 从右到左，只考虑原右岸人数 (将船的历史状态累加可得)
        s1, s2 = sum(s[0] for s in x), sum(s[1] for s in x)

    for i in range(s1 + 1):
        for j in range(s2 + 1):
            if 0 < i+j <= m and (i*j == 0 or i >= j):
                yield [(-i,-j), (i,j)][k%2==0]    # 生成船的合法状态

# 冲突检测
def conflict(k):  # 船开始跑第 k 趟
```

```
    global n, m, x

    # 若船上载的人与上一趟一样(会陷入死循环！)
    if k > 0 and x[-1][0] == -x[-2][0] and x[-1][1] == -x[-2][1]:
        return True

    # 任何时候，船上传教士人数少于野人，或者无人，或者超载(计算船的合法状态空间时已经考虑到了)
    #if 0 < abs(x[-1][0]) < abs(x[-1][1]) or x[-1] == (0, 0) or abs(sum(x[-1])) > m:
    #    return True

    # 任何时候，左岸传教士人数少于野人
    if 0 < n - sum(s[0] for s in x) < n - sum(s[1] for s in x):
        return True

    # 任何时候，右岸传教士人数少于野人
    if 0 < sum(s[0] for s in x) < sum(s[1] for s in x):
        return True

    return False  # 无冲突


# 回溯法
def backtrack(k):  # 船准备跑第 k 趟
    global n, m, x, is_found

    if is_found: return   # 终止所有递归

    if n - sum(s[0] for s in x) == 0 and n - sum(s[1] for s in x) == 0:
    # 左岸人数全为 0
        print(x)
        is_found = True
    else:
        for state in get_states(k):  # 遍历船的合法状态空间
            x.append(state)
            if not conflict(k):
                backtrack(k+1)  # 深度优先
            x.pop()   # 回溯


# 测试
backtrack(0)
```

执行以上代码后会输出：

```
[(0, 2), (0, -1), (0, 2), (0, -1), (2, 0), (-1, -1), (2, 0), (0, -1), (0, 2),
(0, -1), (0, 2)]
```

6.16   解决"骑士巡逻"问题

问题描述：骑士巡逻，也称 Warnsdorff's Algorithm，是图论上的一个

扫码观看视频讲解

求哈密尔顿轨的数学问题。骑士巡逻是一个数学问题：将一个国际象棋的骑士(或称马)放在棋盘上，有什么路径能使它走遍棋盘上每一格呢？这个问题有过 10 亿个解答，其中有约 122 000 000 个解答使得骑士最后的位置可以走到最初的位置。

在 9 世纪的古印度恰图兰卡，就出现过使用半个 8×8 棋盘的骑士巡逻棋谜。问题的变化包括用不同大小的棋盘，及一种以此问题为基础的两人游戏。许多数学家曾钻研此问题，包括欧拉。

6.16.1 算法分析

使用试探算法解题的基本步骤如下所示。

(1) 针对所给问题，定义问题的解空间。

(2) 确定易于搜索的解空间结构。

(3) 以深度优先方式搜索解空间，并在搜索过程中用剪枝函数避免无效搜索。

(4) 通过 DFS 思想完成回溯，具体流程如下所示：

① 设置初始化的方案(给变量赋初值，读入已知数据等)。

② 变换方式去试探，若全部试完则转⑦。

③ 判断此法是否成功(通过约束函数)，不成功则转②。

④ 试探成功则前进一步再试探。

⑤ 正确方案还未找到则转②。

⑥ 已找到一种方案则记录并打印。

⑦ 退回一步(回溯)，若未退到头则转②。

⑧ 已退到头则结束或打印无解。

综上所述，试探法算法的解题思路是：针对所给问题，确定问题的解空间→确定节点的扩展搜索规则→以 DFS 方式搜索解空间，并在搜索过程中用剪枝函数避免无效搜索。

6.16.2 使用试探算法解决"骑士巡逻"问题

编写实例文件 qishi.py，具体实现代码如下所示。

```
SIZE = 5
total = 0


def print_board(board):
    for row in board:
        for col in row:
            print(str(col).center(4), end='')
        print()


def patrol(board, row, col, step=1):
    if row >= 0 and row < SIZE and \
       col >= 0 and col < SIZE and \
```

```
            board[row][col] == 0:
            board[row][col] = step
            if step == SIZE * SIZE:
                global total
                total += 1
                print(f'第{total}种走法: ')
                print_board(board)
            patrol(board, row - 2, col - 1, step + 1)
            patrol(board, row - 1, col - 2, step + 1)
            patrol(board, row + 1, col - 2, step + 1)
            patrol(board, row + 2, col - 1, step + 1)
            patrol(board, row + 2, col + 1, step + 1)
            patrol(board, row + 1, col + 2, step + 1)
            patrol(board, row - 1, col + 2, step + 1)
            patrol(board, row - 2, col + 1, step + 1)
            board[row][col] = 0


def main():
    board = [[0] * SIZE for _ in range(SIZE)]
    patrol(board, SIZE - 1, SIZE - 1)


if __name__ == '__main__':
    main()
```

执行以上代码后会列出大小为 5 的所有走法(共计 304 种):

第 1 种走法:
```
 23  12   3  18  25
  4  17  24  13   8
 11  22   7   2  19
 16   5  20   9  14
 21  10  15   6   1
```
第 2 种走法:
```
 23  14   3   8  25
  4   9  24  13  16
 19  22  15   2   7
 10   5  20  17  12
 21  18  11   6   1
```
第 3 种走法:
```
 23  18   3   8  25
  4   9  24  19  14
 17  22  13   2   7
 10   5  20  15  12
 21  16  11   6   1
```
省略中间的执行结果
第 303 种走法:
```
 23  12  17   8  21
 18   7  22   3  16
 13  24  11  20   9
  6  19   2  15   4
 25  14   5  10   1
```
第 304 种走法:
```
 23  14  19   8  21
```

12	7	22	3	18
15	24	13	20	9
6	11	2	17	4
25	16	5	10	1

6.17　解决"八皇后"问题的 4 种方案

扫码观看视频讲解

问题描述："八皇后"问题是一个古老而著名的问题，是试探法的典型例题。该问题由 19 世纪数学家高斯于 1850 年手工解决：在 8 格×8 格的国际象棋棋盘上摆放 8 个皇后，如图 6-3 所示。要求 8 个皇后不能互相攻击，即任意两个皇后都不能处于同一行、同一列或同一斜线上，问有多少种摆法。

6.17.1　算法分析

首先将这个问题简化，设为 4×4 的棋盘，会知道有两种摆法，每行摆在列 2、4、1、3 或 3、1、4、2 上。

图 6-3　8 个皇后

输入：无。

输出：若干种可行方案，每种方案用空行隔开，例如下面是一种方案。

第 1 行第 2 列

第 2 行第 4 列

第 3 行第 2 列

第 4 行第 3 列

试探算法将每行的可行位置入栈(就是放入一个数组 a[5]，这里用的是 a[1]~a[4])，不行就退栈换列重试，直到找到一套方案输出。再接着从第一行换列重试其他方案。

6.17.2　使用回溯法解决八皇后问题

在下面的实例文件 bahuang.py 中，演示了使用回溯法解决八皇后问题的过程。为了简化问题，考虑到 8 个皇后不同行，则每一行放置一个皇后，每一行的皇后可以放置于第 0、1、2、…、7 列，我们认为每一行的皇后有 8 种状态。那么，我们只要套用子集树模板，从第 0 行开始，自上而下，对每一行的皇后遍历它的 8 种状态即可。具体实现代码如下所示。

```
n = 8
x = []  # 一个解(n元数组)
X = []  # 一组解

# 冲突检测：判断x[k]是否与前x[0~k-1]冲突
def conflict(k):
    global x
```

```
    for i in range(k):  # 遍历前 x[0~k-1]
        if x[i] == x[k] or abs(x[i] - x[k]) == abs(i - k):  # 判断是否与 x[k]冲突
            return True
    return False


# 套用子集树模板
def queens(k):  # 到达第 k 行
    global n, x, X

    if k >= n:  # 超出最底行
        # print(x)
        X.append(x[:])  # 保存(一个解)，注意 x[:]
    else:
        for i in range(n):  # 遍历第 0~n-1 列(即 n 个状态)
            x.append(i)  # 皇后置于第 i 列，入栈
            if not conflict(k):  # 剪枝
                queens(k + 1)
            x.pop()  # 回溯，出栈


# 解的可视化(根据一个解 x，复原棋盘。'X'表示皇后)
def show(x):
    global n

    for i in range(n):
        print('. ' * (x[i]) + 'X ' + '. ' * (n - x[i] - 1))


# 测试
queens(0)  # 从第 0 行开始

print(X[-1], '\n')
show(X[-1])
```

执行以上代码后会输出：

```
[7, 3, 0, 2, 5, 1, 6, 4]

. . . . . . . X
. . . X . . . .
X . . . . . . .
. . X . . . . .
. . . . . X . .
. X . . . . . .
. . . . . . X .
. . . . X . . .
```

6.17.3　使用递归回溯算法解决八皇后问题

编写实例文件 bahuang03.py，使用递归回溯算法解决八皇后问题。所谓递归回溯，本质上是一种枚举法。这种方法从棋盘的第一行开始尝试摆放第一个皇后，摆放成功后，递归一层，再遵循规则在棋盘第二行摆放第二个皇后。如果当前位置无法摆放，就向右移动一

格再次尝试，如果摆放成功，则继续递归一层，摆放第三个皇后……。如果某一层看遍了所有格子，都无法成功摆放，则回溯到上一个皇后，让上一个皇后右移一格，再进行递归。如果 8 个皇后都摆放完毕且符合规则，那么就得到了其中一种正确的解法。文件 bahuang03.py 的具体实现代码如下所示。

```python
def queen(queen_list, current_column=0):

    for row in range(len(queen_list)):
        # 如果已至最后一列，则打印结果，跳出递归
        if current_column == len(queen_list):
            for i in range(len(queen_list)):
                print("(%d, %d)" % (i, queen_list[i]), end=" ")
            print("")
            return

        # 假设当前列能够放置一个皇后，用 queen_list 的 index 记录列标，value 记录行标
        # flag 为可行性的标记
        queen_list[current_column],flag = row,True
        # 对当前列之前的各列进行遍历
        for column in range(current_column):
            # 排除同行及对角线上的位置，将 flag 设置为 False
            if (queen_list[column] == row) or (abs(row - queen_list[column]) ==
current_column - column):
                flag = False
                # 只要有一个不满足的条件，就跳出遍历
                break
        # 如果可以放置，则递归调用自身，对下一列进行筛选
        if flag:
            queen(queen_list, current_column + 1)

queen([None]*8)
```

执行以上代码后会输出：

```
 (0, 0) (1, 4) (2, 7) (3, 5) (4, 2) (5, 6) (6, 1) (7, 3)
(0, 0) (1, 5) (2, 7) (3, 2) (4, 6) (5, 3) (6, 1) (7, 4)
(0, 0) (1, 6) (2, 3) (3, 5) (4, 7) (5, 1) (6, 4) (7, 2)
(0, 0) (1, 6) (2, 4) (3, 7) (4, 1) (5, 3) (6, 5) (7, 2)
(0, 1) (1, 3) (2, 5) (3, 7) (4, 2) (5, 0) (6, 6) (7, 4)
(0, 1) (1, 4) (2, 6) (3, 0) (4, 2) (5, 7) (6, 5) (7, 3)
(0, 1) (1, 4) (2, 6) (3, 3) (4, 0) (5, 7) (6, 5) (7, 2)
(0, 1) (1, 5) (2, 0) (3, 6) (4, 3) (5, 7) (6, 2) (7, 4)
(0, 1) (1, 5) (2, 7) (3, 2) (4, 0) (5, 3) (6, 6) (7, 4)
(0, 1) (1, 6) (2, 2) (3, 5) (4, 7) (5, 4) (6, 0) (7, 3)
(0, 1) (1, 6) (2, 4) (3, 7) (4, 0) (5, 3) (6, 5) (7, 2)
(0, 1) (1, 7) (2, 5) (3, 0) (4, 2) (5, 4) (6, 6) (7, 3)
(0, 2) (1, 0) (2, 6) (3, 4) (4, 7) (5, 1) (6, 3) (7, 5)
(0, 2) (1, 4) (2, 1) (3, 7) (4, 0) (5, 6) (6, 3) (7, 5)
(0, 2) (1, 4) (2, 1) (3, 7) (4, 5) (5, 3) (6, 6) (7, 0)
(0, 2) (1, 4) (2, 6) (3, 0) (4, 3) (5, 1) (6, 7) (7, 5)
(0, 2) (1, 4) (2, 7) (3, 3) (4, 0) (5, 6) (6, 1) (7, 5)
(0, 2) (1, 5) (2, 1) (3, 4) (4, 7) (5, 0) (6, 6) (7, 3)
(0, 2) (1, 5) (2, 1) (3, 6) (4, 0) (5, 3) (6, 7) (7, 4)
(0, 2) (1, 5) (2, 1) (3, 6) (4, 4) (5, 0) (6, 7) (7, 3)
```

```
(0, 2) (1, 5) (2, 3) (3, 0) (4, 7) (5, 4) (6, 6) (7, 1)
(0, 2) (1, 5) (2, 3) (3, 1) (4, 7) (5, 4) (6, 6) (7, 0)
(0, 2) (1, 5) (2, 7) (3, 0) (4, 3) (5, 6) (6, 4) (7, 1)
(0, 2) (1, 5) (2, 7) (3, 0) (4, 4) (5, 6) (6, 1) (7, 3)
(0, 2) (1, 5) (2, 7) (3, 1) (4, 3) (5, 0) (6, 6) (7, 4)
(0, 2) (1, 6) (2, 1) (3, 7) (4, 4) (5, 0) (6, 3) (7, 5)
(0, 2) (1, 6) (2, 1) (3, 7) (4, 5) (5, 3) (6, 0) (7, 4)
(0, 2) (1, 7) (2, 3) (3, 6) (4, 0) (5, 5) (6, 1) (7, 4)
(0, 3) (1, 0) (2, 4) (3, 7) (4, 1) (5, 6) (6, 2) (7, 5)
(0, 3) (1, 0) (2, 4) (3, 7) (4, 5) (5, 2) (6, 6) (7, 1)
(0, 3) (1, 1) (2, 4) (3, 7) (4, 5) (5, 0) (6, 2) (7, 6)
(0, 3) (1, 1) (2, 6) (3, 2) (4, 5) (5, 7) (6, 0) (7, 4)
(0, 3) (1, 1) (2, 6) (3, 2) (4, 5) (5, 7) (6, 4) (7, 0)
(0, 3) (1, 1) (2, 6) (3, 4) (4, 0) (5, 7) (6, 5) (7, 2)
(0, 3) (1, 1) (2, 7) (3, 4) (4, 6) (5, 0) (6, 2) (7, 5)
(0, 3) (1, 1) (2, 7) (3, 5) (4, 0) (5, 2) (6, 4) (7, 6)
(0, 3) (1, 5) (2, 0) (3, 4) (4, 1) (5, 7) (6, 2) (7, 6)
(0, 3) (1, 5) (2, 7) (3, 1) (4, 6) (5, 0) (6, 2) (7, 4)
(0, 3) (1, 5) (2, 7) (3, 2) (4, 0) (5, 6) (6, 4) (7, 1)
(0, 3) (1, 6) (2, 0) (3, 7) (4, 4) (5, 1) (6, 5) (7, 2)
(0, 3) (1, 6) (2, 2) (3, 7) (4, 1) (5, 4) (6, 0) (7, 5)
(0, 3) (1, 6) (2, 4) (3, 1) (4, 5) (5, 0) (6, 2) (7, 7)
(0, 3) (1, 6) (2, 4) (3, 2) (4, 0) (5, 5) (6, 7) (7, 1)
(0, 3) (1, 7) (2, 0) (3, 2) (4, 5) (5, 1) (6, 6) (7, 4)
(0, 3) (1, 7) (2, 0) (3, 4) (4, 6) (5, 1) (6, 5) (7, 2)
(0, 3) (1, 7) (2, 4) (3, 2) (4, 0) (5, 6) (6, 1) (7, 5)
(0, 4) (1, 0) (2, 3) (3, 5) (4, 7) (5, 1) (6, 6) (7, 2)
(0, 4) (1, 0) (2, 7) (3, 3) (4, 1) (5, 6) (6, 2) (7, 5)
(0, 4) (1, 0) (2, 7) (3, 5) (4, 2) (5, 6) (6, 1) (7, 3)
(0, 4) (1, 1) (2, 3) (3, 5) (4, 7) (5, 2) (6, 0) (7, 6)
(0, 4) (1, 1) (2, 3) (3, 6) (4, 2) (5, 7) (6, 5) (7, 0)
(0, 4) (1, 1) (2, 5) (3, 0) (4, 6) (5, 3) (6, 7) (7, 2)
(0, 4) (1, 1) (2, 7) (3, 0) (4, 3) (5, 6) (6, 2) (7, 5)
(0, 4) (1, 2) (2, 0) (3, 5) (4, 7) (5, 1) (6, 3) (7, 6)
(0, 4) (1, 2) (2, 0) (3, 6) (4, 1) (5, 7) (6, 5) (7, 3)
(0, 4) (1, 2) (2, 7) (3, 3) (4, 6) (5, 0) (6, 5) (7, 1)
(0, 4) (1, 6) (2, 0) (3, 2) (4, 7) (5, 5) (6, 3) (7, 1)
(0, 4) (1, 6) (2, 0) (3, 3) (4, 1) (5, 7) (6, 5) (7, 2)
(0, 4) (1, 6) (2, 1) (3, 3) (4, 7) (5, 0) (6, 2) (7, 5)
(0, 4) (1, 6) (2, 1) (3, 5) (4, 2) (5, 0) (6, 3) (7, 7)
(0, 4) (1, 6) (2, 1) (3, 5) (4, 2) (5, 0) (6, 7) (7, 3)
(0, 4) (1, 6) (2, 3) (3, 0) (4, 2) (5, 7) (6, 5) (7, 1)
(0, 4) (1, 7) (2, 3) (3, 0) (4, 2) (5, 5) (6, 1) (7, 6)
(0, 4) (1, 7) (2, 3) (3, 0) (4, 6) (5, 1) (6, 5) (7, 2)
(0, 5) (1, 0) (2, 4) (3, 1) (4, 7) (5, 2) (6, 6) (7, 3)
(0, 5) (1, 1) (2, 6) (3, 0) (4, 2) (5, 4) (6, 7) (7, 3)
(0, 5) (1, 1) (2, 6) (3, 0) (4, 3) (5, 7) (6, 4) (7, 2)
(0, 5) (1, 2) (2, 0) (3, 6) (4, 4) (5, 7) (6, 1) (7, 3)
(0, 5) (1, 2) (2, 0) (3, 7) (4, 3) (5, 1) (6, 6) (7, 4)
(0, 5) (1, 2) (2, 0) (3, 7) (4, 4) (5, 1) (6, 3) (7, 6)
(0, 5) (1, 2) (2, 4) (3, 6) (4, 0) (5, 3) (6, 1) (7, 7)
(0, 5) (1, 2) (2, 4) (3, 7) (4, 0) (5, 3) (6, 1) (7, 6)
(0, 5) (1, 2) (2, 6) (3, 1) (4, 3) (5, 7) (6, 0) (7, 4)
(0, 5) (1, 2) (2, 6) (3, 1) (4, 7) (5, 4) (6, 0) (7, 3)
(0, 5) (1, 2) (2, 6) (3, 3) (4, 0) (5, 7) (6, 1) (7, 4)
```

```
(0, 5) (1, 3) (2, 0) (3, 4) (4, 7) (5, 1) (6, 6) (7, 2)
(0, 5) (1, 3) (2, 1) (3, 7) (4, 4) (5, 6) (6, 0) (7, 2)
(0, 5) (1, 3) (2, 6) (3, 0) (4, 2) (5, 4) (6, 1) (7, 7)
(0, 5) (1, 3) (2, 6) (3, 0) (4, 7) (5, 1) (6, 4) (7, 2)
(0, 5) (1, 7) (2, 1) (3, 3) (4, 0) (5, 6) (6, 4) (7, 2)
(0, 6) (1, 0) (2, 2) (3, 7) (4, 5) (5, 3) (6, 1) (7, 4)
(0, 6) (1, 1) (2, 3) (3, 0) (4, 7) (5, 4) (6, 2) (7, 5)
(0, 6) (1, 1) (2, 5) (3, 2) (4, 0) (5, 3) (6, 7) (7, 4)
(0, 6) (1, 2) (2, 0) (3, 5) (4, 7) (5, 4) (6, 1) (7, 3)
(0, 6) (1, 2) (2, 7) (3, 1) (4, 4) (5, 0) (6, 5) (7, 3)
(0, 6) (1, 3) (2, 1) (3, 4) (4, 7) (5, 0) (6, 2) (7, 5)
(0, 6) (1, 3) (2, 1) (3, 7) (4, 5) (5, 0) (6, 2) (7, 4)
(0, 6) (1, 4) (2, 2) (3, 0) (4, 5) (5, 7) (6, 1) (7, 3)
(0, 7) (1, 1) (2, 3) (3, 0) (4, 6) (5, 4) (6, 2) (7, 5)
(0, 7) (1, 1) (2, 4) (3, 2) (4, 0) (5, 6) (6, 3) (7, 5)
(0, 7) (1, 2) (2, 0) (3, 5) (4, 1) (5, 4) (6, 6) (7, 3)
(0, 7) (1, 3) (2, 0) (3, 2) (4, 5) (5, 1) (6, 6) (7, 4)
```

6.17.4　在纵向和斜向判断是否存在其他皇后

编写实例文件 bahuang04.py，也是使用递归回溯算法解决八皇后问题。解决八皇后问题的核心是如何判断皇后的落点是否合规。在本例中定义一个 conflict 方法，传入新皇后的落点，通过纵向和斜向是否存在其他皇后来判断是否合规。文件 bahuang04.py 的具体实现代码如下所示。

```python
import random

# 冲突检查，在定义 state 时，采用 state 来标识每个皇后的位置，其中索引用来表示横坐标，对应的
# 值表示纵坐标。例如： state[0]=3，表示该皇后位于第 1 行的第 4 列上
def conflict(state, nextX):
    nextY = len(state)
    for i in range(nextY):
        # 如果下一个皇后的位置与当前的皇后位置相邻(包括上、下、左、右)或在同一对角线上，则说
        # 明有冲突，需要重新摆放
        if abs(state[i] - nextX) in (0, nextY - i):
            # 表示如果下一个皇后和正在考虑的前一个皇后的水平距离为 0 或者垂直距离相等，就返回
            # TRUE，否则返回 False
            return True
    return False


# 采用生成器的方式来产生每一个皇后的位置，并用递归来实现下一个皇后的位置
def queens(num, state=()):
    for pos in range(num):
        if not conflict(state, pos):
            # 产生当前皇后的位置信息
            # 如果只剩一个皇后没有放置
            if len(state) == num - 1:
                yield (pos,)
            # 否则，把当前皇后的位置信息添加到状态列表里，并传递给下一个皇后
            # 程序要从前面的皇后得到包含位置信息的元组(元组不可更改)
            # 并要为后面的皇后提供当前皇后的每一种合法的位置信息
```

```
                    # 所以把当前皇后的位置信息添加到状态列表里，并传递给下一个皇后
                else:
                    for result in queens(num, state + (pos,)):
                        yield (pos,) + result


# 为了直观表现棋盘，用 X 表示每个皇后的位置
def prettyprint(solution):
    def line(pos, length=len(solution)):
        return '. ' * (pos) + 'X ' + '. ' * (length - pos - 1)

    for pos in solution:
        print(line(pos))

    for item in queens(8):
        print(item)


if __name__ == "__main__":
    prettyprint(random.choice(list(queens(8))))
```

执行以上代码后会输出：

```
. . . . X . . .
X . . . . . . .
. . . X . . . .
. . . . . X . .
. . . . . . . X
. X . . . . . .
. . . . . . X .
. . X . . . . .
(0, 4, 7, 5, 2, 6, 1, 3)
(0, 5, 7, 2, 6, 3, 1, 4)
(0, 6, 3, 5, 7, 1, 4, 2)
(0, 6, 4, 7, 1, 3, 5, 2)
(1, 3, 5, 7, 2, 0, 6, 4)
(1, 4, 6, 0, 2, 7, 5, 3)
(1, 4, 6, 3, 0, 7, 5, 2)
(1, 5, 0, 6, 3, 7, 2, 4)
(1, 5, 7, 2, 0, 3, 6, 4)
(1, 6, 2, 5, 7, 4, 0, 3)
(1, 6, 4, 7, 0, 3, 5, 2)
(1, 7, 5, 0, 2, 4, 6, 3)
(2, 0, 6, 4, 7, 1, 3, 5)
(2, 4, 1, 7, 0, 6, 3, 5)
(2, 4, 1, 7, 5, 3, 6, 0)
(2, 4, 6, 0, 3, 1, 7, 5)
(2, 4, 7, 3, 0, 6, 1, 5)
(2, 5, 1, 4, 7, 0, 6, 3)
(2, 5, 1, 6, 0, 3, 7, 4)
(2, 5, 1, 6, 4, 0, 7, 3)
(2, 5, 3, 0, 7, 4, 6, 1)
(2, 5, 3, 1, 7, 4, 6, 0)
(2, 5, 7, 0, 3, 6, 4, 1)
(2, 5, 7, 0, 4, 6, 1, 3)
(2, 5, 7, 1, 3, 0, 6, 4)
```

```
(2, 6, 1, 7, 4, 0, 3, 5)
(2, 6, 1, 7, 5, 3, 0, 4)
(2, 7, 3, 6, 0, 5, 1, 4)
(3, 0, 4, 7, 1, 6, 2, 5)
(3, 0, 4, 7, 5, 2, 6, 1)
(3, 1, 4, 7, 5, 0, 2, 6)
(3, 1, 6, 2, 5, 7, 0, 4)
(3, 1, 6, 2, 5, 7, 4, 0)
(3, 1, 6, 4, 0, 7, 5, 2)
(3, 1, 7, 4, 6, 0, 2, 5)
(3, 1, 7, 5, 0, 2, 4, 6)
(3, 5, 0, 4, 1, 7, 2, 6)
(3, 5, 7, 1, 6, 0, 2, 4)
(3, 5, 7, 2, 0, 6, 4, 1)
(3, 6, 0, 7, 4, 1, 5, 2)
(3, 6, 2, 7, 1, 4, 0, 5)
(3, 6, 4, 1, 5, 0, 2, 7)
(3, 6, 4, 2, 0, 5, 7, 1)
(3, 7, 0, 2, 5, 1, 6, 4)
(3, 7, 0, 4, 6, 1, 5, 2)
(3, 7, 4, 2, 0, 6, 1, 5)
(4, 0, 3, 5, 7, 1, 6, 2)
(4, 0, 7, 3, 1, 6, 2, 5)
(4, 0, 7, 5, 2, 6, 1, 3)
(4, 1, 3, 5, 7, 2, 0, 6)
(4, 1, 3, 6, 2, 7, 5, 0)
(4, 1, 5, 0, 6, 3, 7, 2)
(4, 1, 7, 0, 3, 6, 2, 5)
(4, 2, 0, 5, 7, 1, 3, 6)
(4, 2, 0, 6, 1, 7, 5, 3)
(4, 2, 7, 3, 6, 0, 5, 1)
(4, 6, 0, 2, 7, 5, 3, 1)
(4, 6, 0, 3, 1, 7, 5, 2)
(4, 6, 1, 3, 7, 0, 2, 5)
(4, 6, 1, 5, 2, 0, 3, 7)
(4, 6, 1, 5, 2, 0, 7, 3)
(4, 6, 3, 0, 2, 7, 5, 1)
(4, 7, 3, 0, 2, 5, 1, 6)
(4, 7, 3, 0, 6, 1, 5, 2)
(5, 0, 4, 1, 7, 2, 6, 3)
(5, 1, 6, 0, 2, 4, 7, 3)
(5, 1, 6, 0, 3, 7, 4, 2)
(5, 2, 0, 6, 4, 7, 1, 3)
(5, 2, 0, 7, 3, 1, 6, 4)
(5, 2, 0, 7, 4, 1, 3, 6)
(5, 2, 4, 6, 0, 3, 1, 7)
(5, 2, 4, 7, 0, 3, 1, 6)
(5, 2, 6, 1, 3, 7, 0, 4)
(5, 2, 6, 1, 7, 4, 0, 3)
(5, 2, 6, 3, 0, 7, 1, 4)
(5, 3, 0, 4, 7, 1, 6, 2)
(5, 3, 1, 7, 4, 6, 0, 2)
(5, 3, 6, 0, 2, 4, 1, 7)
(5, 3, 6, 0, 7, 1, 4, 2)
(5, 7, 1, 3, 0, 6, 4, 2)
```

```
(6, 0, 2, 7, 5, 3, 1, 4)
(6, 1, 3, 0, 7, 4, 2, 5)
(6, 1, 5, 2, 0, 3, 7, 4)
(6, 2, 0, 5, 7, 4, 1, 3)
(6, 2, 7, 1, 4, 0, 5, 3)
(6, 3, 1, 4, 7, 0, 2, 5)
(6, 3, 1, 7, 5, 0, 2, 4)
(6, 4, 2, 0, 5, 7, 1, 3)
(7, 1, 3, 0, 6, 4, 2, 5)
(7, 1, 4, 2, 0, 6, 3, 5)
(7, 2, 0, 5, 1, 4, 6, 3)
(7, 3, 0, 2, 5, 1, 6, 4)
```

扫码观看视频讲解

6.18 解决"迷宫"问题

问题描述：给定一个迷宫，入口已知。问是否有路径从入口到出口，若有则输出一条这样的路径。注意移动可以从上、下、左、右、上左、上右、下左、下右 8 个方向进行。迷宫输入 0 表示可走，输入 1 表示墙。为方便起见，用 1 将迷宫围起来避免边界问题。

6.18.1 算法分析

考虑到左、右是相对的，因此修改为：北、东北、东、东南、南、西南、西、西北 8 个方向。如图 6-4 所示，在任意一格内，有 8 个方向可以选择，亦即 8 种状态可选。因此从入口格子开始，每进入一格都要遍历这 8 种状态。显然，可以套用回溯法的子集树模板。解的长度是不固定的。

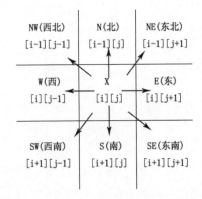

图 6-4 迷宫问题

6.18.2 使用回溯法解决迷宫问题

在下面的实例文件 mi.py 中，演示了使用回溯法解决迷宫问题的过程。具体实现代码如下所示。

```
# 迷宫(1 是墙，0 是通路)
maze =[[1, 1, 1, 1, 1, 1, 1, 1, 1, 1],
       [0, 0, 1, 0, 1, 1, 1, 1, 0, 1],
       [1, 1, 0, 1, 0, 1, 1, 0, 1, 1],
       [1, 0, 1, 1, 1, 0, 0, 1, 1, 1],
       [1, 1, 1, 0, 0, 1, 1, 0, 1, 1],
       [1, 1, 0, 1, 1, 1, 1, 1, 0, 1],
       [1, 0, 1, 0, 0, 1, 1, 1, 1, 0],
       [1, 1, 1, 1, 1, 0, 1, 1, 1, 1]]

m, n = 8, 10  # 8 行，10 列
entry = (1, 0)  # 迷宫入口
path = [entry]  # 一个解(路径)
paths = []  # 一组解

# 移动的方向(顺时针 8 个：N, EN, E, ES, S, WS, W, WN)
directions = [(-1, 0), (-1, 1), (0, 1), (1, 1), (1, 0), (1, -1), (0, -1), (-1,
-1)]


# 冲突检测
def conflict(nx, ny):
    global m, n, maze

    # 是否在迷宫中，以及是否可通行
    if 0 <= nx < m and 0 <= ny < n and maze[nx][ny] == 0:
        return False

    return True


# 套用子集树模板
def walk(x, y):  # 到达(x,y)格子
    global entry, m, n, maze, path, paths, directions

    if (x, y) != entry and (x % (m - 1) == 0 or y % (n - 1) == 0):  # 出口
        # print(path)
        paths.append(path[:])  # 直接保存，未做最优化
    else:
        for d in directions:  # 遍历 8 个方向(亦即 8 种状态)
            nx, ny = x + d[0], y + d[1]
            path.append((nx, ny))  # 保存，新坐标入栈
            if not conflict(nx, ny):  # 剪枝
                maze[nx][ny] = 2  # 标记，已访问(奇怪，这两句只能放在 if 区块内！)
                walk(nx, ny)
                maze[nx][ny] = 0  # 回溯，恢复
            path.pop()  # 回溯，出栈


# 解的可视化(根据一个解 x，复原迷宫路径，'2' 表示通路)
def show(path):
    global maze

    import pprint, copy
```

```
    maze2 = copy.deepcopy(maze)

    for p in path:
        maze2[p[0]][p[1]] = 2  # 通路

    pprint.pprint(maze)  # 原迷宫
    print()
    pprint.pprint(maze2)  # 带通路的迷宫


# 测试
walk(1, 0)
print(paths[-1], '\n')  # 看看最后一条路径
show(paths[-1])
```

执行以上代码后会输出：

```
[(1, 0), (1, 1), (2, 2), (1, 3), (2, 4), (3, 5), (4, 4), (4, 3), (5, 2), (6,
3), (6, 4), (7, 5)]

[[1, 1, 1, 1, 1, 1, 1, 1, 1, 1],
 [0, 0, 1, 0, 1, 1, 1, 1, 0, 1],
 [1, 1, 0, 1, 0, 1, 1, 0, 1, 1],
 [1, 0, 1, 1, 1, 0, 0, 1, 1, 1],
 [1, 1, 1, 0, 0, 1, 1, 0, 1, 1],
 [1, 1, 0, 1, 1, 1, 1, 1, 0, 1],
 [1, 0, 1, 0, 0, 1, 1, 1, 1, 0],
 [1, 1, 1, 1, 0, 1, 1, 1, 1, 1]]

[[1, 1, 1, 1, 1, 1, 1, 1, 1, 1],
 [2, 2, 1, 2, 1, 1, 1, 1, 0, 1],
 [1, 1, 2, 1, 2, 1, 1, 0, 1, 1],
 [1, 0, 1, 1, 1, 2, 0, 1, 1, 1],
 [1, 1, 1, 2, 2, 1, 1, 0, 1, 1],
 [1, 1, 2, 1, 1, 1, 1, 1, 0, 1],
 [1, 0, 1, 2, 2, 1, 1, 1, 1, 0],
 [1, 1, 1, 1, 1, 2, 1, 1, 1, 1]]
```

6.19 解决面试题 "矩阵中的路径"

问题描述：请设计一个函数，用来判断在一个矩阵中是否存在一条包含某字符串所有字符的路径。路径可以从矩阵中的任意一个格子开始，每一步可以在矩阵中向左、向右、向上、向下移动一个格子。如果一条路径经过了矩阵中的某一个格子，则该路径不能再进入该格子。

例如，a b c e s f c s a d e e 矩阵中包含一条字符串 "bcced" 的路径，但是矩阵中不包含 "abcb" 路径，因为字符串的第一个字符 b 占据了矩阵中的第一行第二个格子之后，路径不能再次进入该格子。

6.19.1　算法分析

算法分析具体如下。

(1)　在矩阵中任选一个格子作为路径的起点。如果路径上的第 i 个字符不是 ch，那么这个格子不可能处在路径上的第 i 个位置。如果路径上的第 i 个字符正好是 ch，那么往相邻的格子寻找路径上的第 $i+1$ 个字符。除在矩阵边界上的格子以外，其他格子都有 4 个相邻的格子。重复这个过程直到路径上的所有字符都在矩阵中找到相应的位置。

(2)　当在矩阵中定位了路径中前 n 个字符的位置之后，在与第 n 个字符对应的格子的周围都没有找到第 $n+1$ 个字符，这个时候要在路径上回到第 $n-1$ 个字符，重新定位第 n 个字符。

(3)　由于路径不能重复进入矩阵的格子，还需要定义和字符矩阵大小一样的布尔值矩阵，用来标识路径是否已经进入每个格子。当矩阵中坐标为(row,col)的格子和路径字符串中相应的字符一样时，从 4 个相邻的格子(row,col-1)、(row-1,col)、(row,col+1)以及(row+1,col)中去定位路径字符串中下一个字符。

(4)　如果 4 个相邻的格子都没有匹配字符串中下一个字符，表明当前路径字符串中字符在矩阵中的定位不正确，我们需要回到前一个，然后重新定位。

(5)　一直重复上述过程，直到路径字符串上所有字符都在矩阵中找到合适的位置。

6.19.2　具体实现

编写实例文件 juzhen.py 破解面试题"矩阵中的路径"问题，具体实现代码如下所示。

```python
class MatrixPath():
    def printMatrix(self, matrix, rows, cols, direction):
        if direction:
            print("---" + direction)
        for i in range(rows):
            for j in range(cols):
                print(matrix[cols * i + j], end=' ')
            print()

    def hasPath(self, matrix, rows, cols, path):
        # print("rows = %d, cols = %d" % (rows, cols))
        for i in range(rows):
            for j in range(cols):
                if matrix[i * cols + j] == path[0]:  # 找到起始点
                    # tmp = matrix[i*cols+j]
                    # matrix[i*cols+j]='*'
                    if self.findPath(list(matrix), rows, cols, path[1:], i, j):
                        return True
                    # else:
                    #    matrix[i*cols+j] = tmp
        return False

    def findPath(self, matrix, rows, cols, path, x, y):
```

```
            if not path: # 找完了?
                return True
        # 将当前位置标记为已走过
        matrix[x * cols + y] = '*'
        if y + 1 < cols and matrix[x * cols + y + 1] == path[0]:  # 比较东边
            self.printMatrix(matrix, rows, cols, "向东走")
            return self.findPath(matrix, rows, cols, path[1:], x, y + 1)
        elif y - 1 >= 0 and matrix[x * cols + y - 1] == path[0]:  # 比较西边
            self.printMatrix(matrix, rows, cols, "向西走")
            return self.findPath(matrix, rows, cols, path[1:], x, y - 1)
        elif x + 1 < rows and matrix[(x + 1) * cols + y] == path[0]:  # 比较南边
            self.printMatrix(matrix, rows, cols, "向南走")
            return self.findPath(matrix, rows, cols, path[1:], x + 1, y)
        elif x - 1 >= 0 and matrix[(x - 1) * cols + y] == path[0]:  # 比较北边
            self.printMatrix(matrix, rows, cols, "向北走")
            return self.findPath(matrix, rows, cols, path[1:], x - 1, y)
        else:
            return False


if __name__ == "__main__":
    # 调用测试
    _matrix = 'abcesfcsadee'
    _path = 'see'
    path = MatrixPath()
    path.printMatrix(_matrix, 3, 4, None)
    print(path.hasPath(list(_matrix), 3, 4, _path))
```

执行以上代码后会输出:

```
a b c e
s f c s
a d e e
---向南走
a b c e
s f c *
a d e e
---向西走
    a b c e
    s f c *
    a d e *
    True
```

6.20 解决 "马踏棋盘" 问题

问题描述: "马踏棋盘" 和本章前面介绍的 "骑士巡逻" 问题相似, 在很多教科书中将这两个问题归纳为同一个问题。将马放到国际象棋的 8×8 棋盘 board 上的某个方格中, 马按走棋规则进行移动, 走遍棋盘上的 64 个方格, 要求每个方格进入且只进入一次, 找出一种可行的方案。

6.20.1　算法分析

假设有一个图是 5×5 的棋盘，如图 6-5 所示。类似于迷宫问题，只不过此问题的解长度固定为 64。每走到一格，就有[(-2,1),(-1,2),(1,2),(2,1),(2,-1),(1,-2),(-1,-2),(-2,-1)]顺时针 8 个方向可以选择。走到一格称为走了一步，把每一步看作元素，8 个方向看作这一步的状态空间。

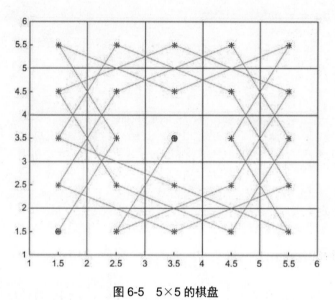

图 6-5　5×5 的棋盘

马踏棋盘问题(骑士周游问题)实际上是图的深度优先搜索(DFS)的应用。如果使用回溯(就是深度优先搜索)来解决，假如马走到了第 53 个点的坐标是(1,0)，发现已经走到尽头，没办法，那就只能回退了，查看其他的路径，然后循环在棋盘上不停地回溯即可解决问题。

6.20.2　使用回溯算法解决"5×5 马踏棋盘"问题

编写文件 horse01.py 使用回溯算法解决"5×5 马踏棋盘"问题，具体实现代码如下所示。

```
n = 5  # 8 太慢了，改为 5
p = [(-2, 1), (-1, 2), (1, 2), (2, 1), (2, -1), (1, -2), (-1, -2), (-2, -1)]
# 状态空间，8 个方向

entry = (2, 2)  # 出发地

x = [None] * (n * n)  # 一个解，长度固定为 64，形如[(2,2),(4,3),…]
X = []  # 一组解

# 冲突检测
def conflict(k):
    global n, p, x, X

    # 步子 x[k] 超出边界
```

```
        if x[k][0] < 0 or x[k][0] >= n or x[k][1] < 0 or x[k][1] >= n:
            return True

        # 步子 x[k] 已经走过
        if x[k] in x[:k]:
            return True

        return False  # 无冲突

# 回溯法 (递归版本)
def subsets(k):  # 到达第 k 个元素
    global n, p, x, X

    if k == n * n:  # 超出最尾的元素
        print(x)
        # X.append(x[:])  # 保存 (一个解)
    else:
        for i in p:  # 遍历元素 x[k-1] 的状态空间：8 个方向
            x[k] = (x[k - 1][0] + i[0], x[k - 1][1] + i[1])
            if not conflict(k):  # 剪枝
                subsets(k + 1)

# 测试
x[0] = entry  # 入口
subsets(1)  # 开始走第 k=1 步
```

执行以上代码后会输出：

```
[(2, 2), (0, 3), (2, 4), (4, 3), (3, 1), (1, 0), (0, 2), (1, 4), (3, 3), (4,
1), (2, 0), (0, 1), (1, 3), (3, 4), (4, 2), (3, 0), (1, 1), (2, 3), (0, 4), (1,
2), (0, 0), (2, 1), (4, 0), (3, 2), (4, 4)]
[(2, 2), (0, 3), (2, 4), (4, 3), (3, 1), (1, 0), (0, 2), (1, 4), (3, 3), (4,
1), (2, 0), (0, 1), (1, 3), (3, 4), (4, 2), (3, 0), (1, 1), (2, 3), (4, 4), (3,
2), (4, 0), (2, 1), (0, 0), (1, 2), (0, 4)]
……
(中间省略很多执行结果)
……

Process finished with exit code 0
```

第 **7** 章

迭代算法思想

在本章的内容中，将详细讲解迭代算法思想的基本知识，并通过具体实例详细讲解迭代算法的用法和技巧。希望读者理解并掌握迭代算法思想的用法和核心知识，为步入本书后面知识的学习打下基础。

7.1 迭代算法思想基础

迭代算法也被称辗转算法，是一种不断用变量的旧值递推新值的过程，在解决问题时总是重复利用一种方法。与迭代法相对应的是直接法(或者称为一次解法)，即一次性解决问题。迭代法又分为精确迭代和近似迭代。"二分法"和"牛顿迭代法"属于近似迭代法，功能都比较类似。

7.1.1 迭代算法思想介绍

迭代算法是用计算机解决问题的一种基本方法。它利用计算机运算速度快、适合做重复性操作的特点，让计算机对一组指令(或一定步骤)进行重复执行，在每次执行这组指令(或这些步骤)时，都从变量的原值推出它的一个新值。

在使用迭代算法解决问题时，需要做好如下 3 个方面的工作。

(1) 确定迭代变量。在可以使用迭代算法解决的问题中，至少存在一个迭代变量，即直接或间接地不断由旧值递推出新值的变量。

(2) 建立迭代关系式。迭代关系式是指如何从变量的前一个值推出其下一个值的公式或关系。通常可以使用递推或倒推的方法来建立迭代关系式，迭代关系式的建立是解决迭代问题的关键。

(3) 对迭代过程进行控制。在编写迭代程序时，必须确定在什么时候结束迭代过程，不能让迭代过程无休止地重复执行下去。通常可分为如下两种情况来控制迭代过程：①所需的迭代次数是一个确定的值，可以计算出来，可以构建一个固定次数的循环来实现对迭代过程的控制；②所需的迭代次数无法确定，需要进一步分析出用来结束迭代过程的条件。

7.1.2 迭代法和方程

迭代是数值分析中通过从一个初始估计出发寻找一系列近似解来解决问题(一般是解方程或者方程组)的过程，为实现这一过程所使用的方法统称为迭代法(iterative method)。

一般可以做如下定义：对于给定的线性方程组

$$x = Bx + f$$

这里的 x、B、f 同为矩阵(任意线性方程组都可以变换成此形式)，用如下公式逐步代入求近似解的方法称为迭代法(或称一阶定常迭代法)。

$$x_{k+1} = Bx_k + f$$

其中，x_k 代表迭代 k 次得到的 x，初始时 $k=0$。如果 $\lim\limits_{k \to \infty} x_k$ 存在，则记为 $x*$，称此迭代法收敛。显然 $x*$ 就是此方程组的解，否则称为迭代法发散。

跟迭代法相对应的是直接法(或者称为一次解法)，即一次性地快速解决问题，例如通过开方解方程 $x +3= 4$。一般如果可能，直接解法总是优先考虑的。但当遇到复杂问题时，特别是在未知量很多、方程为非线性时，我们无法找到直接解法(例如五次以及更高次的代数方程没有解析解，参见阿贝耳定理)，这时候或许可以通过迭代法寻求方程(组)的近似解。

现实中最常见的迭代法用法是牛顿法，其他还包括最速下降法、共轭迭代法、变尺度迭代法、最小二乘法、线性规划、非线性规划、单纯型法、惩罚函数法、斜率投影法、遗传算法、模拟退火等。

> **注　意**　递归算法与迭代算法有什么区别
>
> 　　递归是自顶向下逐步拓展需求，最后自下向顶运算，即由 $f(n)$ 拓展到 $f(1)$，再由 $f(1)$ 逐步算回 $f(n)$。迭代是直接自下向顶运算，由 $f(1)$ 算到 $f(n)$。递归是在函数内调用本身，迭代是循环求值。熟悉其他算法的读者不推荐使用递归算法。
>
> 　　虽然递归算法的效率低一点，但是随着现在计算机性能的提升，且递归便于理解，可读性强，所以建议对其他算法不熟悉的初学者使用递归算法来解决问题。

7.2　解决"斐波那契数列"问题

扫码观看视频讲解

问题描述：历史上有一个有名的关于兔子的问题：假设有 1 对兔子，长两个月它们就算长大成年了。以后每个月都会生出 1 对兔子，生下来的兔子也都是长两个月就算成年，然后每个月也都会生出 1 对兔子。这里假设兔子不会死，每次都是只生 1 对兔子。

第 1 个月，只有 1 对小兔子；

第 2 个月，小兔子还没长成年，还是只有 1 对兔子；

第 3 个月，兔子长成年了，同时生了 1 对小兔子，因此有两对兔子；

第 4 个月，成年兔子又生了 1 对兔子，加上自己及上月生的小兔子，共有 3 对兔子；

第 5 个月，成年兔子又生了 1 对兔子，第 3 个月生的小兔子现在已经长成年了，且生了 1 对小兔子，加上本身两只成年兔子及上月生的小兔子，共 5 对兔子。

这样过了一年之后，会有多少对兔子呢？

7.2.1　算法分析

使用迭代算法和递归算法都可以实现斐波那契数列，输出显示数列中的第 *N* 项的值，在本书前面曾经用递归算法解决过斐波那契数列的问题。但是由于递归算法在计算时存在着大量的重复计算，因此在 *N* 值很大时，可能会造成内存的溢出以及计算时间较长的情况出现。在使用迭代算法的情况下，同样可以实现计算斐波那契数列第 *N* 项的功能。

当 $n \leq 0$ 时返回 0，当 $1 \leq n \leq 2$ 时返回 1，当 $n \geq 3$ 时，第 *n* 项 $f(n) = f(n-2) + f(n-1)$，所以在计算数列中第 *n* 项的时候可用一个 for 循环，初始化前两项的值，计算完成第 *N* 项之后，交换第 $(n-2)$ 项、$(n-1)$ 项的值，循环完成之后计算出的 Third 值即为数列中第 *N* 项的值。

7.2.2　使用迭代算法计算第 12 个月时兔子的数量

在下面的实例文件 fib01.py 中，演示了使用迭代算法解决"斐波那契数列"问题的过程。

```python
def fab(n):
    n1 = 1
    n2 = 1
    n3 = 1
    if n<1:
        print('对不起，输入有误!')
        return -1
    else:
        while (n - 2) > 0:
            n3 = n2 + n1
            n1 = n2
            n2 = n3
            n -= 1
    return n3
month = int(input('请输入月数：'))
result = fab(month)
print("%d 个月后的兔子数量为 %d"%(month,result))
```

执行以上代码后会要求输入一个月数，例如，输入整数 12 后会计算第 12 个月时的兔子数量：

```
请输入月数：12
12 个月后的兔子数量为 144
```

7.2.3　比较迭代算法和递归算法的效率

接下来将编写两个程序文件，分别使用迭代算法和递归算法解决"斐波那契数列"问题，比较这两种算法的效率。

(1)　编写实例文件 fib02.py，功能是使用迭代算法计算斐波那契数列第 30 项的值，并输出显示计算时间。实例文件 fib02.py 的具体实现代码如下所示。

```python
from timeit import timeit

def fib(n):
    list = [1,1]
    if n > 2:
        for i in range(2,n,1):
            listNew = list[i - 2] + list[i - 1]
            list.append(listNew)
    return list[n - 1]
n = 30
print('第%d个斐波那契数为%d'%(n,fib(n)))
t = timeit('fib(%d)'%n, 'from __main__ import fib', number=1)
print('迭代所需时间%fs'%t)
```

在电脑中运行后会输出：

第 30 个斐波那契数为 832040
迭代所需时间 0.000010s

（2） 编写实例文件 fib03.py，功能是使用递归算法计算第 30 个斐波那契数，并输出显示计算时间。实例文件 fib03.py 的具体实现代码如下所示。

```
from timeit import timeit

def fib(n):
    if n == 1 or n == 2:
        return 1
    return fib(n - 1) + fib(n - 2)
n = 30
print('第%d 个斐波那契数为%d'%(n,fib(n)))
t = timeit('fib(%d)'%n, 'from __main__ import fib', number=1)
print('递归所需时间%fs'%t)
```

在电脑中运行以上代码后会输出：

第 30 个斐波那契数为 832040
递归所需时间 0.391377s

通过两个文件的实现代码可以看出，递归算法的代码结构较为简单，比较容易理解。但是通过两个文件的执行时间可以看出，递归算法的效率非常低下，而迭代算法的执行效率很高。

7.3 解决"角谷猜想"问题

扫码观看视频讲解

问题描述：日本数学家角谷静夫在研究自然数时发现了一个现象，任意给定一个自然数，若它为偶数则除以 2，若它为奇数则乘 3 加 1，得到一个新的自然数。按照这样的计算方法计算下去，若干次后得到的结果必然为 1。角谷猜想的名字比较多，也可以称为考拉兹猜想、奇偶归一猜想、3n+1 猜想、冰雹猜想、哈塞猜想、乌拉姆猜想、叙拉古猜想等。请编写一个 Python 程序，输入任一正整数，输出显示角谷猜想演算过程。

7.3.1 算法分析

定义迭代变量为 n，按照角谷猜想的内容，可以得到两种情况下的迭代关系式：当 n 不为 1，如果 n 为偶数，则使 n 除以 2，并用商取代 n，输出商；如果 n 为奇数，则使 n 乘以 3 加 1 取代 n，并输出该值。

7.3.2 第一种方案

编写实例文件 jiaogu01.py，具体实现代码如下所示。

```
n = int(input("请输入一个正整数："))
```

```
while n != 1:
    if n % 2 == 0:
        k = n / 2
        print("%d/2=%d" % (n, k))
        n = k
    else:
        l = n * 3 + 1
        print("%d*3+1=%d" % (n, l))
        n = l
```

执行后要求先输入一个数字，按 Enter 键后会输出显示这个数字的角谷猜想演算过程。例如输入数字 6 后会输出：

```
请输入一个正整数：6
6/2=3
3*3+1=10
10/2=5
5*3+1=16
16/2=8
8/2=4
4/2=2
2/2=1
```

7.3.3　第二种方案

编写实例文件 jiaogu02.py，首先编写函数 collatz()判定参数(number)的奇偶性，如果是偶数则返回 number//2，如果是奇数则返回 3×number+1。当用户输入一个正整数后，对这个数反复调用函数 collatz()，直至打印输出 1 为止。文件 jiaogu02.py 的具体实现代码如下所示。

```
def collatz(number):
    res = number % 2
    if res == 0:
        return number // 2
    else:
        return number * 3 + 1


print('请输入一个正整数:', end='')
num = int(input())
sum = collatz(num)
print(sum)

while sum != 1:
    sum = collatz(sum)
    print(sum)
```

执行后要求先输入一个数字，按 Enter 键后会输出显示这个数字的角谷猜想演算过程。例如输入数字 6 后会输出：

```
请输入一个正整数:6
3
10
```

```
5
16
8
4
2
1
```

7.4　使用牛顿迭代法计算方程的根

问题描述：请编写一个 Python 程序，使用牛顿迭代法计算方程 $x^7-2x+1=0$ 的根。

7.4.1　算法分析

牛顿迭代法又被称为牛顿-拉夫逊方法，是牛顿在 17 世纪提出的一种在实数域和复数域上近似求解方程的方法。因为大多数方程不存在求根公式，所以求精确根非常困难，甚至不可能，这样寻找方程的近似根就显得特别重要。

可以使用函数 $f(x)$ 的泰勒级数的前面几项来寻找方程 $f(x)=0$ 的根。在数学领域，牛顿迭代法是求方程根的重要方法之一，其最大优点是在方程 $f(x)=0$ 的单根附近具有平方收敛，而且该方法还可以用来求方程的重根、复根。另外，该方法广泛用于计算机编程中。

假设 r 是 $f(x)=0$ 的根，选取 x_0 作为 r 初始近似值，经过点 $(x_0,f(x_0))$ 做一条曲线 $y=f(x)$ 的切线 L，L 的方程为 $y=f(x_0)+f'(x_0)(x-x_0)$，求出 L 与 x 轴交点的横坐标 $x_1=x_0-f(x_0)/f'(x_0)$，称 x_1 为 r 的一次近似值。过点 $(x_1,f(x_1))$ 做曲线 $y=f(x)$ 的切线，并求该切线与 x 轴交点的横坐标 $x_2=x_1-f(x_1)/f'(x_1)$，称 x_2 为 r 的二次近似值。重复以上过程，得 r 的近似值序列，其中 $x(n+1)=x(n)-f(x(n))/f'(x(n))$，称为 r 的 $n+1$ 次近似值，上式称为牛顿迭代公式。

牛顿迭代法通过线性直线逼近曲线，逐步迭代求出方程 $f(x)=0$ 的根。

7.4.2　计算方程 $x^3-x-1=0$ 的根

再看下面的实例文件 niudun01.py，功能是使用牛顿迭代法求 $x^3-x-1=0$ 的根。具体实现代码如下所示。

```python
def f(xi):
    return xi*xi*xi-xi-1
def f1(xi):
    return 3*xi*xi-1
x=[]
x.append(0.5)
eps=1e-14                  # 误差限制
error=abs(f(x[-1]))        # 最新加的 x 在最后
number_iteration=0
while error>eps:
    x.append(x[-1]-f(x[-1])/f1(x[-1]))
    error=abs(f(x[-1]))
```

```
     number_iteration=number_iteration+1
print('牛顿法迭代次数为%f 次'%(number_iteration)) # 格式化输出
print('方程的根x*为%f'%(x[-1]))
print('f(x*)的值为%f'%(f(x[-1])))
```

执行以上代码后会输出：

```
牛顿法迭代次数为20.000000 次
方程的根x*为1.324718
f(x*)的值为0.000000
```

7.4.3 比较简单迭代法和牛顿迭代法

简单迭代法和牛顿迭代法的比较具体如下。

(1) 请看下面的实例文件 easyniu.py，功能是使用简易迭代法计算 4 个方程的根，并将完整的计算过程和迭代过程写入 Excel 文件。文件 easyniu.py 的具体实现代码如下所示。

```
from sympy import *
import xlsxwriter

workbook = xlsxwriter.Workbook('简单迭代法结果.xlsx') # 建立文件
worksheet = workbook.add_worksheet() # 建立 sheet
worksheet.write(0,0,'简单迭代法计算非线性方程的根')

i = 3  # 从第三行开始输出
x = symbols("x")
y1_ = (3 * (x ** 3))/(3 * (x**5) + 2 * (x**4) - (x**3) + 5) - 1 / (4*x) + 20
y2_1, y2_2 = pow((1/(x + 5) + (4*(x**2))) + (4*x) - 1, 1 / 3),
(1/4)-((x**3)/4)-(1/(4*(x+5)))-(x**2)
y3_1, y3_2, y3_3, y3_4 = x-x**3-4*(x**2)+10, pow((10/x)-(4*x),0.5),
0.5*pow(10-x**3,0.5), pow(10/(4+x),0.5)
y4_1, y4_2, y4_3 = pow(2*x+5,1/3), (x**3-5)/2, pow((5/x)+2,0.5)
# 每题可能或给定的公式

def diedai(result):#定义迭代功能函数，实现代码复用
    y, value, cishu, panduan =result # 分别表示函数表达式、试探值、函数运行次数、置信区间
    global i
    n = y.subs(x, value)  # 带入得新的函数值
    worksheet.write(i, 0, str(y))
    worksheet.write(i, 2, float(n))
    worksheet.write(i, 1, cishu)
    i += 1
    if abs(float(n)-float(value)) > 1000:# 判断所得值与上一值是否相差过大，即发散
        worksheet.write(i, 0, '该公式发散')
        i += 1
        return 0
    if (float(n) >= float(value)-panduan) and ((float(n) <= float(value)+panduan)):
    # 判断是否在置信区间中
        kkk = abs(y.subs(x, n)-float(n))
        worksheet.write(i, 0, '迭代次数为：{0}，x 的值为{1}，误差大小为
{2}'.format(cishu, float(n),float(kkk)))
```

```
            i += 1  # 若是则计算次数，得出答案
            return 0
        else:
            cishu += 1#若否则进行迭代
            result = [y, n, cishu, panduan]
            # 将表达式不变，试探值为新值，次数加 1，置信区间不变，传回函数进行迭代
            return diedai(result)

def mds(abc,ccc):
    global i
    worksheet.write(i, 0, '公式{}'.format(ccc))
    i += 1
    try:
        diedai(abc)   # 代入初始值
    except OverflowError:
        worksheet.write(i, 0, '该公式发散')
        i += 1
    except TypeError:  # 判断是否出现虚数
        worksheet.write(i, 0, '出现虚数')
        i += 1

if __name__ == '__main__':  # 主函数入口
    worksheet.write(1, 0, '迭代公式')
    worksheet.write(1, 1, '迭代次数')
    worksheet.write(1, 2, '值')  # 打印表头
    i += 1
    worksheet.write(i, 0, '第一题')  # 输出题号
    i += 2
    mds([y1_, 10, 1, 0],1)
    i += 1
    worksheet.write(i, 0, '第二题')  # 输出题号
    i += 2
    mds([y2_1, 10, 1, 0],2)
    mds([y2_2, 10, 1, 0],3)
    i += 1
    worksheet.write(i, 0, '第三题')  # 输出题号
    i += 2
    mds([y3_1, 1.5, 1, 10**(-8)],1)
    mds([y3_2, 1.5, 1, 10**(-8)],2)
    mds([y3_3, 1.5, 1, 10 ** (-8)],3)
    mds([y3_4, 1.5, 1, 10**(-8)],4)
    i += 1
    worksheet.write(i, 0, '第四题')  # 输出题号
    i += 2
    mds([y4_1, -1.5, 1, 10**(-8)],1)
    mds([y4_2, 1.5, 1, 10**(-8)],2)
    mds([y4_3, -1.5, 1, 10**(-8)],3)
    workbook.close()
```

执行以上代码后会将计算过程和结果写入 Excel 文件"简单迭代法结果.xlsx"中，如图 7-1 所示。

图 7-1 文件"简单迭代法结果.xlsx"中的计算过程

(2) 请看下面的实例文件 easyniu02.py，功能是使用牛顿迭代法计算 5 个方程的根，并将完整的计算过程和迭代过程写入 Excel 文件。文件 easyniu02.py 的具体实现代码如下所示。

```python
from sympy import *
import math
import xlsxwriter

workbook = xlsxwriter.Workbook('牛顿迭代法结果.xlsx')  # 建立文件
worksheet = workbook.add_worksheet()  # 建立 sheet
worksheet.write(0,0,'牛顿迭代法计算实现线性方程组求根')

i = 3  # 从第三行开始输出
x = symbols("x")
y1_ = x ** 3 - 2 * x - 5
y2_ = x**3-x-1
y3_ = x**3+4*(x**2)-10
y4_ = x*(exp(x))-1
y5_ = (exp(x))  # 定义题目给出的函数表达式

def diedai(result):  # 定义迭代功能函数，实现代码复用
    y, value, cishu, panduan =result  # 分别表示函数表达式、试探值、函数运行次数、置信区间
    global i
    a = float(y.subs(x, value))  # 带入得 f(x)的函数值
    n = (value - (a) / (diff(y, x).subs(x, value)))  # x(n+1)=(x(n)-f(x)/f'(x)
    worksheet.write(i, 0, str(y))
    worksheet.write(i, 1, float(n))
    worksheet.write(i, 2, cishu)
    i += 1
    if (float(n) >= float(value)-panduan) and ((float(n) <=
float(value)+panduan)):  # 判断是否在置信区间内
```

```
        worksheet.write(i, 0, '迭代次数为：{0}，x 的值为{1}'.format(cishu, 
float(n)))
        i += 1
        return 0
    else:
        cishu += 1
        result = [y, n, cishu, panduan]
        # 将表达式不变，试探值为新值，次数加 1，置信区间不变，传回函数进行迭代
        return diedai(result)

def tianchong(ju):  # 定义打印表头函数
    global i
    worksheet.write(i, 0, '第{}题'.format(ju))  # 输出题号
    i += 1
    worksheet.write(i, 0, '迭代公式')  # 表头
    worksheet.write(i, 1, '值')        # 表头
    worksheet.write(i, 2, '迭代次数')  # 表头
    i += 1

if __name__ == '__main__':
        tianchong(1)
        diedai([y1_, 1, 1, 0])
        tianchong(2)
        diedai([y2_, 1.5, 1, 0])
        tianchong(3)
        diedai([y3_, 1.5, 1, 10**(-4)])
        tianchong(4)
        diedai([y4_, 0, 1, 10**(-5)])
        tianchong(5)
        diedai([y5_, 0.5, 1, 10**(-5)])
        workbook.close()
```

由此可见，牛顿迭代法的代码更加简洁、高效。执行后会将计算过程和结果写入 Excel 文件“牛顿迭代法结果”，如图 7-2 所示。

	A	B	C	D	E
1	牛顿迭代法计算实现线性方程组求根				
2					
3					
4	第1题				
5	迭代公式	值	迭代次数		
6	x**3 - 2*	7	1		
7	x**3 - 2*	4.765517	2		
8	x**3 - 2*	3.348703	3		
9	x**3 - 2*	2.5316	4		
10	x**3 - 2*	2.173916	5		
11	x**3 - 2*	2.097884	6		
12	x**3 - 2*	2.094558	7		
13	x**3 - 2*	2.094551	8		
14	x**3 - 2*	2.094551	9		
15	x**3 - 2*	2.094551	10		
16	迭代次数为：10，x的值为2.0945514815423265				
17	第2题				
18	迭代公式	值	迭代次数		
19	x**3 - x	1.347826	1		
20	x**3 - x	1.3252	2		
21	x**3 - x	1.324718	3		
22	x**3 - x	1.324718	4		
23	x**3 - x	1.324718	5		
24	x**3 - x	1.324718	6		
25	迭代次数为：6，x的值为1.324717957244746				
26	第3题				
27	迭代公式	值	迭代次数		
28	x**3 + 4*	1.373333	1		

Sheet1

图 7-2　文件“牛顿迭代法结果”中的计算过程

7.5 使用牛顿迭代法求极值

问题描述：在如图 7-3 所示的曲线中，请编写一个程序计算方程 $f(x)$ 的极值。

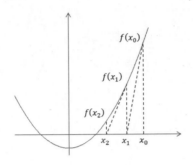

图 7-3　方程曲线

7.5.1　算法分析

使用迭代算法计算方程 $f(x)=0$ 的通用公式为

$$x_{n+1} = x_n - \frac{f(x_n)}{f'(x_n)}$$

7.5.2　具体实现

编写实例文件 niudun02.py，具体实现代码如下所示。

```python
def newtons(f,df,x0,e):
    xn = float(x0)
    e_tmp = e+1
    loop = 1
    while e_tmp>e:
        print('########loop'+str(loop))
        k = df(xn)
        xm = f(xn)
        print('xn='+str(xn)+',k='+str(k)+',y='+str(xm))
        q = xm/k
        xn = xn-q
        e_tmp = abs(0-f(xn))
        print('new xn='+str(xn)+',e='+str(e_tmp)+',q='+str(q))
        loop=loop+1
    return xn

def f(x):
    return x ** 2 + 2 * x

def df(x):
    return 2 * x + 2
```

```
x = newtons(f, df, 3, 0.01)
print('the point you find is ' + str(x))
```

7.6　求平方根

问题描述：编写一个 Python 程序，使用牛顿迭代法求一个数的平方根，要求可以精确到小数点后无限多位。

7.6.1　算法分析

我们的思路是先猜测一个值，然后再求商，用猜测值和商的中间值代替猜测值，扩大倍数，继续进行。现在取一个猜测值 a，如果猜测值合理的话，那么就有 $a^2=x$，即 $x/a=a$，x 为被开方数。不合理的话呢，就用表中的猜测值和商的平均值来换掉猜测值。当不合理时，比如 $a>$真实值，那么 $x/a<$真实值，这时候取 a 与 x/a 的平均值来代替 a 的话，那么新的 a 就会比原来的 a 要更接近真实值。同理，有 $a<$真实值的情况。于是，这样不断迭代下去，最终是一个 a 不断收敛到真实值的过程。于是不断迭代就能得到真实值，证明了迭代法是正确的。

7.6.2　使用牛顿迭代法求平方根

编写实例文件 niudun03.py，具体实现代码如下所示。

```python
import math
from math import sqrt


def check_precision(l, h, p, len1):  # 检查是否达到了精确位
    l = str(l);
    h = str(h)
    if len(l) <= len1 + p or len(h) <= len1 + p:
        return False
    for i in range(len1, p + len1):  # 检查小数点后面的p个数是否相等
        if l[i] != h[i]:  # 当l和h某一位不相等时，说明没有达到精确位
            return False
    return True


def print_result(x, len1, p):
    x = str(x)
    if len(x) - len1 < p:  # 没有达到要求的精度就已经找出根
        s = x[:len1] + "." + x[len1:] + '0' * (p - len(x) + len1)
    else:
        s = x[:len1] + "." + x[len1:len1 + p]
    print(s)
```

```
def binary_sqrt(x, p):
    x0 = int(sqrt(x))
    if x0 * x0 == x:  # 完全平方数直接开方，不用继续进行
        print_result(x0, len(str(x0)), p)
        return
    len1 = len(str(x0))  # 找出整数部分的长度
    l = 0;
    h = x
    while (not check_precision(l, h, p, len1)):  # 没有达到精确位，继续循环
        if not l == 0:  # 第一次l=0，h=x时不用乘以10，直接取中间值
            h = h * 10  # l、h每次扩大10倍
            l = l * 10
            x = x * 100  # x每次要扩大100倍，因为平方
        m = (l + h) // 2
        if m * m == x:
            return print_result(m, len1, p)
        elif m * m > x:
            h = m
        else:
            l = m
    return print_result(l, len1, p)  # 当达到了要求的精度，直接返回l


# 使用牛顿迭代法求平方根
def newton_sqrt(x, p):
    x0 = int(sqrt(x))
    if x0 * x0 == x:  # 完全平方数直接开方，不用继续进行
        print_result(x0, len(str(x0)), p)
        return
    len1 = len(str(x0))  # 找出整数部分的长度
    g = 1;
    q = x // g;
    g = (g + q) // 2
    while (not check_precision(g, q, p, len1)):
        x = x * 100
        g = g * 10
        q = x // g  # 求商
        g = (g + q) // 2  # 更新猜测值为猜测值和商的中间值
    return print_result(g, len1, p)


while True:
    x = int(input("请输入待开方数："))
    p = int(input("请输入精度："))
    print("binary_sqrt:", end="")
    binary_sqrt(x, p)
    print("newton_sqrt:", end="")
    newton_sqrt(x, p)
```

执行以上代码后，会要求输入要计算平方根的数字和精确位数。例如，要计算数字5，并分别将精度设置为2和5后会输出如下计算结果：

```
请输入待开方数：5
请输入精度：2
```

```
binary_sqrt:2.23
newton_sqrt:2.23
请输入待开方数：5
请输入精度：6
binary_sqrt:2.236067
newton_sqrt:2.236067
```

7.7 求极值并绘制曲线

扫码观看视频讲解

问题描述：请编写一个程序计算函数 $f(x)=100\times(x_2-x_1^2)^2+(1-x_1)^2$ 的极值，其梯度是 $g(x)=[-400\times(x_2-x_1^2)x_1-2(1-x_1), 200\times(x_2-x_1^2)]^T$，并使用 matplotlib 绘制迭代计算的过程。

7.7.1 算法分析

对于一个多元函数 $f(x)=f(x_1, x_2, \cdots, x_n)$ 来说，用牛顿法求其极小值的迭代格式为

$$x_{k+1} = x_k - G_K^{-1}gk$$

其中，$g(x)=\nabla f(x)$ 为函数 $f(x)$ 的梯度向量，$G(x)$ 为函数 $f(x)$ 的 Hesse(Hessian) 矩阵。上述牛顿法不是全局收敛的，为此可以引入阻尼牛顿法(又称带步长的牛顿法)。我们知道，求极值的一般迭代格式为

$$x_{k+1}=x_k+\alpha_k p_k$$

其中，α_k 为搜索步长，p_k 为搜索方向(注意所有的迭代格式都是先计算搜索方向，再计算搜索步长，先找到哪个方向可以下降，再决定下几步)。

取下降方向 $p_k = -G_K^{-1}gk$ 即得阻尼牛顿法，只不过搜索步长 α_k 不确定，需要用线性搜索技术确定一个较优的值，比如精确线性搜索或者 Goldstein 搜索、Wolfe 搜索等。特别地，当 α_k 一直取为常数 1 时，就是普通的牛顿法。以 Rosenbrock 函数为例，即有：

$$f(x) = 100(x_2 - x_1^2)^2 + (1-x_1)^2$$

于是可以得函数的梯度：

$$g(x) = \nabla f(x) = [-400(x_2 - x_1^2)x_1 - 2(1-x_1), 200(x_2 - x_1^2)]^T$$

函数 $f(x)$ 的 Hesse 矩阵为

$$\begin{bmatrix} -400(x_2 - 3x_1^2) + 2 & -400x_1 \\ -400x_1 & 200 \end{bmatrix}$$

7.7.2 使用牛顿迭代法求极值并绘制曲线

编写实例文件 niudun04.py，具体实现代码如下所示。

```python
import numpy as np
import matplotlib.pyplot as plt

def jacobian(x):
```

```
        return
np.array([-400*x[0]*(x[1]-x[0]**2)-2*(1-x[0]),200*(x[1]-x[0]**2)])

def hessian(x):
    return np.array([[-400*(x[1]-3*x[0]**2)+2,-400*x[0]],[-400*x[0],200]])

X1=np.arange(-1.5,1.5+0.05,0.05)
X2=np.arange(-3.5,2+0.05,0.05)
[x1,x2]=np.meshgrid(X1,X2)
f=100*(x2-x1**2)**2+(1-x1)**2;    # 给定的函数
plt.contour(x1,x2,f,20)           # 画出函数的 20 条轮廓线

def newton(x0):

    print('初始点为:')
    print(x0,'\n')
    W=np.zeros((2,10**3))
    i = 1
    imax = 1000
    W[:,0] = x0
    x = x0
    delta = 1
    alpha = 1

    while i<imax and delta>10**(-5):
        p = -np.dot(np.linalg.inv(hessian(x)),jacobian(x))
        x0 = x
        x = x + alpha*p
        W[:,i] = x
        delta = sum((x-x0)**2)
        print('第',i,'次迭代结果:')
        print(x,'\n')
        i=i+1
    W=W[:,0:i]  # 记录迭代点
    return W

x0 = np.array([-1.2,1])
W=newton(x0)

plt.plot(W[0,:],W[1,:],'g*',W[0,:],W[1,:]) # 画出迭代点收敛的轨迹
plt.show()
```

执行以上代码后会输出显示迭代过程:

```
初始点为:
[-1.2  1. ]

第 1 次迭代结果:
[-1.1752809   1.38067416]

第 2 次迭代结果:
[ 0.76311487 -3.17503385]

第 3 次迭代结果:
[0.76342968 0.58282478]

第 4 次迭代结果:
[0.99999531 0.94402732]
```

第 5 次迭代结果：
[0.9999957 0.99999139]

第 6 次迭代结果：
[1. 1.]

由此可见，迭代了 6 次得到最优解，并且会使用 matplotlib 绘制迭代计算的过程，画出的迭代点的轨迹如图 7-4 所示。

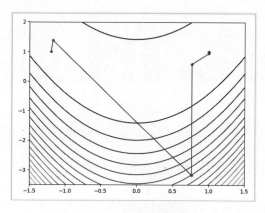

图 7-4 迭代过程图

下面是每一步迭代对应的误差。

▶ 第 1 次迭代：232.8676878

▶ 第 2 次迭代：4.639426214

▶ 第 3 次迭代：1370.789849

▶ 第 4 次迭代：0.473110379

▶ 第 5 次迭代：25.0274456

▶ 第 6 次迭代：8.61E-06

> **注 意**
>
> 牛顿法是二阶收敛，最速下降是一阶收敛，所以牛顿法就更快。最速下降法每次只从当前所处位置选一个坡度最大的方向走一步，牛顿法在选择方向时，不仅会考虑坡度是否够大，还会考虑走了一步之后，坡度是否会变得更大。所以可以说牛顿法比最速下降法看得更远一点，能更快地走到最底部。牛顿法目光更加长远，所以少走弯路；相对而言，最速下降法只考虑了局部的最优，没有全局思想。

7.8 求解输入的方程

扫码观看视频讲解

问题描述：请编写一个 Python 程序，要求输入一个任意方程，可以使用牛顿迭代法求解这个方程。

7.8.1 项目需求

(1) 输入。

▶ 一个方程的表达式。

▶ 初始值 x、极小值 sigma 和想要计算的次数，这三个值中间用空格隔开。

(2) 输出。方程的解。

例如输入：

```
请输入方程的表达式：x*exp(x)-1
请输入初始值 x,极小值 sigma 以及想要计算的次数：0.2 0.0001 5
```

输出：

```
0.567143290409785
```

7.8.2 使用牛顿迭代法求解输入的方程

编写实例文件 niudun05.py，具体实现代码如下所示。

```
from sympy import *;
from future import *;
import math;
import sys;
x=symbols("x");
# f=x*exp(x)-1;  # 这个地方的表达式可以根据需要进行更改
# 注意到这里，就是先将 f 对 x 进行不定积分，然后再求导
# 因为一开始输入的时候，f 也不过就是个表达式
f=input("请输入方程的表达式：");
f=integrate(f, x);
f=diff(f);

list_in=input("请输入初始值 x,极小值 sigma 以及想要计算的次数：").split(" ");
x0=float(list_in[0]);
sigma=float(list_in[1]);
N=int(list_in[2]);

if diff(f).subs(x,x0)==0:
    print(x0)
    sys.exit();
account=1;
x_new=x0;
while account<=N:
    x_new=x0-f.subs(x,x0)/diff(f).subs(x,x0);
        #x_new=float(x_new);
    if math.fabs(x_new-x0)<sigma:
        print(x_new)
        sys.exit();
    x0=x_new;
    account+=1;
print("无法解出，不满足条件")
```

执行以上代码后会分别要求输入要计算方程的表达式、初始值 x、极小值 sigma 和想要计算的次数。例如下面的执行结果：

```
请输入方程的表达式：x*exp(x)-1
请输入初始值 x，极小值 sigma 以及想要计算的次数：0.2 0.0001 5
0.567143290409785
```

7.9　求 x 附近的一个实根

扫码观看视频讲解

问题描述：编写一个 Python 程序，要求使用牛顿迭代法求方程 $ax^3+bx^2+cx+d=0$ 在 x 附近的一个实根。

7.9.1　算法分析

首先赋值 X，即迭代初值。再把初值 x 代入方程中计算此时的 f(x)=(a * x * x * x + b * x * x + c * x + d) 和 f′(x)=(3 * a * x * x + 2 * b * x + c)，计算增量 f(x)/f′(x)，然后计算下一个 x：x−f(x)/f′(x)，把新产生的 x 替换 x：x=x−f(x)/f′(x)，并依次循环。如果 d 绝对值大于 0.00001，则重复上述步骤。

7.9.2　求方程在 x 附近的一个实根

编写实例文件 niudun06.py，具体实现代码如下所示。

```python
def diedai(a, b, c, d, X):
    x = X
    if a == 0 and c ** 2 - 4 * b * d < 0:
        print("无解")
    elif a == 0 and b == 0 and c == 0 and d != 0:
        print("无解")
    elif a == 0 and b == 0 and c == 0 and d == 0:
        print("恒等")
    else:
        while abs(a * x * x * x + b * x * x + c * x + d) > 0.000001:
            x = x - (a * x * x * x + b * x * x + c * x + d) / (3 * a * x * x + 2 * b * x + c)
        print("x=%.2f" % x)


a, b, c, d, x = input().split()
diedai(int(a), int(b), int(c), int(d), int(x))
```

执行后会要求输入 a、b、c、d 和 X 的值，例如输入 1 -1 2 -3 5 后会输出：

```
1 -1 2 -3 5
x=1.28
```

扫码观看视频讲解

7.10　解决"非线性方程组"问题

问题描述：非线性方程是指含有指数和余弦函数等非线性函数的方程，例如，$e^x - \cos(\pi x) = 0$。与线性方程相比，无论是解的存在性，还是求解的计算公式，非线性方程问题都比线性问题要复杂得多，对于一般线性方程 $f(x)=0$，既无直接法可用，也无一定规则可寻。

7.10.1　使用内置函数求解非线性方程组

在下面的实例文件 Iteration01.py 中，演示了使用迭代算法解决"非线程方程组"问题的过程。

```python
import math  #为了使用cos函数

def takeStep(Xcur):
    Xnex=[0,0,0];
    Xnex[0]=math.cos(Xcur[1]*Xcur[2])/3.0+1.0/6
    Xnex[1]=math.sqrt(Xcur[0]*Xcur[0]+math.sin(Xcur[2])+1.06)/9.0-0.1
    Xnex[2]=-1*math.exp(-1*Xcur[0]*Xcur[1])/20.0-(10*math.pi-3)/60
    return Xnex

def initialize():
    X0=[0.1,0.1,-0.1]
    return X0

def ColculateDistance(Xcur,Xnew):
    temp=[Xcur[0]-Xnew[0],Xcur[1]-Xnew[1],Xcur[2]-Xnew[2]]
    dis=math.sqrt(temp[0]*temp[0]+temp[1]*temp[1]+temp[2]*temp[2])
    return dis

def iteration(eps,maxIter):
    cur_eps=10000
    Xcur=initialize()
    Xnew=[0,0,0]
    iterNum=1
    print("--------------------------开始迭代--------------------------")
    print(" 迭代次数 |   Xk1   |   Xk2   |   Xk3   |   eps   ")

    while (cur_eps>eps and iterNum<maxIter) :
        Xnew=takeStep(Xcur);
        cur_eps=ColculateDistance(Xcur,Xnew)

print("    %d     %.8f %.8f %.8f %8.8f"%(iterNum,Xcur[0],Xcur[1],Xcur[2],
cur_eps))
        iterNum+=1
        Xcur=Xnew
    return 0
```

```
iteration(10**-10,200)
```

执行以上代码后会输出：

```
------------------------开始迭代------------------------
迭代次数  |   Xk1     |   Xk2     |   Xk3      |   eps
    1      0.10000000  0.10000000  -0.10000000  0.58923871
    2      0.49998333  0.00944115  -0.52310127  0.00941924
    3      0.49999593  0.00002557  -0.52336331  0.00023523
    4      0.50000000  0.00001234  -0.52359814  0.00001231
    5      0.50000000  0.00000003  -0.52359847  0.00000031
    6      0.50000000  0.00000002  -0.52359877  0.00000002
    7      0.50000000  0.00000000  -0.52359878  0.00000000
```

> **注　意**
>
> 在使用迭代法求根时应注意以下两种可能发生的情况。
>
> (1) 如果方程无解，算法求出的近似根序列就不会收敛，迭代过程会变成死循环，因此在使用迭代算法前应先考察方程是否有解，并在程序中对迭代的次数给予限制。
>
> (2) 方程虽然有解，但迭代公式选择不当，或迭代的初始近似根选择不合理，也会导致迭代失败。

7.10.2　使用第三方库函数求解非线性方程组

实例文件 Iteration02.py 的功能是，通过使用第三方库 scipy 中的 optimize 模块中的内置函数 fsolve() 和 root()，分别求解多元非线性方程组和非线性方程。实例文件 Iteration02.py 的具体实现代码如下所示。

```python
from scipy.optimize import root, fsolve
import numpy as np
from matplotlib import pyplot as plt


# 求多元非线性方程组的解
def f1(x):
    return np.array([2 * x[0] ** 2 + 3 * x[1] - 3 * x[2] ** 3 - 7,
                x[0] + 4 * x[1] ** 2 + 8 * x[2] - 10,
                x[0] - 2 * x[1] ** 3 - 2 * x[2] ** 2 + 1])


sol_root = root(f1, [0, 0, 0])  # 3个0，指的是三个未知量的猜测值
sol_fsolve = fsolve(f1, [0, 0, 0])
print(sol_root)
print(sol_fsolve)


# 求非线性方程的解
def f2(x):
    return 2 * np.sin(x) - x + 2


x = np.linspace(-5, 5, num=100)
```

```
y = f2(x)
root1 = fsolve(f2, [1])    # 其实就是方程组等于 0 的根
root2 = root(f2, [1])
print(root1)
print(root2)
plt.plot(x, y, 'r')
plt.show()
```

执行以上代码后不但会输出下面的计算结果，而且会绘制方程解的曲线图，如图 7-5 所示。

```
   fjac: array([[ 0.96686457,  0.08921948,  0.23919195],
      [ 0.07663272,  0.79230209, -0.60529731],
      [ 0.24351659, -0.60357045, -0.75921168]])
    fun: array([-1.64249059e-10, -1.37286271e-09,  1.57796576e-09])
 message: 'The solution converged.'
    nfev: 26
    qtf: array([-1.67013674e-09, -5.92841205e-08, -1.20357384e-08])
      r: array([ 6.34170416,  2.71007612, -1.39511094,  7.99929572,
1.70538181,
      -4.90041988])
  status: 1
 success: True
      x: array([1.52964909, 0.973546  , 0.58489796])
[1.52964909 0.973546   0.58489796]
[2.75467375]
   fjac: array([[-1.]])
    fun: array([-1.99840144e-14])
 message: 'The solution converged.'
    nfev: 14
    qtf: array([-1.24821238e-08])
      r: array([2.85214767])
  status: 1
 success: True
      x: array([2.75467375])
```

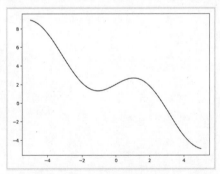

图 7-5 方程解的曲线图

7.11 求解线性方程组

问题描述：下面是迭代法的一般形式(对于 $Ax=b$ 的一般形式)：

扫码观看视频讲解

$$x_{k+1} = G(x_k)$$

在上述格式中，G 称为迭代算子。由迭代格式得到迭代序列：

$$\{x_k\}$$

如迭代序列收敛于方程组的精确解，则称此迭代格式收敛。接下来进行迭代格式的构造。将方程组改写成如下形式，如令 $A=B-C$：

$$x = MX + f$$

假设存在如下线性方程组：

$$\begin{cases} 8x_1 - 3x_2 + 2x_3 = 20 \\ 4x_1 + 11x_2 - x_3 = 33 \\ 6x_1 + 3x_2 + 12x_3 = 36 \end{cases}$$

则首先按照下面的分组进行求解：

$$A = \begin{bmatrix} 8 & -3 & 2 \\ 4 & 11 & -1 \\ 6 & 3 & 12 \end{bmatrix} \quad x = \begin{bmatrix} x_1 \\ x_2 \\ x_3 \end{bmatrix} \quad b = \begin{bmatrix} 20 \\ 33 \\ 36 \end{bmatrix}$$

请编写一个 Python 程序，使用雅克比(Jacobi)迭代法求解一个线性方程组。

7.11.1　算法分析

Jacobi 迭代的方法是令 $A=D-L-U$，Jacobi 迭代的格式如下所示：

$$x_{k+1} = D^{-1}(L+U)x_k + D^{-1}b, \quad k = 0,1,2,\cdots$$

Jacobi 迭代矩阵的格式是：

$$M = D^{-1}(L+U)$$

7.11.2　使用雅克比迭代法求解线性方程组

使用雅克比迭代法求解线性方程组的方法具体如下。

(1)　编写实例文件 yakebi.py，功能是使用 Jacobi 迭代算法求解线性方程组，具体实现代码如下所示。

```python
import numpy as np

max = 100   # 迭代次数上限
Delta = 0.01
m = 2   # 阶数：矩阵为二阶
n = 3   # 维数：3×3 的矩阵

shape = np.full(m, n)
shape = tuple(shape)


def read_tensor(f, shape):  # 读取张量
    data = []
    for i in range(n ** (m - 1)):
```

```
        line = f.readline()
        data.append(list(map(eval, line.split(","))))
    return np.array(data).reshape(shape)


def read_vector(f):  # 读取向量
    line = f.readline()
    line = line.replace("\n", "")
    line = list(map(eval, line.split(",")))
    return np.array(line)


# 读取数据
f = open("123.txt")
A = read_tensor(f, shape)  # 读取矩阵 A
b = read_vector(f)  # 读取 b
f.close()
print('A:')
print(A)
print('b:', b)

# 求 LU=L+U
LU = np.copy(A)
for i in range(n):
    LU[i, i] = 0
LU = 0 - LU

# 求 D:系数矩阵的对角线元素
D = np.copy(A)
D = D + LU

# 迭代求解
x = np.ones(n)  # 用于存储迭代过程中 x 的值
y = np.ones(n)  # 用于存储中间结果
DLU = np.dot(np.linalg.inv(D), LU)  # 对 D 求逆，然后和 LU 相乘
Db = np.dot(np.linalg.inv(D), b)
print('x:', x)
for iteration in range(max):
    # 迭代计算
    y = np.dot(DLU, x) + Db

    # 判断是否达到精度要求
    if np.max(np.fabs(x - y)) < Delta:
        print('iteration:', iteration)
        break
    # 将 y 赋值到 x，开始下一轮迭代
    x = np.copy(y)
    print('x:', x)
```

(2) 在记事本文件 123.txt 中设置要求解的线性方程组的值，其中前 3 行是 A 的数据，最后 1 行是 b 的数据。文件 123.txt 的内容如下所示。

```
2,-1,-1
1,5,-1
1,1,10
```

```
-5,11,8
```

执行以上代码后会输出计算上述线性方程组的结果:

```
A:
[[ 2 -1 -1]
 [ 1  5 -1]
 [ 1  1 10]]
b: [-5 11  8]
x: [1. 1. 1.]
x: [-1.5 2.2 0.6]
x: [-1.1  2.62 0.73]
x: [-0.825 2.566 0.648]
x: [-0.893  2.4946 0.6259]
x: [-0.93975 2.50378 0.63984]
x: [-0.92819  2.515918 0.643597]
iteration: 6
```

7.12　使用 Gauss-Seidel 迭代法求解线性方程组

扫码观看视频讲解

问题描述: Gauss-Seidel 迭代法与 Jacobi 迭代法类似,唯一的区别是,Jacobi 算法需要将一个完整的数组 $x=(x_{11},x_{12},\cdots,x_{1n})$ 迭代算出 x_{21},仍使用 $x=(x_{11},x_{12},\cdots,x_{1n})$,直到算出 x_{2n},凑出下一个完整的 $x=(x_{21},x_{22},\cdots,x_{2n})$,而 Gauss-Seidel 迭代法则是在利用 $x=(x_{11},x_{12},\cdots,x_{1n})$ 算出 x_{21} 之后,直接将 x_{21} 代入 x,变为 $x=(x_{21},x_{12},\cdots,x_{1n})$,然后继续算出 x_{22},代入,以此类推。

7.12.1　算法分析

在实现原理上,将 A 分解成 $A=L-D-U$,则 $Ax=b$ 等价于 $(L-D-U)x=b$,这样 Gauss-Seidel 的迭代过程为:

$$Dx^{(k+1)} = b + Lx^{(k+1)} + Ux^{(k)}$$

所以:

$$(D-L)x^{(k+1)} = b + Ux^{(k)}$$

假设 $(D-L)^{-1}$ 存在,则:

$$x^{(k+1)} = (D-L)^{-1} + (D-L)^{-1}b$$

如果令:

$$G = (D-L)^{-1}U, f = (D-l)^{-1}b$$

则 Gauss-Seidel 迭代的矩阵公式如下所示:

$$x^{(k+1)} = Gx^{(k)} + f$$

7.12.2　具体实现

实现代码如下所示。

```
import numpy as np
```

```
max=100  # 迭代次数上限
Delta=0.01
m=2  # 阶数：矩阵为二阶
编写实例文件 Gauss-Seidel.py，功能是使用 Gauss-Seidel 迭代法求解线性方程组，具体
n=3  # 维数：3×3 的矩阵

shape=np.full(m, n)
shape=tuple(shape)

def read_tensor(f,shape):  # 读取张量
    data=[]
    for i in range(n**(m-1)):
        line = f.readline()
        data.append(list(map(eval, line.split(","))))
    return np.array(data).reshape(shape)

def read_vector(f):  # 读取向量
    line = f.readline()
    line = line.replace("\n","")
    line=list(map(eval, line.split(",")))
    return np.array(line)

# 读取数据
f = open("jacobi_data.txt")
A=read_tensor(f,shape)  # 读取矩阵 A
b=read_vector(f)  # 读取 b
f.close()
print('A:')
print(A)
print('b:',b)

U=np.copy(A)  # 求 U
DL=np.copy(A)  # 求 D-L
for i in range(n):
    for j in range(n):
        if j<=i:
            U[i,j]=0
        else:
            DL[i,j]=0
U=0-U

# 迭代求解
x=np.ones(n)  # 用于存储迭代过程中 x 的值
y=np.ones(n)  # 用于存储中间结果
DLU=np.dot(np.linalg.inv(DL),U)  # 对 DL 求逆，然后和 U 相乘
DLb=np.dot(np.linalg.inv(DL),b)  # 对 DL 求逆，然后和 b 相乘
print('x:',x)
for iteration in range(max):
    # 迭代计算
    y=np.dot(DLU,x)+DLb

    # 判断是否达到精度要求
    if np.max(np.fabs(x-y))<Delta:
        print('iteration:',iteration)
        break
```

```
# 将 y 赋值到 x，开始下一轮迭代
x=np.copy(y)
print('x:',x)
```

在记事本文件 123.txt 中设置要求解的线性方程组的值，其中前 3 行是 A 的数据，最后 1 行是 b 的数据。文件 123.txt 的内容如下所示。

```
2,-1,-1
1,5,-1
1,1,10
-5,11,8
```

执行程序代码后会输出计算上述线性方程组的结果：

```
A:
[[ 2 -1 -1]
 [ 1  5 -1]
 [ 1  1 10]]
b: [-5 11  8]
x: [1. 1. 1.]
x: [-1.5  2.7  0.68]
x: [-0.81   2.498  0.6312]
x: [-0.9354   2.51332  0.642208]
x: [-0.922236   2.5128888   0.64093472]
iteration: 4
```

通过上述执行效果可知，在计算同一个线性方程组时，可以发现 Gauss-Seidel 算法只需要迭代 4 次，而 Jacobi 算法需要迭代 6 次，这是因为 Jacobi 算法在每一步计算中都把结果代入了。

7.13 解决数值分析问题

数值分析(numerical analysis)是数学的一个分支，是研究分析用计算机求解数学计算问题的数值计算方法及其理论的学科。数值分析以数字计算机求解数学问题的理论和方法为研究对象，为计算数学的主体部分。在本节的内容中，将讲解使用迭代算法解决常见数值分析问题的知识。

扫码观看视频讲解

7.13.1 使用迭代法求解方程

请看下面的实例文件 num01.py，功能是使用迭代法求解方程的解，并使用 matplotlib 绘制方程的曲线图。文件 num01.py 的具体实现代码如下所示。

```
import numpy as np
import matplotlib.pyplot as plt

# input
'''
x0:初始值
theta:阈值
'''
```

```python
x0 = float(input('输入初始点：(例如5,10,15,20。。。)\n'))
theta = 1e-5

# 可以显示中文
plt.rcParams["font.sans-serif"] = ["SimHei"]
plt.rcParams['axes.unicode_minus'] = False

# 设置风格
plt.style.use('ggplot')

# 定义函数，构造数值
init_fun = lambda x: x ** 2 - 3 * x
tran_fun = lambda x: np.sqrt(3 * x)

# 函数图像
fig_1 = plt.figure(figsize=(8, 6))
plt.xlabel('X')
plt.ylabel('Y')
plt.title('$f(x)=x^2-3x$ 图像')

# 函数图像
x = []
if x0 > 0:
    x = np.arange(-1, x0, 0.05)
    plt.hlines(0, -1, x0, 'black', '--')
else:
    x = np.arange(x0, 10, 0.05)
    plt.hlines(0, x0, 10, 'black', '--')
y = init_fun(x)


# 迭代法
def iterative(func=tran_fun, x0=x0, theta=theta):
    number = 0
    xi = x0
    while True and number <= 100:

        xi = func(x0)
        plt.vlines(x0, 0, init_fun(x0), 'blue', '--')
        plt.scatter(x0, init_fun(x0), c='black')
        if abs(xi - x0) < theta:
            return xi, number
        x0 = xi
        number += 1


# 使用迭代法计算求解 x0
xi, number = iterative(tran_fun, x0, theta)

print('迭代结果：' + str(xi))
print('迭代次数：' + str(number))

# 函数求解
```

```
plt.plot(x, y)
plt.show()
```

执行后会要求输入初始点的位置，例如输入整数 5 后会输出显示下面的结果，并绘制方程的曲线图，如图 7-6 所示。

```
输入初始点：(例如5,10,15,20…)
5
迭代结果：3.0000058459410264
迭代次数：17
```

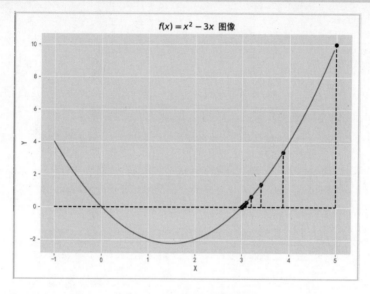

图 7-6 绘制的方程曲线图

请看下面的实例文件 num01-1.py，功能是使用雅克比迭代和高斯-赛德尔迭代求解方程的解。文件 num01-1.py 的具体实现代码如下所示。

```python
import numpy as np

def spectral_radius(iter_matrix):
    eigvalue, eigvector = np.linalg.eig(iter_matrix)
    return max(abs(eigvalue))


def jacobi_iteration(coe_matrix, const_col):
    size = const_col.size
    x_vector = np.zeros(const_col.size)
    xTmpVector = np.zeros(const_col.size)

    LMatrix = -1 * np.tril(coe_matrix, -1)
    UMatrix = -1 * np.triu(coe_matrix, 1)
    DMatrix = coe_matrix + LMatrix + UMatrix
    iter_matrix = (np.linalg.inv(DMatrix)).dot(LMatrix + UMatrix)
    spectral_value = spectral_radius(iter_matrix)
    if spectral_value >= 1:
        print("该矩阵不收敛! 其谱半径为: {0}".format(spectral_value))
        return 1
```

```
        num = 0
        while True:
            for i in range(size):
                tmpSum = 0
                for j in range(size):
                    if i == j:
                        continue
                    tmpSum = tmpSum + (coe_matrix[i][j] * x_vector[j])
                xTmpVector[i] = (const_col[i] - tmpSum) / coe_matrix[i][i]
            if sum(abs(xTmpVector - x_vector)) < 0.0001:
                break
            x_vector = np.copy(xTmpVector)
            # print("临时迭代解: {0}".format(xTmpVector))
            num = num + 1;

        print("方程的解为: {0} ,迭代总次数为: {1},误差为0.0001".format(x_vector, num))


def G_S_Iteration(coe_matrix, const_col):
    size = const_col.size
    x_vector = np.zeros(const_col.size)
    xTmpVector = np.zeros(const_col.size)

    LMatrix = -1 * np.tril(coe_matrix, -1)
    UMatrix = -1 * np.triu(coe_matrix, 1)
    DMatrix = coe_matrix + LMatrix + UMatrix
    iter_matrix = (np.linalg.inv(DMatrix - LMatrix)).dot(UMatrix)
    spectral_value = spectral_radius(iter_matrix)
    if spectral_value >= 1:
        print("该矩阵不收敛! 其谱半径为: {0}".format(spectral_value))
        return 1

    num = 0
    while True:
        for i in range(size):
            tmpSum1 = 0
            tmpSum2 = 0
            for j in range(i - 1):
                tmpSum1 = tmpSum1 + (coe_matrix[i][j] * xTmpVector[j])
            for j in range(i + 1, size, 1):
                tmpSum2 = tmpSum2 + (coe_matrix[i][j] * xTmpVector[j])
            xTmpVector[i] = (const_col[i] - tmpSum1 - tmpSum2) / coe_matrix[i][i]
        if sum(abs(xTmpVector - x_vector)) < 0.0001:
            break
        x_vector = np.copy(xTmpVector)
        # print("临时迭代解: {0}".format(xTmpVector))
        num = num + 1;

    print("方程的解为: {0} ,迭代总次数为: {1},误差为0.0001".format(x_vector, num))


def SOR_Iteration(coe_matrix, const_col, w_factor):
    size = const_col.size
    x_vector = np.zeros(const_col.size)
```

```
    xTmpVector = np.zeros(const_col.size)

  LMatrix = -1 * np.tril(coe_matrix, -1)
  UMatrix = -1 * np.triu(coe_matrix, 1)
  DMatrix = coe_matrix + LMatrix + UMatrix
  iter_matrix = (np.linalg.inv(DMatrix - w_factor * LMatrix)).dot((1 - w_factor)
* DMatrix + w_factor * UMatrix)
  spectral_value = spectral_radius(iter_matrix)
  if spectral_value >= 1:
      print("该矩阵不收敛！其谱半径为：{0}".format(spectral_value))
      return 1

  num = 0
  while True:
      for i in range(size):
          tmpSum1 = 0
          tmpSum2 = 0
          for j in range(i - 1):
              tmpSum1 = tmpSum1 + (coe_matrix[i][j] * xTmpVector[j])
          for j in range(i, size, 1):
              tmpSum2 = tmpSum2 + (coe_matrix[i][j] * x_vector[j])
          xTmpVector[i] = x_vector[i] + w_factor * (const_col[i] - tmpSum1 -
tmpSum2) / coe_matrix[i][i]
      if sum(abs(xTmpVector - x_vector)) < 0.000001:
          break
      x_vector = np.copy(xTmpVector)
      # print("临时迭代解：{0}".format(xTmpVector))
      num = num + 1;

  print("方程的解为：{0},迭代总次数为：{1}".format(x_vector, num))


def main():
  coe_matrix = np.array([[1, 0.8, 0.8], [0.8, 1, 0.8], [
      0.8, 0.8, 1]], dtype=np.float)
  const_col = np.array([1, 2, 3], dtype=np.float)
  print("雅克比迭代过程：")
  jacobi_iteration(coe_matrix, const_col)
  print("\n 高斯-赛德尔迭代过程：")
  G_S_Iteration(coe_matrix, const_col)

  coe_matrix1 = np.array([[4, 3, 0], [3, 4, -1], [0, -1, 4]], dtype=np.float)
  const_col1 = np.array([1, -5, 3], dtype=np.float)

  for w_factor in [0.2, 0.5, 1.0, 1.24, 1.5, 2.2]:
      print("\nw 因子为：{0} 时，误差为：0.000001 时的 SOR 迭代：".format(w_factor))
      SOR_Iteration(coe_matrix1, const_col1, w_factor)


if __name__ == '__main__':
  main()
```

执行以上代码后会输出显示计算过程：

雅克比迭代过程：

```
该矩阵不收敛！其谱半径为: 1.6

高斯-赛德尔迭代过程:
方程的解为: [-1.23847588 -1.19264976  3.99078071] ,迭代总次数为: 34,误差为 0.0001

w 因子为: 0.2 时，误差为: 0.000001 时的 SOR 迭代:
方程的解为: [ 1.04687854 -1.0625022   0.74999908],迭代总次数为: 61

w 因子为: 0.5 时，误差为: 0.000001 时的 SOR 迭代:
方程的解为: [ 1.04687611 -1.0625002   0.74999996],迭代总次数为: 24

w 因子为: 1.0 时，误差为: 0.000001 时的 SOR 迭代:
方程的解为: [ 1.046875 -1.0625    0.75     ],迭代总次数为: 3

w 因子为: 1.24 时，误差为: 0.000001 时的 SOR 迭代:
方程的解为: [ 1.04687477 -1.06250001  0.75     ],迭代总次数为: 15

w 因子为: 1.5 时，误差为: 0.000001 时的 SOR 迭代:
方程的解为: [ 1.04687558 -1.06249998  0.75     ],迭代总次数为: 30

w 因子为: 2.2 时，误差为: 0.000001 时的 SOR 迭代:
该矩阵不收敛！其谱半径为: 1.2000000000000004
```

7.13.2　解决“龙贝格求积公式”问题

龙贝格(Romberg)求积公式也称为逐次分半加速法，是在梯形公式、辛普森公式和柯特斯公式之间的关系的基础上构造出的一种加速计算积分的方法。作为一种外推算法，龙贝格求积公式在不增加计算量的前提下提高了误差的精度。请看下面的实例文件 num02.py，功能是使用迭代法解决龙贝格求积公式的问题，具体实现代码如下所示。

```python
from math import sin
import math

def f(x):
    if x==0:
        return 1
    return sin(x)/x

def Romberg(function,lower_limit,upper_limit,deviation):
    T_n=1/2*(function(lower_limit)+function(upper_limit))
    length=(upper_limit-lower_limit)
    divide=1
    step=length/divide
    k=0
    T_list=[]
    T_list.append(T_n)
    print("k={0}  T_0={1}".format(k,T_n))
    while True:
        tmp=0
        for i in range(divide):
tmp=tmp+function(((lower_limit+i*step)+(lower_limit+(i+1)*step))/2)
```

```
        T_2n=1/2*T_n+step/2*tmp
        print("\nk={0}  T_0={1}".format(k+1,T_2n))
        T_list.append(T_2n)
        m=1
        for j in range(len(T_list)-1,0,-1):
            temp=4**m/(4**m-1)*T_list[j]-1/(4**m-1)*T_list[j-1]
            print("m={0}  T={1}".format(m,temp))
            if j==1 :
                if abs(temp-T_list[j-1])<deviation:
                    return temp
            T_list[j-1]=temp
            m=m+1

        T_n=T_2n
        k=k+1
        divide=2**k
        step=length/divide

def main():
    Romberg(f,0,1,0.5*10**(-5))

if __name__ == '__main__':
    main()
```

执行以上代码后会输出：

```
k=0  T_0=0.9207354924039483

k=1  T_0=0.9397932848061772
m=1  T=0.9461458822735866

k=2  T_0=0.9445135216653896
m=1  T=0.9460869339517938
m=2  T=0.9460830040636743

k=3  T_0=0.9456908635827013
m=1  T=0.9460833108884718
m=2  T=0.946083069350917
m=3  T=0.9460830703872224
```

7.13.3　解决"三次样条插值"问题

三次样条插值(cubic spline interpolation)简称为 Spline 插值,是指通过一系列点的一条光
滑曲线,在数学上通过求解三弯矩方程组得出曲线函数组的过程,在实际计算时还需要引
入边界条件才能完成计算。虽然在大多数教材介绍的计算方法中没有详细说明非扭结边界
的定义,但是在数值计算软件(例如 Matlab)中通常把非扭结边界条件作为默认的边界条件。
请看下面的实例文件 num03.py,功能是使用迭代法解决三次样条插值问题,具体实现代码
如下所示。

```
import matplotlib.pyplot as plt
import numpy as np
from scipy.interpolate import lagrange
```

```
def f(x):
    return 1 / (1 + x**2)
    y_list=[0,0.79,1.53,2.19,2.71,3.03,3.27,2.89,3.06,3.19,3.29]    # 车门曲线绘图
    return y_list[x]

def first_difference(x_1, x_2):
    return (f(x_1) - f(x_2)) / (x_1 - x_2)

def second_difference(x_1, x_2, x_3):
    return (first_difference(x_1, x_2) - first_difference(x_2, x_3)) / (x_1 -
x_3)

def chasing_method(a_list, b_list, c_list, f_list):    # 追赶法解方程
    n = len(b_list)
    beta_list = []
    beta_list.append(c_list[0] / b_list[0])
    for i in range(2, n):
        beta_list.append(
            c_list[i - 1] / (b_list[i - 1] - a_list[i - 2] * beta_list[i - 2]))
    y_list = []
    y_list.append(f_list[0] / b_list[0])
    for i in range(2, n + 1):
        y_list.append((f_list[i - 1] - a_list[i - 2] * y_list[i - 2]) /
                    (b_list[i - 1] - a_list[i - 2] * beta_list[i - 2]))
    x_list = []
    x_list.append(y_list[-1])
    for i in range(n - 1, 0, -1):
        x_list.insert(0, (y_list[i - 1] - beta_list[i - 1] * x_list[0]))
    return x_list


def cubic_spline_interpolation(x_list, fx_list, left_derivative,
right_derivative):    # 三次样条插值
    if len(x_list) != len(fx_list):
        print("please check the x_list and f(x)_list!")
        return 1

    length = len(x_list)

    h_list = [x_list[i] - x_list[i - 1] for i in range(1, length)]

    lambda_list = [h_list[j] / (h_list[j - 1] + h_list[j])
                for j in range(1, length - 1)]

    mu_list = [h_list[j - 1] / (h_list[j - 1] + h_list[j])
            for j in range(1, length - 1)]

    d_list = [6 * second_difference(x_list[j - 1], x_list[j], x_list[j + 1])
            for j in range(1, length - 1)]

    b_list = [2 for i in range(length)]

    lambda_list.insert(0, 1)
    d_list.insert(0,
```

```
                (6 / h_list[0]) * (first_difference(x_list[0], x_list[1]) -
left_derivative))
    d_list.append((6 / h_list[-1]) * (right_derivative -
                            first_difference(x_list[-2], x_list[-1])))
    mu_list.append(1)

    M_list = chasing_method(mu_list, b_list, lambda_list, d_list)

    ax = plt.subplot()
    for j in range(0, length - 1):
        x = np.linspace(x_list[j], x_list[j + 1], 10)
        ax.plot(x, M_list[j] * (x_list[j + 1] - x)**3 / (6 * h_list[j]) + M_list[j +
1] * (x - x_list[j])**3 / (6 * h_list[j]) + (fx_list[j] - M_list[j]

* h_list[j]**2 / 6) * (x_list[j + 1] - x) / h_list[j] + (fx_list[j + 1] - M_list[j +
1] * h_list[j]**2 / 6) * (x - x_list[j]) / h_list[j], label="{0}< x <{1}".format
(x_list[j],x_list[j+1]))
    ax.grid()
    ax.legend()
    plt.savefig("tmp_cubic1.png")
    plt.show()

    return 0


def main():
    x_list = [-5 + i for i in range(11)]
    fx_list = [f(x) for x in x_list]
    left_derivative = 10 / 26**2
    right_derivative = -10 / 26**2

    x = np.linspace(-5, 5, 1000)
    ax = plt.subplot()

    ax.plot(x, 1 / (1 + x ** 2), label="f(x)")  # f(x)绘图
    for n in [10]:
        x_n = [-5 + (10 / n) * i for i in range(n + 1)]
        y_n = [1 / (1 + x ** 2) for x in x_n]
        lag = lagrange(x_n, y_n)
        ax.plot(x, lag(x), label="{0}".format("lag-10"))  # 10 次拉格朗日绘图
    ax.grid()
    ax.legend()
    plt.savefig("tmp_cubic2.png")
    plt.show()

    x_list = [i for i in range(11)]
    fx_list = [f(x) for x in x_list]
    left_derivative = 0.8
    right_derivative = 0.2

    # 三次样条插值绘图
    cubic_spline_interpolation(
        x_list, fx_list, left_derivative, right_derivative)

if __name__ == '__main__':
```

```
main()
```

之后会绘制三次样条插值的曲线，绘制的虚线图分别保存为 tmp_cubic1.png 和 tmp_cubic2.png，如图7-7所示。

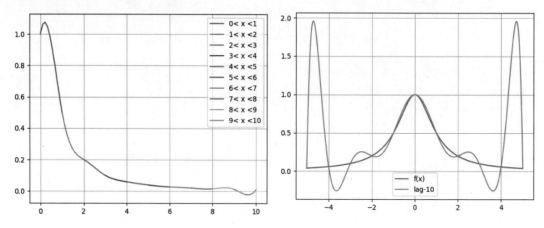

图 7-7　绘制的曲线

7.13.4　解决"拉格朗日插值公式"问题

拉格朗日插值公式(Lagrange interpolation formula)指的是在节点上给出节点基函数，然后做基函数的线性组合，组合系数为节点函数值的一种插值多项式。给定 F 中 $2n+2$ 个数 x_1, x_2, $\cdots$, x_{n+1}, y_1, y_2, $\cdots$, y_{n+1}，其中，x_1, x_2, $\cdots$, x_{n+1} 互不相同，则存在唯一的次数不超过 n 的多项式 $p_n(x)$，满足 $p_n(x_i)=y_i(i=1, 2, \cdots, n+1)$，即：

$$p_n(x) = y_i \frac{(x-x_2)(x-x_3)\cdots(x-x_n)(x-x_{n+1})}{(x_1-x_2)(x_1-x_3)\cdots(x_1-x_n)(x_1-x_{n+1})}$$

这叫作拉格朗日插值公式。

请看下面的实例文件 num04.py，功能是使用迭代法解决"拉格朗日插值公式"问题，具体实现代码如下所示。

```
def Data_in(list0,list1,list2):
    list0=input("请输入离散点的值：").split(" ");
    for i in range(0,len(list0)):
        if i%2==0:  # 如果是奇数，那么指的也就是 x
            list1.append(float(list0[i]));
        else:  # 如果是偶数，那么就是 y
            list2.append(float(list0[i]));
    return list0,list1,list2;

def Lagrange_insert(list1,list2,length,x_in1):
    k=0;
    y_out=0;
    while k<=length-1:
        t=1; j=0;  count=0;  # 用来计算多少次
        while count!=n-1:      # 肯定是只能够计算 N-1 次
            if j==k:
```

```
            j+=1;
            continue;
        t_temp1=x_in1-list1[j];
        t_temp2=list1[k]-list1[j];
        t=t_temp1/t_temp2*t
        count+=1;
    y_out+=t*list2[k];
    k+=1
  return y_out;

temp_list=[]; x=[]; y=[];
temp_list,x,y=Data_in(temp_list,x,y);
n=len(y);   # n 用来记录多少组数据

x_in=float(input("请输入想要预测的 x 值: "));
y_predict=Lagrange_insert(x, y, n, x_in);
print(y_predict)
```

执行以上代码后会要求输入离散点的值和想要预测的 x 值, 例如下面的执行结果:

```
请输入离散点的值: 0.5 4.5 3.1
请输入想要预测的 x 值: 3.2
4.5
```

再看下面的一个题目。

对于

$$f(x) = \frac{1}{1+x^2}, \quad -5 \leqslant x \leqslant 5$$

现在要求选取 11 个等距插值节点, 分别采用拉格朗日插值和分段线性插值, 计算 x 为 0.5,4.5 处的函数值, 并将计算结果与精确值进行比较。

输入: 区间长度、n(即 n+1 个节点)、预测点。

输出: 预测点的近似函数值、精确值、误差。

编写实例文件 num05.py 解决上述问题, 具体实现代码如下所示。

```
# 预测点
pre_points = list(map(float,input("请输入预测点序列,格式为x1 x2 x3 : ").split()))
# 构造插值点,为等差数列
input_points = list(range(-5, 6))
# 预测点的值
result = []

def fx(x):
    return 1 / (1 + x * x)

# 拉格朗日差值公式
def LGLR(points, pre_point):
    sum_res = 0
    for point in points:
        am = 1  # 分子
        an = 1  # 分母
        temp_points = points.copy()
        temp_points.remove(point)
```

```
        for xn in temp_points:
            am *= (pre_point - xn)
            an *= (point - xn)
        sum_res += am / an * fx(point)
    return sum_res

for pre_point in pre_points:
    result.append(LGLR(input_points, pre_point))

for i, res in enumerate(pre_points):
    print("近似值: " + str(result[i]), "准确值: " + str(fx(res)), "误差: " +
str(abs(fx(pre_point) - result[i])))
```

执行以上代码后会要求输入预测点序列，按照题意要求分别输入 0.5、4.5 后会输出：

```
请输入预测点序列，格式为 x1 x2 x3：0.5 4.5
近似值: 0.8434074298289027 准确值: 0.8 误差: 0.7963486062994909
近似值: 1.5787209903492647 准确值: 0.047058823529411764 误差: 1.531662166819853
```

请看下面的实例文件 num06.py，功能是使用 matplotlib 绘制拉格朗日插值函数图，具体实现代码如下所示。

```python
import matplotlib.pyplot as plt
import numpy as np
from scipy.interpolate import lagrange

x = np.linspace(-5, 5, 1000)
ax = plt.subplot()

ax.plot(x, 1 / (1 + x**2), label="f(x)")
for n in [2, 4, 8, 10]:
    x_n = [-5 + (10 / n) * i for i in range(n + 1)]
    y_n = [1 / (1 + x**2) for x in x_n]
    lag = lagrange(x_n, y_n)
    ax.plot(x, lag(x), label="n={0}".format(n))
ax.grid()
ax.legend()
plt.show()
```

执行以上代码后会绘制曲线图，如图 7-8 所示。

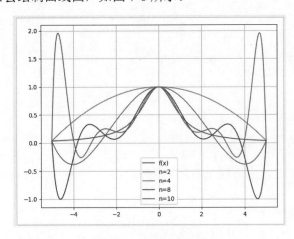

图 7-8　绘制的曲线图

第 8 章

查找算法

　　查找是在大量的信息中寻找一个特定的信息元素。在计算机应用中，查找是常用的基本运算，例如编译程序中符号表的查找。在本章的内容中，将详细介绍查找算法的知识和具体用法，为读者学习本书后面的知识打下基础。

8.1　什么是查找算法

在学习查找算法之前，需要先理解以下几个概念。

(1)　列表：是由同一类型的数据元素或记录构成的集合，可以使用任意数据结构实现。

(2)　关键字：是数据元素的某个数据项的值，能够标识列表中的一个或一组数据元素。如果一个关键字能够唯一标识列表中的一个数据元素，则称其为主关键字，否则称为次关键字。当数据元素中仅有一个数据项时，数据元素的值就是关键字。

(3)　查找：根据指定的关键字的值，在某个列表中查找与关键字值相同的数据元素，并返回该数据元素在列表中的位置。如果找到相应的数据元素，则查找是成功的，否则查找是失败的，此时应返回空地址及失败信息，并可根据要求插入这个不存在的数据元素。显然，查找算法中涉及了如下 3 类参量。

① 查找对象 K，即具体找什么。

② 查找范围 L，即在什么地方找。

③ K 在 L 中的位置，即查找的结果是什么。

其中，①、②是输入参量，③是输出参量。在函数中不能没有输入参量，可以使用函数返回值来表示输出参量。

(4)　平均查找长度：为了确定数据元素在列表中的位置，需要将关键字个数的期望值与指定值进行比较，这个期望值被称为查找算法在查找成功时的平均查找长度。如果列表的长度为 n，查找成功时的平均查找长度为

$$\text{ASL} = P_1C_1 + P_2C_2 + \cdots + P_nC_n = \sum_{i=1}^{n} P_iC_i$$

式中，P_i 表示查找列表中第 i 个数据元素的概率；C_i 为当找到列表中第 i 个数据元素时，已经进行过的关键字比较次数。因为查找算法的基本运算是在关键字之间进行比较，所以可用平均查找长度来衡量查找算法的性能。

查找的基本方法可分为两大类，分别是比较式查找法和计算式查找法。其中，比较式查找法又可以分为基于线性表的查找法和基于树的查找法，通常将计算式查找法称为哈希(Hash)查找法。

8.2　线性表查找：顺序查找

线性表是一种最简单的数据结构。可以将线性表中的查找方法分为 3 种，分别是顺序查找法、折半查找法和分块查找法。在本节的内容中，将首先讲解顺序查找算法的基本知识和用法。

8.2.1　顺序查找法基础

顺序查找也称为线性查找，属于无序查找算法。顺序查找法的特点是逐一比较指定的关键字与线性表中的各个元素的关键字，一直到查找成功或失败为止。假设一个列表的长度为 n，如果要查找里面第 i 个数据元素，则需进行 $n-i+1$ 次比较，即 $C_i=n-i+1$。假设查找每个数据元素的概率相等，即 $P_i=1/n$，则顺序查找算法的平均查找长度为

$$\text{ASL} = \sum_{i=1}^{n} P_i C_i = \frac{1}{n}\sum_{i=1}^{n} C_i = \frac{1}{n}\sum_{i=1}^{n}(n-i+1) = \frac{1}{2}(n+i)$$

顺序查找从数据结构线性表的一端开始，顺序扫描，依次将扫描到的节点关键字与给定值 k 相比较，若相等表示查找成功；若扫描结束仍没有找到关键字等于 k 的节点，则表示查找失败。

8.2.2　顺序查找的时间复杂度

(1)　当查找成功时的平均查找长度为：

(假设每个数据元素的概率相等) ASL = 1/n*(1+2+3+⋯+n) = (n+1)/2

(2)　当查找不成功时，需要 $n+1$ 次比较，时间复杂度为 $O(n)$；所以，顺序查找的时间复杂度为 $O(n)$。

其实在 Python 语言中提供了内置函数实现查找功能，例如在下面的实例文件 nei.py 中，演示了使用内置函数实现查找功能的过程。

```
aList=[1,2,3,4,5,6,3,8,9]
print(5 in aList )          # 查找 5 是否在列表中
print(aList.index(5))       # 返回第一个数据 5 的下标
print(aList.index(5,4,10))  # 返回从下标 4 到 10(不包含)查找数据 5
print(aList.count(5) )      # 返回数据 5 的个数
```

执行以上代码后会输出：

```
True
4
4
1
```

假设给定一个整数 s 和一个整数数组 a，判断 s 是否在 a 中，要求不能用 Python 自带的"if s in a"语句。既然没有说明 a 有什么特性，那么我们就只能假定它是一个很随机的数组。要判断 s 是否在 a 中，需要逐个访问 a 中的元素并和 s 比较，一旦找到就返回 True。如果 a 遍历完了还没找到，则返回 False。这个过程实现起来非常简单，例如下面的演示代码。

```
def seq_search(s, a):
    for i in range(len(a)):
      if s == a[i]:
      return True
    return False
```

我们可以通过如下代码进行测试：

```
a = [13,42,3,4,7,5,6]
s = 7print seq_search(s,a)

a2 = [10,25,3,4,780,5,6]
s = 70print seq_search(s,a2)
```

测试后会输出：

```
TrueFalse
```

上述过程的时间复杂度如表8-1所示。

表8-1 时间复杂度

情 况	最 好	最 坏	平 均
找到了	1	n	$n/2$
没找到	n	n	n

对于没找到的情况，数组总是要遍历一次的。而对于元素在数组中的情况，则要分运气好坏，或许第一个就中了，或许最后一个才是，平均而言则是 $n/2$。

8.2.3 算法演练——实现顺序查找算法

下面将通过一个实例的实现过程，详细讲解实现顺序查找算法的具体方法。实例文件 cha.py 的具体实现代码如下所示。

```
aList=[1,2,3,4,5,6,3,8,9]
sign=False                          # 初始值为没找到
x=int(input("请输入要查找的整数: "))
for i in range(len(aList)):
  if aList[i]==x:
    print("整数%d在列表中，在第%d个数"%(x,i+1))
    sign=True
if sign==False:
  print("整数%d不在列表中"%x)
```

执行以上代码后会输出：

```
请输入要查找的整数: 2
整数2在列表中，在第2个数
```

8.2.4 算法演练——实现有序列表查找

在下面的实例文件 youxu.py 中，演示了实现有序列表查找功能的过程。具体实现代码如下所示。

```
def ordersequentialSearch(alist,item):
  pos = 0
  found = False
```

```
    stop = False
    while pos < len(alist) and not found and not stop:
       if alist[pos] == item:
          found = True
       else:
          if alist[pos] > item:
             stop = True
          else:
             pos = pos + 1
    return found
list = [1,2,3,4,5,6,7]
print(ordersequentialSearch(list,3))
print(ordersequentialSearch(list,9))
```

执行以上代码后会输出：

```
True
False
```

8.2.5　算法演练——实现无序列表查找

在下面的实例文件 wuxu.py 中，演示了实现无序列表查找功能的过程。

```
def sequentialSearch(alist, item):
   pos = 0
   found = False

   while pos < len(alist) and not found:
      if alist[pos] == item:
         found = True
      else:
         pos = pos + 1
   return found


list = [2, 3, 1, 4, 5, 6, 0]
print(sequentialSearch(list, 5))
print(sequentialSearch(list, 7))
```

执行以上代码后会输出：

```
True
False
```

8.2.6　算法演练——在列表中查找 x 是否存在

在下面的实例文件 cun.py 中，演示了在列表中查找某元素是否存在的过程。

```
def sequest(alist, item):
   pos=0  # 初始查找位置
   found=False   # 未找到数据对象
   while pos<len(alist) and not found:   # 列表未结束并且还未找到，则一直循环
      if alist[pos] == item:      # 找到匹配对象，返回 TRUE
         found=True
```

```
        else:        # 否则查找位置+1
            pos = pos+1
    return found
def main():
    testlist=[1,3,5,6,7,8,9,11,23,44]
    print(sequest(testlist,11))
if __name__=='__main__':
    main()
```

执行以上代码后会输出元素 11 是否在列表 testlist 中存在：

```
True
```

8.3　线性表查找：折半查找算法

扫码观看视频讲解

折半查找法又被称为二分法查找法，此方法要求待查找的列表必须是按关键字大小有序排列的顺序表。本节将详细讲解折半查找算法的基本知识和具体用法。

8.3.1　折半查找算法基础

折半查找法的查找过程如下所示。

(1) 将表中间位置记录的关键字与查找关键字比较，如果两者相等表示查找成功；否则利用中间位置记录将表分成前、后两个子表。

(2) 如果中间位置记录的关键字大于查找关键字，进一步查找前一个子表，否则查找后一个子表。

(3) 重复以上过程，一直到找到满足条件的记录为止，此时表明查找成功。

(4) 如果最终子表不存在，则表明查找不成功。

接下来用平均查找长度来分析折半查找算法的性能，可以使用一个被称为判定树的二叉树来描述折半查找过程。首先验证树中的每一个节点对应表中一个记录，但是节点值不是用来记录关键字的，而是用于记录在表中的位置序号。根节点对应当前区间的中间记录，左子树对应前一个子表，右子树对应后一个子表。当折半查找成功时，关键字的比较次数不会超过判定树的深度。因为判定树的叶节点和所在层次的差是 1，所以 n 个节点的判定树的深度与 n 个节点的完全二叉树的深度相等，都是 $\log_2 n+1$。这样，折半查找成功时，关键字比较次数最多不超过 $\log_2 n+1$。相应地，当折半查找失败时，其整个过程对应于判定树中从根节点到某个含空指针的节点的路径。所以当折半查找成功时，关键字比较次数也不会超过判定树的深度 $\log_2 n+1$。可以假设表的长 $n=2^{h-1}$，则判定树一定是深度为 h 的满二叉树，即 $\log_2(n+1)$。又假设每个记录的查找概率相等，则折半查找成功时的平均查找长度为

$$ASL_{bs} = \sum_{i-1}^{n} P_i C_i = \frac{1}{n} \sum_{i-1}^{n} j \times 2^{j-1} = \frac{n+1}{n} \log_2(n+1) - 1$$

在此假设将长度为 n 的表分成 b 块，每块含有 s 个元素，即 $b=n/s$。

折半查找方法具有比较次数少、查找速度快和平均性能好的优点。其缺点是要求待查

表为有序表，且插入、删除困难。因此，折半查找方法适用于不经常变动且查找频繁的有序列表。

在最坏情况下，关键字比较次数为 $\log_2(n+1)$，且期望时间复杂度为 $O(\log_2 n)$。

> **注 意**
>
> 折半查找的前提条件是需要有序表顺序存储，对于静态查找表，一次排序后不再变化，折半查找能得到不错的效率。但对于需要频繁执行插入或删除操作的数据集来说，维护有序的排序会带来不小的工作量，不建议使用。

8.3.2 算法演练——使用折半查找算法查找数据

折半查找是对于有序序列而言的。每次折半，查找区间大约缩小一半。low 和 high 分别为查找区间的第一个下标与最后一个下标。出现 low>high 时，说明目标关键字在整个有序序列中不存在，查找失败。例如在下面的实例文件 zhe.py 中，演示了使用折半查找算法查找指定数字的过程。

```python
def BinSearch(array, key, low, high):
    mid = int((low+high)/2)
    if key == array[mid]:  # 若找到
        return array[mid]
    if low > high:
        return False

    if key < array[mid]:
        return BinSearch(array, key, low, mid-1)   #递归
    if key > array[mid]:
        return BinSearch(array, key, mid+1, high)


if __name__ == "__main__":
    array = [4, 13, 27, 38, 49, 49, 55, 65, 76, 97]
    ret = BinSearch(array, 76, 0, len(array)-1)  # 通过折半查找，找到76
    print(ret)
```

执行以上代码后会输出：

```
76
```

8.3.3 算法演练——使用折半查找算法查找指定数字

折半查找(binary search)算法的核心是，在查找表中不断取中间元素与查找值进行比较，以 1/2 的倍率进行表范围的缩小。在下面的实例文件 er.py 中，演示了使用折半查找算法查找指定数字的过程。

```python
def binary_search(lis, key):
    low = 0
    high = len(lis) - 1
    time = 0
```

```
    while low < high:
        time += 1
        mid = int((low + high) / 2)
        if key < lis[mid]:
            high = mid - 1
        elif key > lis[mid]:
            low = mid + 1
        else:
            # 打印折半的次数
            print("times: %s" % time)
            return mid
    print("times: %s" % time)
    return False

if __name__ == '__main__':
    LIST = [1, 5, 7, 8, 22, 54, 99, 123, 200, 222, 444]
    result = binary_search(LIST, 99)
    print(result)
```

执行以上代码后会输出:

```
times: 3
6
```

8.3.4 算法演练——使用递归法实现折半查找算法

在下面的实例文件 di.py 中，演示了使用递归法实现折半查找算法的过程。

```
def binarySearchCur(alist,item):
    if len(alist) == 0:
        return False
    else:
        midpoint = len(alist) // 2
        if alist[midpoint] == item:
            return True
        else:
            if item < alist[midpoint]:
                return binarySearchCur(alist[:midpoint],item)
            else:
                return binarySearchCur(alist[midpoint+1:],item)

list = [0, 1, 2, 3, 4, 5, 6, 7, 8]
print(binarySearchCur(list, 3))
print(binarySearchCur(list, 10))
```

执行以上代码后会输出:

```
True
False
```

8.3.5 算法演练——比较顺序查找和折半查找

在下面的实例文件 duibi.py 中，演示了同时使用比较顺序查找算法和折半查找算法的过程，并比较了这两种算法的效率。

```python
import time

# 计时装饰器
def timer(func):
    def wrapper(*args, **kwargs):
        start = time.time()
        ret = func(*args, **kwargs)
        end = time.time()
        print("time: %s"% (end-start))
        return ret
    return wrapper


# 顺序(线性)查找 O(n)
@timer
def line_search(lst, val):
    for index, value in enumerate(lst):
        if val == value:
            return index

    return None

# 二分查找(需要有序) O(logn)
@timer
def binary_search(lst, val):
    low = 0
    high = len(lst) - 1

    while low <= high:
        mid = (high + low)//2
        if lst[mid] == val:
            return mid
        elif lst[mid] < val:
            low = mid + 1
        else:
            high = mid - 1

    return None


if __name__ == '__main__':
    lst = list(range(100000))

    ret = line_search(lst, 90000)
    print(ret)


    ret = binary_search(lst, 90000)
    print(ret)
```

执行以上代码后在笔者的电脑中会输出：

```
time: 0.028981447219848633
90000
time: 0.0
90000
```

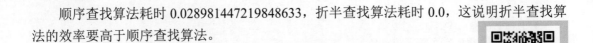

顺序查找算法耗时 0.028981447219848633，折半查找算法耗时 0.0，这说明折半查找算法的效率要高于顺序查找算法。

8.4　线性表查找：插值查找算法

扫码观看视频讲解

插值查找是有序表的一种查找方式，能够根据查找关键字分别与查找表中最大和最小记录进行比较并查找的一种方法。插值查找基于二分查找，将查找点的选择改进为自适应选择，能提高查找效率。在本节的内容中，将详细讲解插值查找算法的基本知识和具体用法。

8.4.1　插值查找算法基础

在介绍插值查找法之前，读者首先考虑一个问题，为什么前面的算法一定要是折半，而不是折 1/4 或者折更多呢？打个比方，在英文字典里面查 "apple"，你下意识翻开字典是翻前面的书页还是后面的书页呢？如果再让你查 "zoo"，你又怎么查？很显然，这里你绝对不会是从中间开始查起，而是有一定目的地往前或往后翻。同样，比如要在取值范围 1 ~10000 之间 100 个元素从小到大均匀分布的数组中查找 5，我们自然会考虑从数组下标较小的开始查找。

经过以上分析可知，折半查找这种查找方式不是自适应的(也就是说是傻瓜式的)。在折半查找中查找点的计算过程如下：

```
mid=(low+high)/2, 即 mid=low+1/2*(high-low);
```

通过类比，我们可以将查找的点改进为：

```
mid=low+(key-a[low])/(a[high]-a[low])*(high-low)
```

也就是将上述的比例参数 1/2 改进为自适应的，根据关键字在整个有序表中所处的位置，让 mid 值的变化更靠近关键字 key，这样也就间接地减少了比较次数。

插值查找法的基本思想是：基于二分查找算法，将查找点的选择改进为自适应选择，可以提高查找效率。当然，差值查找也属于有序查找。

> **注　意**
>
> 对于表长较大，而关键字分布又比较均匀的查找表来说，插值查找算法的平均性能比折半查找要好得多。反之，数组中如果分布非常不均匀，那么插值查找未必是很合适的选择。

插值查找法查找成功或者失败的时间复杂度均为 $O(\log_2(\log_2 n))$。

8.4.2　算法演练——使用插值查找法查找指定的数据

插值的核心就是使用公式：value = (key - list[low])/(list[high] - list[low])，用这个 value 来代替二分查找中的 1/2。在下面的实例文件 chazhi.py 中，演示了使用插值查找法查找指定数据的过程。

```python
def binary_search(lis, key):
    low = 0
    high = len(lis) - 1
    time = 0
    while low < high:
        time += 1
        # 找到mid值是插值算法的核心代码
        mid = low + int((high - low) * (key - lis[low])/(lis[high] - lis[low]))
        print("mid=%s, low=%s, high=%s" % (mid, low, high))
        if key < lis[mid]:
            high = mid - 1
        elif key > lis[mid]:
            low = mid + 1
        else:
            # 打印查找的次数
            print("times: %s" % time)
            return mid
    print("times: %s" % time)
    return False

if __name__ == '__main__':
    LIST = [1, 5, 7, 8, 22, 54, 99, 123, 200, 222, 444]
    result = binary_search(LIST, 444)
    print(result)
```

执行以上代码后会输出：

```
mid=10, low=0, high=10
times: 1
10
```

8.5　线性表查找：分块查找算法

扫码观看视频讲解

分块查找是折半查找和顺序查找的一种改进方法。分块查找由于只要求索引表是有序的，对块内节点没有排序要求，因此特别适合于节点动态变化的情况。在本节的内容中，将详细讲解分块查找算法的基本知识和具体用法。

8.5.1　分块查找算法基础

分块查找法要求将列表组织成下面的索引顺序结构。

(1) 将列表分成若干个块(子表)：一般情况下，块的长度均匀，最后一块可以不满。每块中元素任意排列，即块内无序，但块与块之间有序。

(2) 构造一个索引表：其中每个索引项对应一个块并记录每块的起始位置，以及每块中的最大关键字(或最小关键字)。索引表按关键字有序排列。

图 8-1 所示为一个索引顺序表，包括了如下 3 个块：

① 第 1 个块的起始地址为 0，块内最大关键字为 25；

② 第 2 个块的起始地址为 5，块内最大关键字为 58；

③ 第 3 个块的起始地址为 10，块内最大关键字为 88。

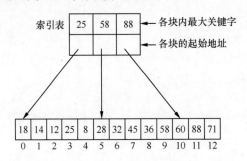

图 8-1　分块查找法示意图

分块查找的基本过程如下。

(1) 为了确定待查记录所在的块，先将待查关键字 K 与索引表中的关键字进行比较，在此可以使用顺序查找法或折半查找法进行查找。

(2) 继续用顺序查找法，在相应块内查找关键字为 K 的元素。

假如在图 8-1 所示的索引顺序表中查找 36，则具体过程如下。

(1) 将 36 与索引表中的关键字进行比较，因为 25＜36＜58，所以 36 在第 2 个块中。

(2) 在第 2 个块中顺序查找，最后在 8 号单元中找到 36。

分块查找的平均查找长度由两部分构成，分别是查找索引表时的平均查找长度 L_b，以及在相应块内进行顺序查找的平均查找长度 L_w。

$$\mathrm{ASL}_{bs}=L_b+L_w$$

假设将长度为 n 的表分成 b 块，且每块含 s 个元素，则 $b=n/s$。又假定表中每个元素的查找概率相等，则每个索引项的查找概率为 $1/b$，块中每个元素的查找概率为 $1/s$。若用顺序查找法确定待查元素所在的块，则有如下结论。

$$L_b = \frac{1}{b}\sum_{j-1}^{b} j = \frac{b+1}{2}$$

$$L_w = \frac{1}{s}\sum_{i-1}^{s} i = \frac{s+1}{2}$$

$$\mathrm{ASL}_{bs} = L_b + L_w = \frac{(b+s)}{2}+1$$

将 $b = \dfrac{n}{s}$ 代入会得到：

$$\mathrm{ASL}_{bs} = \frac{1}{2}\left(\frac{n}{s}+s\right)+1$$

如果用折半查找法确定待查元素所在的块，则有如下结论。

$$L_b = \log_2(b+1)-1$$

$$\mathrm{ASL}_{bs} = \log_2(b+1)-1+\frac{s+1}{2} \approx \log_2\left(\frac{n}{s}+1\right)+\frac{s}{2}$$

8.5.2 算法演练——使用分块查找算法在列表中查找某元素

请看下面的实例文件 fen01.py，功能是使用分块查找算法在列表中搜索某个元素。首先将序列分为 m 块，块内部无序，外部有序。然后选取各块最大元素构成索引，对索引进行二分查找，找到所在的块。最后在确定块中使用顺序查找算法实现查找工作。本实例的关键点是构建外部无序、内部有序的多子块。文件 fen01.py 的具体实现代码如下所示。

```python
import random

Range = 20
Length = 9
flag = 0
pos = -1
tabNum = 3
tabPos = -1

list = random.sample(range(Range), Length)
goal = random.randint(0, Range)
print('开始查找数字', goal, ', 在下面的列表中查找:')

# 子表建立, 选择序列前 m 个元素排序后建立索引，根据索引建立子表
list_index = []  # 使用二维列表表示多个子序列
for i in range(tabNum):  # 在列表中添加 m 个列表
    list_index.append([])

for i in range(1, tabNum):
# 向第 1-m 个子列表添加原序列的前 m-1 个元素作为索引，留出第 1 个子列表盛放最大索引
    list_index[i].append(list[i - 1])
    # 但会出现最大值在第二个子列表中，第一个子列表为空的情况
for i in range(1, tabNum - 1):  # 将添加元素的子列表中的元素降序排列
    for j in range(1, tabNum - i):
        if list_index[j] < list_index[j + 1]:
            list_index[j], list_index[j + 1] = list_index[j + 1], list_index[j]
# print(list_index)

for i in range(tabNum - 1, Length):
# 将其余元素添加到各子列表，比索引大则放到前一个子列表中，其余放入最后一个索引中
    for j in range(1, tabNum):
        if list[i] > list_index[j][0]:
            list_index[j - 1].append(list[i])
            break
    else:
        list_index[tabNum - 1].append(list[i])
# print(list_index)
if len(list_index[0]) > 1:  # 提取第一个子列表的最大值作为索引
    for i in range(len(list_index[0]) - 1, 0, -1):
        if list_index[0][i] > list_index[0][i - 1]:
            list_index[0][i], list_index[0][i - 1] = list_index[0][i - 1],
list_index[0][i]
print(list_index)  # 显示构造的子列表
```

```
for i in range(tabNum - 1, -1, -1): # 将给定元素与各子列表进行比较，确定给定元素的位置
    if len(list_index[i]) != 0 and goal < list_index[i][0]:
        for j in range(len(list_index[i])):
            if list_index[i][j] == goal:
                tabPos = i + 1
                pos = j + 1
                flag = 1

if flag:
    print("查找结果: 在第", tabPos, "个列表中，索引值是", pos, "! ")
else:
    print("not found")
```

执行以上代码后会随机生成三个列表，随机生成要查找的元素，使用分块查找算法在列表中查找这个元素，并输出查询结果。因为是随机的，所以每次的执行效果不同。例如在笔者机器中的某次执行后会输出：

```
开始查找数字 11 , 在下面的列表中查找:
[[16, 13, 12, 11, 9], [6, 4], [3, 0]]
查找结果: 在第 1 个列表中，索引值是 4 !
```

8.5.3 算法演练——改进的使用分块查找算法

请看下面的实例文件 fen02.py，功能是对前面的实例文件 fen01.py 进行了升级，更改了索引选取策略。向前 1-m 个子列表添加原序列的前 m-1 个元素作为索引，留出第 m 个子列表盛放最大索引，将其余元素添加到各子列表，比索引小则放到本子列表中，其余放入最后一个索引中。文件 fen02.py 的具体实现代码如下所示。

```
import random

Range = 20
Length = 9
flag = 0
pos = -1
tabNum = 3
tabPos = -1

list = random.sample(range(Range), Length)
goal = random.randint(0, Range)
print('开始查找数字 ', goal, ', 在下面的列表中查找:')

# 子表建立，选择序列前 m 个元素排序后建立索引，根据索引建立子表
list_index = []  # 使用二维列表表示多个子序列
for i in range(tabNum): # 在列表中添加 m 个列表
    list_index.append([])
for i in range(tabNum): # 将前 m 个元素升序
    for j in range(tabNum - 1 - i):
        if list[j] > list[j + 1]:
            list[j], list[j + 1] = list[j + 1], list[j]
for i in range(tabNum - 1):
# 向前 1-m 个子列表添加原序列的前 m-1 个元素作为索引，留出第 m 个子列表盛放最大索引
    list_index[i].append(list[i])
```

```
for i in range(tabNum - 1, Length):
# 将其余元素添加到各子列表，比索引小则放到本子列表中，其余放入最后一个索引中
    for j in range(tabNum - 1):
        if list[i] < list_index[j][0]:
            list_index[j].append(list[i])
            break
    else:
        list_index[tabNum - 1].append(list[i])

for i in range(len(list_index[tabNum - 1]) - 1, 0, -1):
# 一次方向冒泡，将最大值提前
    if list_index[tabNum - 1][i] > list_index[tabNum - 1][i - 1]:
        list_index[tabNum - 1][i], list_index[tabNum - 1][i - 1] = \
list_index[tabNum - 1][i - 1], \
                            list_index[tabNum - 1][i]
print(list_index)  # 显示构造的子列表

for i in range(tabNum):  # 将给定元素与各子列表进行比较，确定给定元素位置
    if goal < list_index[i][0]:
        for j in range(len(list_index[i])):
            if list_index[i][j] == goal:
                tabPos = i + 1
                pos = j + 1
                flag = 1
                break
        break

if flag:
    print("查找结果：在第", tabPos, "个列表中，索引值是", pos, "！")
else:
    print("not found")
```

执行以上代码后会随机生成三个列表，并随机生成要查找的元素，使用分块查找算法在列表中查找这个元素，并输出查询结果。因为是随机的，所以每次的执行效果不同。例如在笔者机器中的某次执行后会输出：

```
开始查找数字  7 ，在下面的列表中查找：
[[0], [1], [19, 18, 13, 10, 17, 3, 7]]
查找结果：在第 3 个列表中，索引值是 7 ！
```

8.6　基于树的查找法：二叉排序树算法

扫码观看视频讲解

基于树的查找法又被称为树表查找法，是指在树结构中查找某一个指定的数据，能够将待查表组织成特定树的形式，并且能够在树结构上实现查找。基于树的查找法主要包括二叉排序树、平衡二叉树和 B 树等。在本节的内容中，将首先讲解二叉排序树算法的基本知识和具体用法。

8.6.1　二叉排序树算法基础

二叉排序树又被称为二叉查找树，这是一种特殊结构的二叉树，在现实中通常被定义为一棵空树，或者被描述为具有如下性质的二叉树。

(1) 如果它的左子树非空，则左子树上所有节点的值均小于根节点的值。

(2) 如果它的右子树非空，则右子树上所有节点的值均大于根节点的值。

(3) 左右子树都是二叉排序树。

由此可见，对二叉排序树的定义可以用一个递归定义的过程来描述。由上述定义可知二叉排序树的一个重要性质：当中序遍历一个二叉排序树时，可以得到一个递增有序序列。如图 8-2 所示的二叉树就是两棵二叉排序树，如果中序遍历图 8-2(a)所示的二叉排序树，可得到如下递增有序序列：1—2—3—4—5—6—7—8—9。

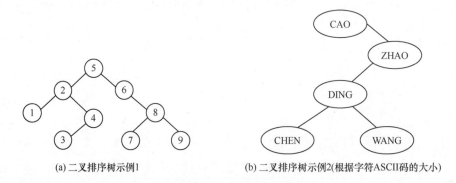

(a) 二叉排序树示例1　　　　　(b) 二叉排序树示例2(根据字符ASCII码的大小)

图 8-2　二叉排序树

8.6.2　插入和生成

已知一个关键字值为 key 的节点 J，如果将其插入到二叉排序树中，需要保证插入后仍然符合二叉排序树的定义。可以使用下面的方法进行插入操作。

(1) 如果二叉排序树是空树，则 key 成为二叉排序树的根。

(2) 如果二叉排序树非空，则将 key 与二叉排序树的根进行如下比较。

▶　如果 key 的值等于根节点的值，则停止插入。

▶　如果 key 的值小于根节点的值，则将 key 插入左子树。

▶　如果 key 的值大于根节点的值，则将 key 插入右子树。

假如有一个元素序列，可以利用上述算法创建一棵二叉排序树。首先，将二叉排序树初始化为一棵空树，然后逐个读入元素。每读入一个元素就建立一个新的节点，将这个节点插入到当前已生成的二叉排序树中，通过调用上述二叉排序树的插入算法可以将新节点插入。假设关键字的输入顺序为 45、24、53、12、28、90，按上述算法生成的二叉排序树的过程如图 8-3 所示。

对于同样的一些元素值，如果输入顺序不同，所创建的二叉树的形态也不同。假如在上面的例子中的输入顺序为 24、53、90、12、28、45，则生成的二叉排序树如图 8-4 所示。

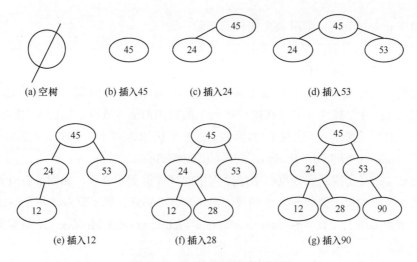

图 8-3　二叉排序树的建立过程

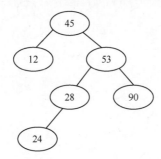

图 8-4　输入顺序不同所建立的不同二叉排序树

例如，下面是 Python 实现二叉树插入操作的算法代码：

```python
# 插入
def insert(self, data):
    flag, n, p = self.search(self.root, self.root, data)
    if not flag:
        new_node = Node(data)
        if data > p.data:
            p.rchild = new_node
        else:
            p.lchild = new_node
```

8.6.3　删除操作

从二叉排序树中删除某一个节点，就是仅删掉这个节点，而不把以该节点为根的所有子树都删除掉，并且还要保证删除后得到的二叉树仍然满足二叉排序树的性质。即在二叉排序树中删除一个节点相当于删除有序序列中的一个节点。

在删除操作之前，首先要查找确定被删节点是否在二叉排序树中，如果不在则不需要做任何操作。假设要删除的节点是 p，节点 p 的双亲节点是 f，如果节点 p 是节点 f 的左孩子，在删除时需要分如下 3 种情况来讨论。

（1）　如果 p 为叶节点，则可以直接将其删除。

（2）　如果 p 节点只有左子树，或只有右子树，则可将 p 的左子树或右子树，直接改为其双亲节点 f 的左子树或右子树。

（3）　如果 p 既有左子树，也有右子树，如图 8-5(a)所示，此时有如下两种处理方法。

▶　方法 1：首先找到 p 节点在中序序列中的直接前驱 s 节点，如图 8-5(b)所示，然后将 p 的左子树改为 f 的左子树，而将 p 的右子树改为 s 的右子树：f->lchild=p->lchild；s->rchild= p->rchild； free(p)，结果如图 8-5(c)所示。

▶　方法 2：首先找到 p 节点在中序序列中的直接前驱 s 节点，如图 8-5(b)所示，然后用 s 节点的值，替代 p 节点的值，再将 s 节点删除，原 s 节点的左子树改为 s 的双亲节点 q 的右子树：p->data=s->data；q->rchild= s->lchild；free(s)，结果如图 8-5(d)所示。

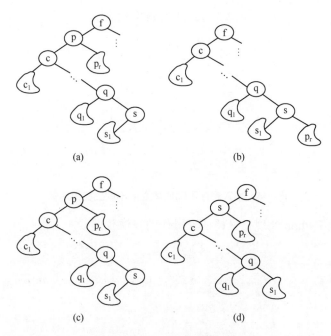

图 8-5　二叉排序树删除过程

例如，下面是 Python 实现二叉树删除操作的算法代码：

```python
# 删除
def delete(self, root, data):
    flag, n, p = self.search(root, root, data)
    if flag is False:
        print "无该关键字，删除失败"
    else:
        if n.lchild is None:
            if n == p.lchild:
                p.lchild = n.rchild
            else:
                p.rchild = n.rchild
            del n
```

```
        elif n.rchild is None:
          if n == p.lchild:
              p.lchild = n.lchild
          else:
              p.rchild = n.lchild
          del n
      else:  # 左右子树均不为空
          pre = n.rchild
          if pre.lchild is None:
            n.data = pre.data
            n.rchild = pre.rchild
            del pre
          else:
            next = pre.lchild
            while next.lchild is not None:
                pre = next
                next = next.lchild
            n.data = next.data
            pre.lchild = next.rchild
            del next
```

8.6.4 查找操作

可以将二叉排序树看作是一个有序表，在这棵二叉排序树上可以进行查找操作。二叉排序树的查找过程是一个逐步缩小查找范围的过程，可以根据二叉排序树的特点，首先将待查关键字 k 与根节点关键字 t 进行比较，如果 $k=t$，返回根节点地址，如果 $k<t$，进一步查左子树，如果 $k>t$，则进一步查右子树。

因为二叉排序树的查找过程是一个递归过程，所以可以使用递归算法实现，也可以使用循环的方式直接实现二叉排序树查找的递归算法。

例如，下面是 Python 实现二叉树搜索操作的算法代码：

```
    # 搜索
  def search(self, node, parent, data):
      if node is None:
          return False, node, parent
      if node.data == data:
          return True, node, parent
      if node.data > data:
          return self.search(node.lchild, node, data)
      else:
          return self.search(node.rchild, node, data)
```

8.6.5 算法演练———实现二叉树的搜索、插入、删除、先序遍历、中序遍历和后序遍历操作

在下面的实例文件 ercha.py 中，演示了实现二叉树完整操作的过程，包括二叉树节点的搜索、插入、删除、先序遍历、中序遍历和后序遍历操作。

```
class Node:
```

```
    def __init__(self, data):
        self.data = data
        self.lchild = None
        self.rchild = None

class BST:
    def __init__(self, node_list):
        self.root = Node(node_list[0])
        for data in node_list[1:]:
            self.insert(data)

    # 搜索
    def search(self, node, parent, data):
        if node is None:
            return False, node, parent
        if node.data == data:
            return True, node, parent
        if node.data > data:
            return self.search(node.lchild, node, data)
        else:
            return self.search(node.rchild, node, data)

    # 插入
    def insert(self, data):
        flag, n, p = self.search(self.root, self.root, data)
        if not flag:
            new_node = Node(data)
            if data > p.data:
                p.rchild = new_node
            else:
                p.lchild = new_node

    # 删除
    def delete(self, root, data):
        flag, n, p = self.search(root, root, data)
        if flag is False:
            print("无该关键字，删除失败")
        else:
            if n.lchild is None:
                if n == p.lchild:
                    p.lchild = n.rchild
                else:
                    p.rchild = n.rchild
                del p
            elif n.rchild is None:
                if n == p.lchild:
                    p.lchild = n.lchild
                else:
                    p.rchild = n.lchild
                del p
            else:  # 左右子树均不为空
                pre = n.rchild
                if pre.lchild is None:
                    n.data = pre.data
                    n.rchild = pre.rchild
```

```
            del pre
        else:
            next = pre.lchild
            while next.lchild is not None:
                pre = next
                next = next.lchild
            n.data = next.data
            pre.lchild = next.rchild
            del p


    # 先序遍历
    def preOrderTraverse(self, node):
        if node is not None:
            print(node.data,)
            self.preOrderTraverse(node.lchild)
            self.preOrderTraverse(node.rchild)

    # 中序遍历
    def inOrderTraverse(self, node):
        if node is not None:
            self.inOrderTraverse(node.lchild)
            print(node.data,)
            self.inOrderTraverse(node.rchild)

    # 后序遍历
    def postOrderTraverse(self, node):
        if node is not None:
            self.postOrderTraverse(node.lchild)
            self.postOrderTraverse(node.rchild)
            print(node.data,)

a = [49, 38, 65, 97, 60, 76, 13, 27, 5, 1]
bst = BST(a)  # 创建二叉查找树
bst.inOrderTraverse(bst.root)  # 中序遍历

bst.delete(bst.root, 49)
print(bst.inOrderTraverse(bst.root))
```

执行以上代码后会输出：

```
1
5
13
27
38
49
60
65
76
97
1
5
13
27
```

```
38
60
65
76
97
None
```

8.7 基于树的查找法：平衡二叉排序树算法

扫码观看视频讲解

平衡二叉排序树，又叫 AVL 树，是由它们的发明者苏联人的名字命名的。平衡二叉排序树是一类特殊的二叉排序树，它或者为空树，或者其左右子树都是平衡二叉排序树，而且其左右的子数高度之差绝对值不超过 1。在本节的内容中，将详细讲解平衡二叉排序树算法的基本知识和具体用法。

8.7.1 平衡二叉排序树算法基础

在算法中有一个硬性规定，平衡二叉排序树要么是空树，要么是具有下列性质的二叉排序树。

(1) 左子树与右子树高度之差的绝对值小于等于 1。

(2) 左子树和右子树也是平衡二叉排序树。

使用平衡二叉排序树的目的是提高查找效率，其平均查找长度为 $O(\log_2 n)$。

在一般情况下，只有祖先节点为根的子树才有可能失衡。当下层的祖先节点恢复平衡后，会使上层的祖先节点恢复平衡，所以应该调整最下面的失衡子树。因为平衡因子为 0 的祖先不可能失衡，所以从新插入节点开始向上遇到的第一个其平衡因子不等于 0 的祖先节点，是第一个可能失衡的节点。如果失衡，需要调整以该节点为根的子树。根据不同的失衡情况，对应的调整方法也不相同。具体的失衡类型及对应的调整方法可以分为如下 4 种。

1. LL 型

假设最低层失衡节点为 A，在节点 A 的左子树的左子树插入新节点 S 后，导致失衡，如图 8-6(a)所示。由 A 和 B 的平衡因子可以推出和 B_L、B_R 以及 A_R 相同的深度。为了恢复平衡并保持二叉排序树特性，可以将 A 改为 B 的右子，将 B 原来的右子 B_R 改为 A 的左子，如图 8-6(b)所示。这相当于以 B 为轴，对 A 做了一次顺时针旋转。

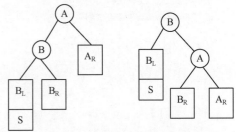

(a) 插入新节点S后失去平衡   (b) 调整后恢复平衡

图 8-6　二叉排序树的 LL 型平衡旋转

在一般二叉排序树的节点中，可以增加一个存放平衡因子的域 bf，这样就可以用来表示平衡二叉排序树。打一个比方，表示节点的字母同时也用于表示指向该节点的指针，则 LL 型失衡的特点是：A->bf=2，B->bf=1。将调整后二叉树的根节点 B "接到"原 A 处。

令 A 原来的父指针为 FA，如果 FA 非空，则用 B 来代替 A，当作 FA 的左子或右子；否则原来 A 就是根节点，此时应令根指针 t 指向 B。

2. LR 型

假设最低层失衡节点是 A，在节点 A 的左子树的右子树插入新节点 S 后会导致失衡，如图 8-7(a)所示。在图 8-7(a)中假设在 C_L 下插入 S，如果在 C_R 下插入 S，与对树的调整方法相同，不同的是调整后 A 和 B 的平衡因子。由 A、B、C 的平衡因子容易推知，C_L 与 C_R 深度相同，B_L 与 A_R 深度相同，并且 B_L、A_R 的深度比 C_L、C_R 的深度大 1。为了恢复平衡并保持二叉排序树特性，可以将 B 改为 C 的左子，将 C 原来的左子 C_L 改为 B 的右子。将 A 改为 C 的右子，将 C 原来的右子 C_R 改为 A 的左子，如图 8-7(b)所示。这相当于对 B 做了一次逆时针旋转，对 A 做了一次顺时针旋转。

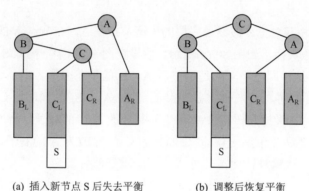

(a) 插入新节点 S 后失去平衡　　　　(b) 调整后恢复平衡

图 8-7　二叉排序树的 LR 型平衡旋转

在上面提到了在 C_L 下插入 S 和在 C_R 下插入 S 的两种情况。在现实应用中还有另外一种情况，即 B 的右子树为空，C 本身就是插入的新节点 S。此时 C_L、C_R、B_L 和 A_R 都为空。在这种情况下，对树的调整方法仍然相同，不同的是调整后的 A 和 B 的平衡因子都为 0。

LR 型失衡的特点是：A->bf=2，B->bf=-1。

针对上述 3 种不同情况，可以修改 A、B、C 的平衡因子。将调整后的二叉树的根节点 C "接到"原 A 处，使 A 原来的父指针为 FA。如果 FA 非空，则用 C 代替 A 来当作 FA 的左子或右子；否则原来 A 就是根节点，此时应令根指针 t 指向 C。

3. RR 型

RR 型与 LL 型相互对称。假设最低层失衡节点为 A，如在节点 A 的右子树的右子树插入新节点 S 后会导致失衡，如图 8-8(a)所示。由 A 和 B 的平衡因子可知，B_L、B_R 以及 A_L 深度相同。为恢复平衡并保持二叉排序树特性，可以将 A 改为 B 的左子，将 B 原来的左子 B_L 改为 A 的右子，如图 8-8(b)所示。这相当于以 B 为轴，对 A 做了一次逆时针旋转。

RR 型失衡的特点是：A->bf=-2，B->bf=-1。最后将调整后二叉树的根节点 B "接到"原 A 处，令 A 原来的父指针为 FA，如果 FA 非空，则用 B 代替 A 当作 FA 的左子或右子；否则原来 A 就是根节点，此时应使根指针 t 指向 B。

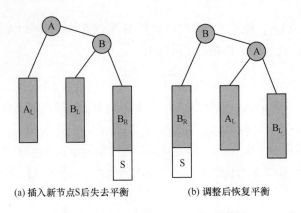

(a) 插入新节点S后失去平衡   (b) 调整后恢复平衡

图 8-8　二叉排序树的 RR 型平衡旋转

4. RL 型

RL 型与 LR 型相互对称。假设最底层的失衡节点是 A，在节点 A 的右子树的左子树插入新节点 S 后会导致失衡，如图 8-9(a)所示。假设在图中的 C_R 下插入 S，如果在 C_L 下插入 S，则对树的调整方法相同，不同的是调整后 A、B 的平衡因子。由 A、B、C 的平衡因子可知，C_L 与 C_R 深度相同，A_L 与 B_R 深度相同，并且 A_L、B_R 的深度比 C_L、C_R 的深度大 1。为了恢复平衡并保持二叉排序树特性，可以先将 B 改为 C 的右子，将 C 原来的右子 C_R 改为 B 的左子；将 A 改为 C 的左子，将 C 原来的左子 C_L 改为 A 的右子，如图 8-9(b)所示。这相当于对 B 做了一次顺时针旋转，对 A 做了一次逆时针旋转。

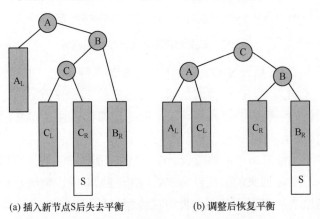

(a) 插入新节点S后失去平衡   (b) 调整后恢复平衡

图 8-9　二叉排序树的 RL 型平衡旋转

除了前面介绍的在 C_L 下插入 S 和在 CR 下插入 S 的两种情况外，还有 B 的左子树为空这一种情况。因为 C 是插入的新节点 S，所以 C_L、C_R、A_L、B_R 均为空。在这种情况下，对树的调整方法仍然相同，不同的是调整后的 A 和 B 的平衡因子均为 0。

RL 型失衡的特点是：A->bf=-2，B->bf=1。然后针对上述 3 种不同情况，修改 A、B、C 的平衡因子。最后，将调整后的二叉树的根节点 C "接到" 原 A 处。令 A 原来的父指针为 FA，如果 FA 非空，则用 C 代替 A 当作 FA 的左子或右子；否则原来的 A 就是根节点，此时应令根指针 t 指向 C。

由此可以看出，在一个平衡二叉排序树上插入一个新节点 S 时，主要通过以下 3 个步骤实现。

(1) 查找应插的位置，同时记录离插入位置最近的可能失衡节点 A(A 的平衡因子不等于 0)。

(2) 插入新节点 S，并修改从 A 到 S 路径上各节点的平衡因子。

(3) 根据 A、B 的平衡因子，判断是否失衡以及失衡类型，并做相应处理。

8.7.2　Python 判断平衡二叉树的方法

在 Python 语言中，判断平衡二叉树的方法有两种，其中第一种使用递归返回判断结果和子节点深度，先判断该节点是否平衡，然后再递归去判断左节点和右节点是否平衡。

```python
# 判断二叉树是否为平衡二叉树
def process(head):
    if head is None:
        return True, 0
    leftData = process(head.left)
    if not leftData[0]:
        return False, 0
    rightData = process(head.right)
    if not rightData[0]:
        return False, 0
    if abs(leftData[1]-rightData[1]) > 1:
        return False, 0
    return True, max(leftData[1],rightData[1]) + 1
```

第二种判断二叉树是否为平衡二叉树的方法是先判断该节点是否平衡，然后再递归去判断左节点和右节点是否平衡。

```python
# 递归求当前节点的深度
def getdepth(node):
    if not node:
        return 0
    ld = getdepth(node.left)
    rd = getdepth(node.right)
    return max(ld, rd) + 1

def isB(head):
    if not head:
        return True
    ld = getdepth(head.left)
    rd = getdepth(head.right)
    if abs(ld - rd) > 1:
        return False
    return isB(head.left) and isB(head.right)
```

8.7.3　算法演练——实现平衡二叉树的基本操作

在下面的实例文件 ping.py 中，演示了实现平衡二叉树完整操作的过程，具体实现流程如下所示。

(1) 通过方法 iternodes()迭代 Node 类型，用于删除节点：

```python
def iternodes(self):
    if self.left != None:
        for elem in self.left.iternodes():
            yield elem

    if self != None and self.key != None:
        yield self

    if self.right != None:
        for elem in self.right.iternodes():
            yield elem
```

(2) 通过如下代码找出最小元素：

```python
def findMin(self):
    if self.root is None:
        return None
    else:
        return self._findMin(self.root)

def _findMin(self,node):
    if node.left:
        return self._findMin(node.left)
    else:
        return node
```

(3) 通过如下代码找出最大元素：

```python
# 找最大元素
def findMax(self):
    if self.root is None:
        return None
    else:
        return self._findMax(self.root)

def _findMax(self,node):
    if node.right:
        return self._findMax(node.right)
    else:
        return node
```

(4) 通过如下代码计算节点高度：

```python
def height(self, node):
    if (node == None):
        return 0;
    else:
        m = self.height(node.left);
        n = self.height(node.right);
        return max(m, n)+1;
```

(5) 通过如下代码实现 LL 型旋转：

```python
def singleLeftRotate(self,node):
    k1=node.left
```

```
node.left=k1.right
k1.right=node
node.height=max(self.height(node.right),self.height(node.left))+1
k1.height=max(self.height(k1.left),node.height)+1
return k1
```

(6)　通过如下代码实现 RR 型旋转：

```
def singleRightRotate(self,node):
    k1=node.right
    node.right=k1.left
    k1.left=node
    node.height=max(self.height(node.right),self.height(node.left))+1
    k1.height=max(self.height(k1.right),node.height)+1
    return k1
```

(7)　通过如下代码实现 LR 型旋转：

```
def doubleLeftRotate(self,node):
    node.left=self.singleRightRotate(node.left)
    return self.singleLeftRotate(node)
```

(8)　通过如下代码实现 RL 型旋转：

```
def doubleRightRotate(self,node):
    node.right=self.singleLeftRotate(node.right)
    return self.singleRightRotate(node)
```

(9)　通过如下代码实现插入操作功能：

```
def insert(self, key):
    if not self.root:
        self.root=AVLTree.__AVLNode(key)
    else:
        self.root=self._insert(self.root, key)


def _insert(self, node, key):
    if node is None:
        node=AVLTree.__AVLNode(key)
    elif key<node.key:
        node.left=self._insert(node.left, key)
        if (self.height(node.left)-self.height(node.right))==2:
            if key<node.left.key:
                node=self.singleLeftRotate(node)
            else:
                node=self.doubleLeftRotate(node)

    elif key>node.key:
        node.right=self._insert(node.right, key)
        if (self.height(node.right)-self.height(node.left))==2:
            if key<node.right.key:
                node=self.doubleRightRotate(node)
            else:
                node=self.singleRightRotate(node)


    node.height=max(self.height(node.right),self.height(node.left))+1
```

```
        return node
```

(10) 通过如下代码实现删除操作功能：

```
def delete(self, key):
    if key in self:
        self.root=self.remove(key, self.root)

def remove(self, key, node):
    if node is None:
        raise KeyError('Error,key not in tree');
    elif key<node.key:
        node.left=self.remove(key,node.left)
        if (self.height(node.right)-self.height(node.left))==2:
            if self.height(node.right.right)>=self.height(node.right.left):
                node=self.singleRightRotate(node)
            else:
                node=self.doubleRightRotate(node)
        node.height=max(self.height(node.left),self.height(node.right))+1

    elif key>node.key:
        node.right=self.remove(key,node.right)
        if (self.height(node.left)-self.height(node.right))==2:
            if self.height(node.left.left)>=self.height(node.left.right):
                node=self.singleLeftRotate(node)
            else:
                node=self.doubleLeftRotate(node)
        node.height=max(self.height(node.left),self.height(node.right))+1

    elif node.left and node.right:
        if node.left.height<=node.right.height:
            minNode=self._findMin(node.right)
            node.key=minNode.key
            node.right=self.remove(node.key,node.right)
        else:
            maxNode=self._findMax(node.left)
            node.key=maxNode.key
            node.left=self.remove(node.key,node.left)
        node.height=max(self.height(node.left),self.height(node.right))+1
    else:
        if node.right:
            node=node.right
        else:
            node=node.left

    return node
```

(11) 通过如下代码实现返回节点的原始信息功能：

```
def iternodes(self):
    if self.root != None:
        return self.root.iternodes()
    else:
        return [None];
```

(12) 通过如下代码实现寻找节点路径操作功能：

```
def findNodePath(self, root, node):
    path = [];
    if root == None or root.key == None:
        path = [];
        return path

    while (root != node):
        if node.key < root.key:
            path.append(root);
            root = root.left;
        elif node.key >= root.key:
            path.append(root);
            root = root.right;
        else:
            break;

    path.append(root);
    return path;
```

(13) 通过如下代码实现寻找父节点功能：

```
def parent(self, root, node):
    path = self.findNodePath(root, node);
    if (len(path)>1):
        return path[-2];
    else:
        return None;
```

(14) 通过如下代码实现是否左孩子判断功能：

```
def isLChild(self, parent, lChild):
    if (parent.getLeft() != None and parent.getLeft() == lChild):
        return True;

    return False;
```

(15) 通过如下代码实现是否右孩子判断功能：

```
def isRChild(self, parent, rChild):
    if (parent.getRight() != None and parent.getRight() == rChild):
        return True;

    return False;
```

(16) 通过如下代码计算某元素处在树的第几层。假设树的根为 0 层，这个计算方法和求节点的 Height 是不一样的。

```
def level(self, elem):
    if self.root != None:
        node = self.root;
        lev = 0;

        while (node != None):
            if elem < node.key:
                node = node.left;
                lev+=1;
            elif elem > node.key:
```

```
                    node = node.right;
                    lev+=1;
                else:
                    return lev;

            return -1;

        else:
            return -1;
```

(17) 通过如下代码进行测试：

```
if __name__ == '__main__':
    avl = AVLTree();

    a = [20, 30, 40, 120, 13, 39, 38, 40, 18, 101];
    b = [[10, 1], [3, 0], [4, 0], [13, -1], [2, 0], [18, 0], [40, -1], [39, 0],
[12, 0]];

    for item in b:
        avl.insert(item);

    avl.info();

    print(45 in avl);
    print(len(avl));

    '''
    avl.delete(40);
    avl.info();
    avl.delete(100);
    avl.info();
    avl.insert(1001);
    avl.info();
    '''

    for item in avl.iternodes():
        item.info();
        print(avl.findNodePath(avl.root, item));
        print('Parent:', avl.parent(avl.root, item));
        print('Level:', avl.level(item.key));
        print('\n');
```

执行以上代码后会输出：

```
[[2, 0], [3, 0], [4, 0], [10, 1], [12, 0], [13, -1], [18, 0], [39, 0], [40, -1]]
False
9
Key=[2, 0], LChild=None, RChild=None, H=1
[__AVLNode([4, 0], [3, 0], [13, -1], 4), __AVLNode([3, 0], [2, 0], None, 2),
__AVLNode([2, 0], None, None, 1)]
Parent: [3, 0]
Level: 2


Key=[3, 0], LChild=[2, 0], RChild=None, H=2
```

```
[__AVLNode([4, 0], [3, 0], [13, -1], 4), __AVLNode([3, 0], [2, 0], None, 2)]
Parent: [4, 0]
Level: 1


Key=[4, 0], LChild=[3, 0], RChild=[13, -1], H=4
[__AVLNode([4, 0], [3, 0], [13, -1], 4)]
Parent: None
Level: 0


Key=[10, 1], LChild=None, RChild=[12, 0], H=2
[__AVLNode([4, 0], [3, 0], [13, -1], 4), __AVLNode([13, -1], [10, 1], [39, 0],
3), __AVLNode([10, 1], None, [12, 0], 2)]
Parent: [13, -1]
Level: 2


Key=[12, 0], LChild=None, RChild=None, H=1
[__AVLNode([4, 0], [3, 0], [13, -1], 4), __AVLNode([13, -1], [10, 1], [39, 0],
3), __AVLNode([10, 1], None, [12, 0], 2), __AVLNode([12, 0], None, None, 1)]
Parent: [10, 1]
Level: 3


Key=[13, -1], LChild=[10, 1], RChild=[39, 0], H=3
[__AVLNode([4, 0], [3, 0], [13, -1], 4), __AVLNode([13, -1], [10, 1], [39, 0],
3)]
Parent: [4, 0]
Level: 1


Key=[18, 0], LChild=None, RChild=None, H=1
[__AVLNode([4, 0], [3, 0], [13, -1], 4), __AVLNode([13, -1], [10, 1], [39, 0],
3), __AVLNode([39, 0], [18, 0], [40, -1], 2), __AVLNode([18, 0], None, None,
1)]
Parent: [39, 0]
Level: 3


Key=[39, 0], LChild=[18, 0], RChild=[40, -1], H=2
[__AVLNode([4, 0], [3, 0], [13, -1], 4), __AVLNode([13, -1], [10, 1], [39, 0],
3), __AVLNode([39, 0], [18, 0], [40, -1], 2)]
Parent: [13, -1]
Level: 2


Key=[40, -1], LChild=None, RChild=None, H=1
[__AVLNode([4, 0], [3, 0], [13, -1], 4), __AVLNode([13, -1], [10, 1], [39, 0],
3), __AVLNode([39, 0], [18, 0], [40, -1], 2), __AVLNode([40, -1], None, None,
1)]
Parent: [39, 0]
Level: 3
```

8.8 哈希查找算法

扫码观看视频讲解

　　哈希法也被称为 Hashing，它定义了一种将字符组成的字符串转换为固定长度(一般是更短长度)的数值或索引值的方法。由于通过更短的哈希值比用原始值进行数据库搜索更快，这种方法一般用来在数据库中建立索引并进行搜索，同时还用在各种解密算法中。哈希法又被称为散列法或关键字地址计算法等，相应的表被称为哈希表。

8.8.1　哈希算法的基本思想

哈希算法的基本思想具体如下。

(1)　在元素关键字 k 和元素存储位置 p 之间建立对应关系 f，使得 $p=f(k)$，f 称为哈希函数。

(2)　在创建哈希表时，把关键字为 k 的元素直接存入地址为 $f(k)$ 的单元。

(3)　当查找关键字为 k 的元素时，利用哈希函数计算出该元素的存储位置 $p=f(k)$，从而达到按关键字直接存取元素的目的。

> **注　意**
>
> 如果关键字集合很大，则关键字值中不同的元素可能会映象到与哈希表相同的地址上，即 $k_1 \neq k_2$，但是 $H(k_1)=H(k_2)$，上述现象称为冲突。在这种情况下，通常称 k_1 和 k_2 是同义词。在实际应用中，不能避免上述冲突的情形，只能通过改进哈希函数的性能来减少冲突。

哈希法主要包括以下两方面的内容：①如何构造哈希函数；②如何处理冲突。

Hash(哈希)法是一种典型的以空间换时间的算法，比如原来一个长度为 100 的数组，对其进行查找，只需要遍历且匹配相应记录即可，从空间复杂度上来看，假如数组存储的是 byte 类型数据，那么该数组占用 100byte 空间。现在我们采用 Hash 算法，我们前面说的 Hash 必须有一个规则，约束键与存储位置的关系，那么就需要一个固定长度的 Hash 表，此时，仍然是 100byte 的数组，假设我们需要的 100byte 用来记录键与位置的关系，那么总的空间为 200byte，而且用于记录规则的表大小根据规则可能是不定的。

8.8.2　构造哈希函数

在构造哈希函数时需要遵循如下原则。

(1) 函数本身便于计算。

(2) 计算出来的地址分布均匀，即对任一关键字 k，$f(k)$ 对应不同地址的概率相等，目的是尽可能减少冲突。

构造哈希函数的方法有多种，其中最为常用的有以下 5 种。

1. 数字分析法

如果预先知道关键字集合，当每个关键字的位数比哈希表的地址码位数多时，可以从关键字中选出分布较均匀的若干位来构成哈希地址。假设有 80 个记录，关键字是一个 8 位的十进制整数：$m_1 m_2 m_3 \cdots m_7 m_8$，如哈希表长度取值 100，则哈希表的地址空间为：00～99。如果经过分析之后，各关键字中 m_4 和 m_7 的取值分布比较均匀，则哈希函数为：$h(key)=h(m_1 m_2 m_3 \cdots m_7 m_8)=m_4 m_7$。反之，如果经过分析之后，各关键字中 m_1 和 m_8 的取值分布很不均匀，例如 m_1 都等于 5，m_8 都等于 2，则哈希函数为：$h(key)=h(m_1 m_2 m_3 \cdots m_7 m_8)=m_1 m_8$，这种用不均匀的取值构造函数的算法误差会比较大，所以不可取。

2. 平方取中法

如果无法确定关键字中哪几位分布比较均匀，可以先求出关键字的平方值，然后将需要取平方值的中间几位作为哈希地址。因为平方后的中间几位和关键字中的每一位都相关，所以不同的关键字会以较高的概率产生不同的哈希地址。

假设把英文字母在字母表中的位置序号作为该英文字母的内部编码，例如 K 的内部编码为 11，E 的内部编码为 05，Y 的内部编码为 25，A 的内部编码为 01，B 的内部编码为 02，由此可以得出关键字"KEYA"的内部代码为 11052501。同理，也可以得到关键字"KYAB" "AKEY" "BKEY"的内部编码。对关键字进行平方运算之后，取出第 7~9 位作为该关键字哈希地址，如表 8-2 所示。

表 8-2 平方取中法求得的哈希地址

关键字	内部编码	内部编码的平方值	$H(k)$关键字的哈希地址
KEYA	11050201	122157778355001	778
KYAB	11250102	126564795010404	795
AKEY	01110525	001233265775625	265
BKEY	02110525	004454315775625	315

3. 分段叠加法

分段叠加法是指按照哈希表地址位数将关键字分成位数相等的几部分，其中最后一部分可以比较短。然后将这几部分相加，舍弃最高进位后的结果就是该关键字的哈希地址。分段叠加有折叠法与移位法两种。移位法是指将分割后的每部分低位对齐相加，折叠法是指从一端向另一端沿分割边界来回折叠，用奇数段表示正序，用偶数段表示倒序，然后将各段相加。

4. 除留余数法

为了更加直观地了解除留余数法，在此举一个例子。假设哈希表长为 n，p 为小于等于 n 的最大素数，则哈希函数为

```
h(k)=k % p,
```

其中，%为模 p 的取余运算。

假设待散列元素为(18, 75, 60, 43, 54, 90, 46)，表长 $n=10$，$p=7$，则有：

```
h(18)=18 % 7=4    h(75)=75 % 7=5    h(60)=60 % 7=4
h(43)=43 % 7=1    h(54)=54 % 7=5    h(90)=90 % 7=6
h(46)=46 % 7=4
```

此时冲突较多。为减少冲突，可以取较大的 n 值和 p 值，例如 $n=p=13$，此时结果如下：

```
h(18)=18 % 13=5    h(75)=75 % 13=10    h(60)=60 % 13=8
h(43)=43 % 13=4    h(54)=54 % 13=2     h(90)=90 % 13=12
h(46)=46 % 13=7
```

此时没有冲突，如图 8-10 所示。

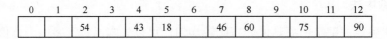

0	1	2	3	4	5	6	7	8	9	10	11	12
		54		43	18		46	60		75		90

图 8-10   使用除留余数法求哈希地址

5. 伪随机数法

伪随机数法是指采用一个伪随机函数当作哈希函数，即 $h(key)=random(key)$。

在实际应用中，应根据具体情况灵活采用不同的方法，并使用实际数据来测试它的性能，以便做出正确判定。在判断时通常需要考虑如下 5 个因素。

▶   计算哈希函数所需时间(简单)。

▶   关键字的长度。

▶   哈希表大小。

▶   关键字分布情况。

▶   记录查找频率。

8.8.3   处理冲突

使用性能良好的哈希函数可以减少冲突，但是通常不可能完全避免冲突，所以解决冲突是哈希法的另一个关键问题。无论是在创建哈希表时，还是在查找哈希表时都会遇到冲突，在这两种情况下解决冲突的方法是一致的。以创建哈希表为例，有以下 4 种常用的解决冲突的方法。

1. 开放定址法

开放定址法也被称为再散列法，基本思想如下所示。

当关键字 key 的哈希地址 $m=H(key)$ 出现冲突时，以 m 为基础产生另一个哈希地址 m_1，如果 m_1 还是冲突，再以 m 为基础产生另一个哈希地址 m_2……如此继续，一直到找出一个不冲突的哈希地址 m_i 为止，此时将相应元素存入其中。

开放定址法遵循如下通用的再散列函数形式。

```
Hi=(H(key)+di)% m   i=1,2,…,n
```

其中，$H(key)$ 为哈希函数，m 为表长，d_i 为增量序列。增量序列的取值方式不同，相应的再散列方式也不同。主要有如下 3 种再散列方式。

(1)   线性探测再散列。其特点是发生冲突时，顺序查看表中下一单元，直到找出一个空单元或查遍全表，格式如下。

```
di=1,2,3,…,m-1
```

(2)   二次探测再散列。其特点是当发生冲突时，在表的左右进行跳跃式探测，比较灵活，格式如下。

```
di=1²,-1²,2²,-2²,…,k²,-k²    ( k<=m/2 )
```

(3) 伪随机探测再散列。在具体实现时需要先建立一个伪随机数发生器，例如 $i=(i+p)\%$ m，并设置一个随机数做起点。其格式如下。

```
di=伪随机数序列
```

2．再哈希法

再哈希法能够同时构造多个不同的哈希函数，具体格式如下所示。

```
Hi=RHi(key)  i=1,2,…,k
```

当哈希地址 $H_i=RH_i(key)$ 发生冲突时计算另一个哈希函数地址，直到冲突不再产生为止。这种方法不易产生聚集，但增加了计算时间。

3．链地址法

链地址法的基本思想是：将所有哈希地址为 i 的元素构成一个同义词链的单链表，并将单链表的头指针存在哈希表的第 i 个单元中。链地址法适用于经常进行插入和删除的情况，其中的查找、插入和删除操作主要在同义词链中进行。

假设有如下一组关键字：

32, 40, 36, 53, 16, 46, 71, 27, 42, 24, 49, 64

哈希表长度为 13，哈希函数为：$H(key)= key \% 13$，则用链地址法处理冲突的结果如图 8-11 所示。

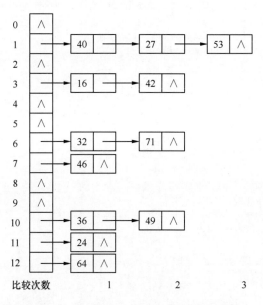

图 8-11　用链地址法处理冲突时的哈希表

上组关键字的平均查找长度 ASL=(1×7+2×4+3×1)/12=1.5。

4．建立公共溢出区

建立公共溢出区的基本思想是将哈希表分为基本表和溢出表两部分，凡是和基本表发生冲突的元素，一律填入溢出表。

8.8.4 哈希表的查找过程

哈希表的查找过程与哈希表的创建过程一样。当想查找关键字为 K 的元素时，首先计算 $p_0=hash(K)$，然后根据计算结果来进行处理。

(1) 如果单元 p_0 为空，则不存在所查的元素。

(2) 如果单元 p_0 中元素的关键字为 K，则找到所查元素。

否则重复下述操作来解决冲突过程：按解决冲突的方法，找出下一个哈希地址 p_i，如果单元 p_i 为空，则不存在所查的元素；如果单元 p_i 中元素的关键字为 K，则找到所查元素。

8.8.5 算法演练——使用哈希算法查找数据

在下面的实例文件 haxi.py 中，演示了使用哈希算法查找数据的过程。

```python
# 除法取余法实现的哈希函数
def myHash(data,hashLength,):
    return data % hashLength
# 哈希表检索数据
def searchHash(hash,hashLength,data):
    hashAddress=myHash(data,hashLength)
    # 指定hashAddress存在，但并非关键值，则用开放寻址法解决
    while hash.get(hashAddress) and hash[hashAddress]!=data:
        hashAddress+=1
        hashAddress=hashAddress%hashLength
    if hash.get(hashAddress)==None:
        return None
    return hashAddress


# 数据插入哈希表
def insertHash(hash,hashLength,data):
    hashAddress=myHash(data,hashLength)
    # 如果key存在说明已经被别人占用，需要解决冲突
    while(hash.get(hashAddress)):
        # 用开放寻址法
        hashAddress+=1
        hashAddress=myHash(hashAddress,hashLength)
    hash[hashAddress]=data


if __name__ == '__main__':
    hashLength=20
    L=[13, 29, 27, 28, 26, 30, 38 ]
    hash={}
    for i in L:
        insertHash(hash,hashLength,i)
    result=searchHash(hash,hashLength,38)
    if result:
        print("数据已找到，索引位置在",result)
        print(hash[result])
    else:
```

```
        print("没有找到数据")
```

执行以上代码后会输出：

数据已找到，索引位置在 18
38

8.9 斐波那契查找算法

扫码观看视频讲解

斐波那契搜索(Fibonacci search)，又称斐波那契查找，是一种区间中单峰函数的搜索技术。斐波那契搜索就是在二分查找的基础上根据斐波那契数列进行分割的。在本节将简要介绍斐波那契查找算法的基本知识和具体用法，为读者学习本书后面的知识打下基础。

8.9.1 斐波那契查找算法基础

在介绍斐波那契查找算法之前，我们先介绍一下跟它紧密相连并且大家都熟知的一个概念——黄金分割。黄金分割又称黄金比例，是指事物各部分间一定的数学比例关系，即将整体一分为二，较大部分与较小部分之比等于整体与较大部分之比，其比值约为 1：0.618 或 1.618：1。0.618 被公认为是最具有审美意义的比例数字，这个数值的作用不仅仅体现在诸如绘画、雕塑、音乐、建筑等艺术领域，而且在管理、工程设计等方面也有着不可忽视的作用，因此被称为黄金分割。

请看下面数学应用中的斐波那契数列：

1, 1, 2, 3, 5, 8, 13, 21, 34, 55, 89, …

在斐波那契数列中，从第三个数开始，后边每一个数都是前两个数的和。我们会发现，随着斐波那契数列的递增，前后两个数的比值会越来越接近 0.618，利用这个特性，我们就可以将黄金比例运用到查找技术中。具体结构图如图 8-12 所示。

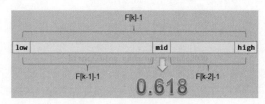

图 8-12 斐波那契查找

斐波那契查找算法是二分查找的一种提升，通过运用黄金比例的概念在数列中选择查找点进行查找，可以提高查找效率。同样，斐波那契查找也属于一种有序查找算法。相对于折半查找，斐波那契查找将待比较的 key 值与第 mid=(low+high)/2 位置的元素比较，比较结果分为如下三种情况。

► 相等(=)：mid 位置的元素即为所求。

► 大于(>)：low=mid+1。

▶   小于(<)：high=mid-1。

斐波那契查找与折半查找很相似，能够根据斐波那契序列的特点对有序表进行分割。开始将 k 值与第 F(k-1)位置的记录进行比较(也就是 mid=low+F(k-1) -1)，比较结果也分为如下三种。

▶   相等(=)：mid 位置的元素即为所求。

▶   大于(>)：low=mid+1，k-=2。

注 意

low=mid+1 说明待查找的元素在[mid+1,high]范围内，k-=2 说明范围[mid+1,high]内的元素个数为 n-(F(k-1))=F(k)-1-F(k-1)=F(k)-F(k-1)-1=F(k-2)-1 个，所以可以递归应用斐波那契查找。

▶   小于(<)：high=mid-1，k-=1。

注 意

low=mid+1 说明待查找的元素在[low,mid-1]范围内，k-=1 说明范围[low,mid-1]内的元素个数为 F(k-1)-1 个，所以可以递归地应用斐波那契查找。

在最坏情况下，斐波那契查找算法的时间复杂度为 $O(\log_2 n)$，且其期望复杂度也为 $O(\log_2 n)$。

8.9.2 算法演练——使用斐波那契查找算法查找数据

使用斐波那契查找算法的前提是已经有一个包含斐波那契数据的列表。在下面的实例文件 feibo.py 中，首先创建了一个斐波那契数据的列表，然后使用斐波那契查找算法查找里面的指定数据。

```python
from pylab import *

def FibonacciSearch(data, length, key):
    F = [0,1]
    count = 1;
    low = 0
    high = length-1
    if(key < data[low] or key>data[high]):    # 索引超出范围返回错误
        print("Error!!! The ", key, " is not in the data!!!")
        return -1

    data = list(data)
    while F[count] < length:                   # 生成斐波那契数列
        F.append(F[count-1] + F[count])
        count = count + 1
    low = F[0]
    high = F[count]

    while length-1 < F[count-1]:               # 将数据个数补全
        data.append(data[length-1])
```

```
            length = length + 1
        data = array(data)
        while(low<=high):
            mid = low+F[count-1]                 # 计算当前分割下标
            if(data[mid] > key):                 # 若查找记录小于当前分割记录
                high = mid-1                      # 调整分割记录
                count = count-1
            elif(data[mid] < key):               # 若查找记录大于当前分割记录
                low = mid+1
                count = count-2
            else:                                 # 若查找记录等于当前分割记录
                return mid
        if(data[mid] != key):                     # 数据 key 不在查询列表 data 中，则返回错误
            print("Error!!! The ", key, " is not in the data!!!")
            return -1

length = 11

data = array([0,1,16,24,35,48,59,62,73,88,99])
key = 35
idx = FibonacciSearch(data, length, key)
print(data)
print("The ", key, " is the ", idx+1, "th value of the data.")
```

执行以上代码后会输出：

```
[ 0  1 16 24 35 48 59 62 73 88 99]
The  35  is the  5 th value of the data.
```

8.9.3　算法演练——比较顺序查找、二分查找、插值查找和斐波那契查找

在下面的实例文件 feibo02.py 中，分别使用顺序查找算法、二分查找算法、插值查找算法和斐波那契查找算法实现查询操作，并分别计算这四种查找算法所消耗的查询时间。文件 feibo02.py 的具体实现代码如下所示。

```python
import random,time

class Search:
    def sequentialSearch(self, array, key):
        # 顺序查找
        for i in range(len(array)):
            if array[i] == key:
                return i
        return None

    def binarySearch(self, array, key):
        # 有序表查找——折半查找
        left = 0
        right = len(array) - 1
        while left < right:
            if key >= array[left] and key <= array[right]:
```

```python
            mid = (left + right) // 2
            if array[mid] > key:
                right = mid
            elif array[mid] < key:
                left = mid
            else:
                return mid
            continue

    def interpolationSearch(self, array, key):
        # 有序表查找——插值查找
        left = 0
        right = len(array) - 1
        while left < right:
            if key >= array[left] and key <= array[right]:
                mid = left + int((right - left) * (key - array[left]) / (array[right]
- array[left]))
                if array[mid] > key:
                    right = mid
                elif array[mid] < key:
                    left = mid
                else:
                    return mid

    def fibonacciSearch(self, array, key):
        # 有序表查找——斐波那契查找
        fibonacci_list = [1, 1, 2, 3, 5, 8, 13, 21, 34, 55, 89, 144,233, 377, 610,
987, 1597, 2584, 4181, 6765,10946, 17711, 28657, 46368]
        n = len(array)
        for i in range(len(fibonacci_list)):
            if fibonacci_list[i] >= n:
                ind = i
                break

        if fibonacci_list[ind] > n:
            array.extend([array[-1]] * (fibonacci_list[ind] - n))

        left = 0
        right = fibonacci_list[ind] - 1
        while left < right and ind - 1 >= 0 and ind - 2 >= 0:
            mid = left + fibonacci_list[ind - 1]
            if array[mid] < key:
                left = mid
                ind -= 2
            elif array[mid] > key:
                right = mid
                ind -= 1
            else:
                return mid

if __name__ == '__main__':
    list = [random.randint(0,999) for i in range(10000)]
    s = Search()
    key = random.randint(0,999)
```

```
        start = time.perf_counter()
        index = s.sequentialSearch(list, key)
        end = time.perf_counter()
        print('顺序查找     ', end - start, '\n','结果:        ', key == list[index])

        list1 = sorted(list.copy())
        start = time.perf_counter()
        index = s.binarySearch(list1, key)
        end = time.perf_counter()
        print('二分查找            ', end - start, '\n', '结果: ', key == list1[index])

        list2 = sorted(list.copy())
        start = time.perf_counter()
        index = s.interpolationSearch(list2, key)
        end = time.perf_counter()
        print('插值查找            ', end - start, '\n', '结果: ', key == list2[index])

        list3 = sorted(list.copy())
        start = time.perf_counter()
        index = s.fibonacciSearch(list3, key)
        end = time.perf_counter()
        print('Fibonacci 查找           ', end - start, '\n', '结果: ', key == list3[index])
```

执行以上代码后会输出：

```
顺序查找            3.0299999999927607e-05
 结果:              True
二分查找            3.4799999999890474e-05
 结果:              True
插值查找            2.920000000017353e-05
 结果:              True
Fibonacci 查找          0.00010500000000002174
 结果:              True
```

8.10　红黑树查找算法

在本节的内容中，将详细讲解红黑树(Red-Black Tree)查找算法的基本知识和具体用法。

8.10.1　红黑树查找算法基础

红黑树的基本思想就是对 2-3 查找树进行编码，尤其是对 2-3 查找树中的 3-nodes 节点添加额外的信息。红黑树中将节点之间的链接分为两种不同类型：红色链接，用来链接两个 2-nodes 节点来表示一个 3-nodes 节点；黑色链接，用来链接普通的 2-3 节点。特别地，使用红色链接的两个 2-nodes 来表示一个 3-nodes 节点，并且向左倾斜，即一个 2-node 是另一个 2-node 的左子节点。这种做法的好处是查找的时候不用做任何修改，和普通的二叉查找树相同。

红黑树有如下特性。

(1) 每个节点或者是黑色，或者是红色。

(2) 根节点是黑色。

(3) 每个叶子节点(NIL)是黑色。(注意：这里的叶子节点，是指为空(NIL 或 NULL)的叶子节点)

(4) 如果一个节点是红色的，则它的子节点必须是黑色的。

(5) 从一个节点到该节点的子孙节点的所有路径上包含相同数目的黑节点。

注 意

▶ 特性(3)中的叶子节点，是只为空(NIL 或 NULL)的节点。

▶ 在特性(5)中确保没有一条路径会比其他路径长出两倍。因而，红黑树是相对接近平衡的二叉树。

红黑树的示意图如图 8-13 所示。

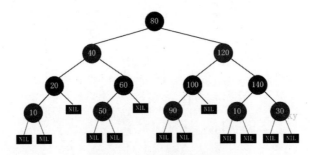

图 8-13 红黑树的示意图

8.10.2 算法演练——使用红黑树操作数据

在下面的实例文件 hong.py 中，演示了实现红黑树的定义、左旋转、右旋转、红黑树的上色和元素插入等操作的过程。

```python
# 定义红黑树
class RBTree(object):
    def __init__(self):
        self.nil = RBTreeNode(0)
        self.root = self.nil
class RBTreeNode(object):
    def __init__(self, x):
        self.key = x
        self.left = None
        self.right = None
        self.parent = None
        self.color = 'black'
        self.size=None
# 左旋转
def LeftRotate( T, x):
    y = x.right
    x.right = y.left
    if y.left != T.nil:
        y.left.parent = x
```

```
        y.parent = x.parent
        if x.parent == T.nil:
            T.root = y
        elif x == x.parent.left:
            x.parent.left = y
        else:
            x.parent.right = y
        y.left = x
        x.parent = y
# 右旋转
def RightRotate( T, x):
        y = x.left
        x.left = y.right
        if y.right != T.nil:
            y.right.parent = x
        y.parent = x.parent
        if x.parent == T.nil:
            T.root = y
        elif x == x.parent.right:
            x.parent.right = y
        else:
            x.parent.left = y
        y.right = x
        x.parent = y
# 红黑树的插入
def RBInsert( T, z):
        y = T.nil
        x = T.root
        while x != T.nil:
            y = x
            if z.key < x.key:
                x = x.left
            else:
                x = x.right
        z.parent = y
        if y == T.nil:
            T.root = z
        elif z.key < y.key:
            y.left = z
        else:
            y.right = z
        z.left = T.nil
        z.right = T.nil
        z.color = 'red'
        RBInsertFixup(T, z)
        return z.key, '颜色为', z.color
# 红黑树的上色
def RBInsertFixup( T, z):
        while z.parent.color == 'red':
            if z.parent == z.parent.parent.left:
                y = z.parent.parent.right
                if y.color == 'red':
                    z.parent.color = 'black'
                    y.color = 'black'
                    z.parent.parent.color = 'red'
                    z = z.parent.parent
                else:
                    if z == z.parent.right:
```

```
                z = z.parent
                LeftRotate(T, z)
            z.parent.color = 'black'
            z.parent.parent.color = 'red'
            RightRotate(T,z.parent.parent)
        else:
            y = z.parent.parent.left
            if y.color == 'red':
                z.parent.color = 'black'
                y.color = 'black'
                z.parent.parent.color = 'red'
                z = z.parent.parent
            else:
                if z == z.parent.left:
                    z = z.parent
                    RightRotate(T, z)
                z.parent.color = 'black'
                z.parent.parent.color = 'red'
                LeftRotate(T, z.parent.parent)
    T.root.color = 'black'
def RBTransplant( T, u, v):
    if u.parent == T.nil:
        T.root = v
    elif u == u.parent.left:
        u.parent.left = v
    else:
        u.parent.right = v
    v.parent = u.parent


def RBDelete(T, z):
    y = z
    y_original_color = y.color
    if z.left == T.nil:
        x = z.right
        RBTransplant(T, z, z.right)
    elif z.right == T.nil:
        x = z.left
        RBTransplant(T, z, z.left)
    else:
        y = TreeMinimum(z.right)
        y_original_color = y.color
        x = y.right
        if y.parent == z:
            x.parent = y
        else:
            RBTransplant(T, y, y.right)
            y.right = z.right
            y.right.parent = y
        RBTransplant(T, z, y)
        y.left = z.left
        y.left.parent = y
        y.color = z.color
    if y_original_color == 'black':
        RBDeleteFixup(T, x)
# 红黑树的删除
def RBDeleteFixup( T, x):
    while x != T.root and x.color == 'black':
        if x == x.parent.left:
```

```
                w = x.parent.right
                if w.color == 'red':
                    w.color = 'black'
                    x.parent.color = 'red'
                    LeftRotate(T, x.parent)
                    w = x.parent.right
                if w.left.color == 'black' and w.right.color == 'black':
                    w.color = 'red'
                    x = x.parent
                else:
                    if w.right.color == 'black':
                        w.left.color = 'black'
                        w.color = 'red'
                        RightRotate(T, w)
                        w = x.parent.right
                    w.color = x.parent.color
                    x.parent.color = 'black'
                    w.right.color = 'black'
                    LeftRotate(T, x.parent)
                    x = T.root
            else:
                w = x.parent.left
                if w.color == 'red':
                    w.color = 'black'
                    x.parent.color = 'red'
                    RightRotate(T, x.parent)
                    w = x.parent.left
                if w.right.color == 'black' and w.left.color == 'black':
                    w.color = 'red'
                    x = x.parent
                else:
                    if w.left.color == 'black':
                        w.right.color = 'black'
                        w.color = 'red'
                        LeftRotate(T, w)
                        w = x.parent.left
                    w.color = x.parent.color
                    x.parent.color = 'black'
                    w.left.color = 'black'
                    RightRotate(T, x.parent)
                    x = T.root
    x.color = 'black'

def TreeMinimum( x):
    while x.left != T.nil:
        x = x.left
    return x
# 中序遍历
def Midsort(x):
    if x!= None:
        Midsort(x.left)
        if x.key!=0:
            print('key:', x.key,'x.parent',x.parent.key)
        Midsort(x.right)
nodes = [11,2,14,1,7,15,5,8,4]
T = RBTree()
for node in nodes:
    print('插入数据',RBInsert(T,RBTreeNode(node)))
```

```
print('中序遍历')
Midsort(T.root)
RBDelete(T,T.root)
print('中序遍历')
Midsort(T.root)
RBDelete(T,T.root)
print('中序遍历')
Midsort(T.root)
```

执行以上代码后会输出：

```
插入数据 (11, '颜色为', 'black')
插入数据 (2, '颜色为', 'red')
插入数据 (14, '颜色为', 'red')
插入数据 (1, '颜色为', 'red')
插入数据 (7, '颜色为', 'red')
插入数据 (15, '颜色为', 'red')
插入数据 (5, '颜色为', 'red')
插入数据 (8, '颜色为', 'red')
插入数据 (4, '颜色为', 'red')
中序遍历
key: 1 x.parent 2
key: 2 x.parent 7
key: 4 x.parent 5
key: 5 x.parent 2
key: 7 x.parent 0
key: 8 x.parent 11
key: 11 x.parent 7
key: 14 x.parent 11
key: 15 x.parent 14
中序遍历
key: 1 x.parent 2
key: 2 x.parent 8
key: 4 x.parent 5
key: 5 x.parent 2
key: 8 x.parent 0
key: 11 x.parent 14
key: 14 x.parent 8
key: 15 x.parent 14
中序遍历
key: 1 x.parent 2
key: 2 x.parent 11
key: 4 x.parent 5
key: 5 x.parent 2
key: 11 x.parent 0
key: 14 x.parent 11
key: 15 x.parent 14
```

8.10.3　算法演练——绘制红黑树的插入图

在下面的实例中，首先插入数据构建红黑树，然后使用 Python 绘图库绘制将列表元素插入到红黑树节点的流程图，最后将绘制的构建流程图转换为 gif 格式的动图。本实例的具体实现流程如下所示。

(1)　编写实例文件 hong03.py 中，功能是分别实现左旋转函数、右旋转函数、插入节点函数、颜色转换函数，最终将使用指定的节点构建一个红黑树。在本实例中约定插入的数据都是红色的，插入红色的就不会破坏红黑树的第五个特性。此处要用到红黑树的一个特性，当一个叶子节点为红色的时候，它的兄弟节点只能为红色或者为空；当一个节点为红色时，它的父节点为黑色。图 8-14 是以插入的父节点为祖父节点的左节点做例子的，当插入的父节点为祖父节点的右节点时，只需把左旋和右旋改变即可。

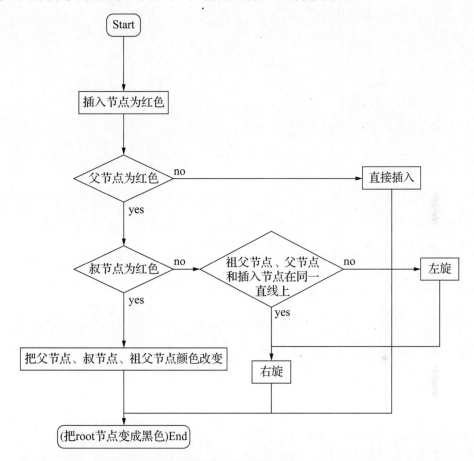

图 8-14　算法流程

文件 hong03.py 的主要实现代码如下所示。

```python
from graphviz import Digraph
import time

dot = Digraph(comment='Red Black Tree')


class Node:
    def __init__(self, key, left=None, right=None, color=None, p=None):
        self.left = left
        self.right = right
        self.color = color
```

```
            self.key = key
            self.p = p
            if key == "NIL":
                self.p = self

    def LeftRotate(self, T, x):
        y = x.right
        x.right = y.left
        if y.left != T.nil:
            y.left.p = x
        y.p = x.p
        if x.p == T.nil:
            T.root = y
        elif x == x.p.left:
            x.p.left = y
        else:
            x.p.right = y
        y.left = x
        x.p = y

    def RightRotate(self, T, x):
        y = x.left
        x.left = y.right
        if y.right != T.nil:
            y.right.p = x
        y.p = x.p
        if x.p == T.nil:
            T.root = y
        elif x == x.p.left:
            x.p.left = y
        else:
            x.p.right = y
        y.right = x
        x.p = y

    def RBInsert(self, T, z):

#########
省略红黑树操作函数，具体代码请看配套资源
#########

T = Tree()
B = [11, 2, 14, 1, 7, 15, 5, 8, 4]
BB = [26]
i = 0
for j in B:
    dot = Digraph(comment='Red Black Tree')
    T.root.RBInsert(T, Node(j))
    dot = T.root.printTree(T, T.root, dot)
    dot.render('test-output/' + str(i), view=False)
    i = i + 1
```

执行后会绘制构建列表 B[11, 2, 14, 1, 7, 15, 5, 8, 4]的流程图，绘制的图片被保存在"test-output"目录中，图片格式是 PDF，如图 8-15 所示。

图 8-15　生成的 PDF 图片

其实 PDF 图片 0.pdf~8.pdf 分别是通过列表 B[11, 2, 14, 1, 7, 15, 5, 8, 4]构建红黑树流程的步骤图，例如图片 0.pdf、1.pdf 和 2.pdf 的效果如图 8-16 所示。

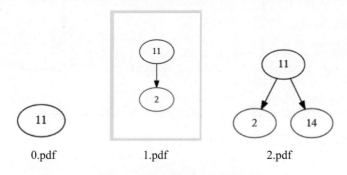

0.pdf	1.pdf	2.pdf

图 8-16　构建红黑树的流程图

(2)　在 PDF 图片目录"test-output"中创建实例文件 convert_to_jpg.py，将上面生成的 8 张 PDF 图片转换为 JPG 格式，具体实现代码如下所示。

```python
import os
from wand.image import Image

def convert_pdf_to_jpg(filename):
    pdf_list = []
    os.chdir(filename)
    for i in os.listdir():
        if ".pdf" in i:
            pdf_list.append(i)
    sorted(pdf_list)
    t = 0
    print(pdf_list)
    for i in pdf_list:
        with Image(filename=i) as img:
            with img.convert('jpeg') as converted:
                converted.save(filename=i.split(".")[0] + '.jpg')
                t = t + 1

convert_pdf_to_jpg(os.getcwd())
```

在运行上述实例前需要安装 ImageMagick 和 gs950w64.exe，并通过 pip 命令安装 Python 库 wand，执行后 8 张 PDF 图片转换为 JPG 格式，如图 8-17 所示。

图 8-17　新生成的 8 张 JPG 图片

（3）在 PDF 图片目录"test-output"中创建实例文件 gif.py，将上面生成的 8 张 jpg 图片转换为一个 jif 动图文件"gif.gif"，播放此动图后会展示红黑树完整的构建流程。文件 gif.py 的具体实现代码如下所示。

```python
import imageio,os
images = []
images.append(imageio.imread('8.jpg'))
filenames=sorted((fn for fn in os.listdir('.') if fn.endswith('.jpg')))
for filename in filenames:
    images.append(imageio.imread(filename))
imageio.mimsave('gif.gif', images,duration=1,loop=1)
```

执行后会生成动图文件 gif.gif，如图 8-18 所示。

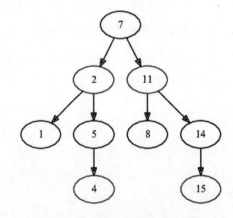

图 8-18　动态生成红黑树流程图

第 9 章

排序算法

　　排序是指针对一连串数据，按照其中的某个或某些关键字的大小，以递增或递减的样式排列起来的操作。排序算法是将一系列数据按照要求进行排列的方法，小到成绩排序，大到大数据处理，排序算法在很多领域都发挥了十分重要的作用。本章将详细讲解使用内部排序算法的知识，并通过具体实例的实现过程来讲解其使用流程。

9.1　什么是排序算法

　　排序是计算机内经常进行的一种操作，其目的是将一组无序的记录序列调整为有序的记录序列，可分为内部排序和外部排序。在本节的内容中，将详细讲解排序算法的基础知识。

9.1.1　排序算法的定义

　　排序(sorting)是计算机程序设计中的一种重要操作，它的功能是将一个数据元素(或记录)的任意序列，重新排列成一个关键字有序的序列。所谓排序算法，是指通过特定的算法将一组或多组数据按照既定模式进行重新排序。这种新序列遵循着一定的规则，体现出一定的规律，因此，经处理后的数据便于筛选和计算，大大提高了计算效率。对于排序，我们首先要求其具有一定的稳定性，即当两个相同的元素同时出现于某个序列之中，则经过一定的排序算法之后，两者在排序前后的相对位置不发生变化。换言之，即便是两个完全相同的元素，它们在排序过程中也是各有区别的，不允许混淆。

9.1.2　排序算法的分类

　　根据使用频率，在表 9-1 中总结了常用排序算法的分类和时间复杂度信息。

表 9-1　常用排序算法的分类和时间复杂度

排序算法	平均时间复杂度
冒泡排序	$O(n^2)$
选择排序	$O(n^2)$
插入排序	$O(n^2)$
希尔排序	$O(n^{1.5})$
快速排序	$O(n*\log n)$
归并排序	$O(n*\log n)$
堆排序	$O(n*\log n)$
基数排序	$O(d(n+r))$

9.2　插入排序算法

　　插入排序的基本思想是：每步将一个待排序的记录，按其关键码值的大小插入前面已经排序的文件中适当位置，直到全部插入完为止。

9.2.1　插入排序算法基础

插入排序是建立在一个已排好序的记录子集基础上的算法，其基本思想是：每一步将下一个待排序的记录有序插入到已排好序的记录子集中，直到将所有待排记录全部插入完毕为止。例如，打扑克牌时的抓牌过程就是一个典型的插入排序，每抓一张牌，都需要将这张牌插入到合适位置，一直到抓完牌为止，从而得到一个有序序列。

插入排序(insertion sort)是一种简单直观且稳定的排序算法。如果有一个已经有序的数据序列，要求在这个已经排好的数据序列中插入一个数，但要求插入后此数据序列仍然有序，这个时候就要用到一种新的排序方法——插入排序法。算法适用于少量数据的排序，时间复杂度为 $O(n^2)$。插入算法把要排序的数组分成两部分：第一部分包含了这个数组的所有元素，但将最后一个元素除外(让数组多一个空间才有插入的位置)，而第二部分就只包含这一个元素(即待插入元素)。在第一部分排序完成后，再将这个最后元素插入到已排好序的第一部分中。

可以将插入排序算法分为三类：直接插入排序法、二分插入排序法(又称折半插入排序法)和链表插入排序法。

9.2.2　直接插入排序算法

直接插入排序是一种最基本的插入排序方法，能够将第 i 个记录插入到前面 $i-1$ 个已排好序的记录中。具体插入过程如下所示。

将第 i 个记录的关键字 K_i 顺序与其前面记录的关键字 $K_{i-1}, K_{i-2}, \cdots, K_1$ 进行比较，将所有关键字大于 K_i 的记录依次向后移动一个位置，直到遇见关键字小于或者等于 K_i 的记录 K_j。此时 K_j 后面必为空位置，将第 i 个记录插入空位置即可。完整的直接插入排序是从 $i=2$ 开始，也就是说，将第 1 个记录作为已排好序的单元素子集合，然后将第二个记录插入到单元素子集合中。将 i 从 2 循环到 n，即可实现完整的直接插入排序。图 9-1 给出了一个完整的直接插入排序实例，图中大括号内为当前已排好序的记录子集合。

```
A: {48} 62  35  77  55  14  35  98
B: {48  62} 35  77  55  14  35  98
C: {35  48  62} 77  55  14  35  98
D: {35  48  62  77} 55  14  35  98
E: {35  48  55  62  77} 14  35  98
F: {14  35  48  55  62  77} 35  98
G: {14  35  35  48  55  62  77} 98
H: {14  35  35  48  55  62  77  98}
```

图 9-1　直接插入排序示例

假设待排序记录保存在 r 中，需要设置一个监视哨 r[0]，使得 r[0]始终保存待插入的记录，其目的是提高效率。此处设置监视哨有如下两个作用：

(1) 备份待插入的记录，以便前面关键字较大的记录后移；

(2) 防止越界，这一点与顺序查找法中监视哨的作用相同。

直接插入排序算法并不是任意使用的，它比较适用于待排序记录数目较少且基本有序的情形。当待排序记录数目较大时，直接使用插入排序会降低性能。针对上述情形，如果非要使用插入排序算法，可以对直接插入排序进行改进。具体改进方法是在直接插入排序法的基础上，减少关键字比较和移动记录这两种操作的次数。

例如，图 9-2 展示了一个直接插入排序实例的实现过程。

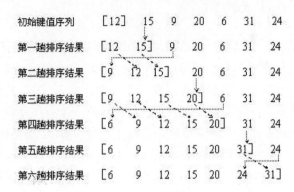

图 9-2　一个直接插入排序实例

9.2.3　算法演练——排序一个列表

下面将通过一个实例的实现过程，详细讲解编写直接插入排序算法的具体方法。假设待排序的列表为[49,38,65,97,76,13,27,49]，则比较的步骤和得到的新列表如下。

待排序列表：[49,38,65,97,76,13,27,49]

第一次比较后：[**_38_**,49,65,97,76,13,27,49]，第二个元素(38)与之前的元素进行比较，发现 38 较小，进行交换。

第二次比较后：[38,49,65,97,76,13,27,49]，第三个元素(65)大于前一个元素(49)，所以不进行交换操作，直接到下一个元素比较。

第三次比较后：[38,49,65,97,76,13,27,49]，和第二次比较类似。

第四次比较后：[38,49,65,**_76_**,97,13,27,49]，当前元素(76)比前一元素(97)小，(97)后移，(76)继续与(65)比较，发现当前元素比较大，执行插入。

第五次比较后：[**_13_**,38,49,65,76,97,27,49]。

第六次比较后：[13,**_27_**,38,49,65,76,97,49]。

第七次比较后：[13,27,38,49,**_49_**,65,76,97]。

注　意

带有灰色颜色的列表段是已经排序好的，用加粗+斜体+下划线标注的是执行插入并且进行过交换的元素。

在下面的实例文件 zhicha.py 中，演示了使用直接插入排序算法排序上述数据的过程。

```python
def InsertSort(myList):
    # 获取列表长度
    length = len(myList)

    for i in range(1, length):
        # 设置当前值前一个元素的标识
        j = i - 1
```

```
        # 如果当前值小于前一个元素, 则将当前值作为一个临时变量存储, 将前一个元素后移一位
        if (myList[i] < myList[j]):
            temp = myList[i]
            myList[i] = myList[j]

        # 继续往前寻找, 如果有比临时变量大的数字, 则后移一位, 直到找到比临时变量小的元素或者达
        # 到列表第一个元素
            j = j - 1
            while j >= 0 and myList[j] > temp:
                myList[j + 1] = myList[j]
                j = j - 1

            # 将临时变量赋值给合适位置
            myList[j + 1] = temp


myList = [49, 38, 65, 97, 76, 13, 27, 49]
InsertSort(myList)
print(myList)
```

执行以上代码后会输出:

```
[13, 27, 38, 49, 49, 65, 76, 97]
```

9.2.4 算法演练——升序和降序排列

在下面的实例文件 zhicha01.py 中, 分别使用直接插入排序算法编写了升序排列函数 Zhijie_Px()和降序排列函数 Zhijie_Px2()。文件 zhicha01.py 的具体实现代码如下所示。

```
# 升序排列
def Zhijie_Px(arr):

    for i in range(1,len(arr)):
        if arr[i]<arr[i-1]:
            temp=arr[i]
            j=i-1
            while arr[j]>temp and j>=0:
                arr[j+1]=arr[j]
                j -=1
            arr[j+1]=temp
    print(arr)

# 降序排列
def Zhijie_Px2(arr):
    for i in range(1,len(arr)):
        if arr[i]>arr[i-1]:
            temp=arr[i]
            j=i-1
            while arr[j]<temp and j>=0:
                arr[j+1]=arr[j]
                j -=1
            arr[j+1]=temp
    #  arr=arr[::-1]
    print(arr)
```

```
Zhijie_Px([88,78,65,156,239,43])

Zhijie_Px2([88,78,65,156,239,43])
```

在上述代码中分别实现了升序排列和降序排列,具体原理是:假定前 i 个元素构成的子序列是处于已排序的情况下进行排序的,然后将第 i 个元素与前 i 个元素构成的子序列逆序进行比较。如果是要升序排序,则比较第 i 个元素是否比 j=i-1(i-1 需要大于等于 0)的元素大,如果是则第 i 个元素的位置(即 j+1 的位置上)保持不动,反之,则将 j=i-1 的元素放置到 i 的位置,再进行第 i 个元素与 j=i-2(i-2 需要大于等于 0)的比较,依次进行,如果第 i 个元素刚好比 j=i-3 大,则将第 i 个元素插入到 j=i-2 的位置(即 j+1 的位置)上。

执行相关代码后会分别输出显示升序排列和降序排列后的结果:

```
[43, 65, 78, 88, 156, 239]
[239, 156, 88, 78, 65, 43]
```

9.3 希尔排序

扫码观看视频讲解

希尔排序(谢尔排序)又被称为缩小增量排序法,这是一种基于插入思想的排序方法。在本节的内容中,将详细讲解希尔排序算法的基本知识和具体用法,为读者步入本书后面知识的学习打下基础。

9.3.1 希尔排序算法基础

希尔排序利用了直接插入排序的最佳性质,首先将待排序的关键字序列分成若干个较小的子序列,然后对子序列进行直接插入排序操作。经过上述粗略调整,整个序列中的记录已经基本有序,最后再对全部记录进行一次直接插入排序。在时间耗费上,与直接插入排序相比,希尔排序极大地改进了排序性能。

在进行直接插入排序时,如果待排序记录序列已经有序,直接插入排序的时间复杂度可以提高到 $O(n)$。因为希尔排序对直接插入排序进行了改进,所以会大大提高排序的效率。

> **注 意**
>
> 希尔排序时效分析很难,关键码的比较次数与记录移动次数依赖于增量因子序列 d 的选取,特定情况下可以准确估算出关键码的比较次数和记录的移动次数。目前还没有人给出选取最好的增量因子序列的方法。增量因子序列可以有各种取法,有取奇数的,也有取质数的,但需要特别注意的是:增量因子中除 1 外没有公因子,且最后一个增量因子必须为 1。希尔排序方法是一个不稳定的排序方法。

希尔排序在具体实现时,首先选定两个记录间的距离 d_1,在整个待排序记录序列中将所有间隔为 d_1 的记录分成一组,然后在组内进行直接插入排序。接下来取两个记录间的距离 $d_2<d_1$,在整个待排序记录序列中,将所有间隔为 d_2 的记录分成一组,进行组内直接插入排序,一直到选定两个记录间的距离 d_t=1 为止。此时只有一个子序列,即整个待排序记录

序列。

图 9-3 给出了一个希尔排序的具体实现过程。

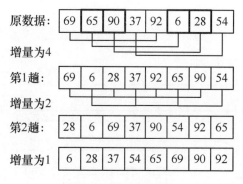

图 9-3　希尔排序过程

希尔排序的时间复杂度是所取增量序列的函数，目前存在争议。有的专家文献指出，当增量序列为 $d[k]=2(t-k+1)$ 时，希尔排序的时间复杂度为 $O(n^{1.5})$，其中 t 为排序趟数。

9.3.2　算法演练——使用希尔排序算法对数据进行排序处理

在下面的实例文件 xier.py 中，演示了展示希尔排序步骤的过程。

```python
def ShellInsetSort(array, len_array, dk):  # 直接插入排序
    for i in range(dk, len_array):  # 从下标为 dk 的数进行插入排序
        position = i
        current_val = array[position]  # 要插入的数

        index = i
        j = int(index / dk)   # index 与 dk 的商
        index = index - j * dk
        # while True:
        # 找到第一个数的下标，在增量为 dk 中，第一个数的下标 index 必然 0<=index<dk
        # position>index，要插入的数的下标必须大于第一个下标
        while position > index and current_val < array[position-dk]:
            array[position] = array[position-dk]  # 往后移动
            position = position-dk
        else:
            array[position] = current_val

def ShellSort(array, len_array):  # 希尔排序
    dk = int(len_array/2)  # 增量
    while(dk >= 1):
        ShellInsetSort(array, len_array, dk)
        print(">>:",array)
        dk = int(dk/2)

if __name__ == "__main__":
    array = [49, 38, 65, 97, 76, 13, 27, 49, 55, 4]
    print(">:", array)
    ShellSort(array, len(array))
```

执行以上代码后会输出：

```
>: [49, 38, 65, 97, 76, 13, 27, 49, 55, 4]
>>: [13, 27, 49, 55, 4, 49, 38, 65, 97, 76]
>>: [4, 27, 13, 49, 38, 55, 49, 65, 97, 76]
>>: [4, 13, 27, 38, 49, 49, 55, 65, 76, 97]
```

其中二趟排序结果如图 9-4 所示。

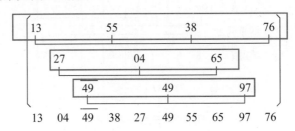

图 9-4　二趟排序结果

接下来对图 9-4 三个框中的数进行插入排序。例如排列 13,55,38,76，先直接看 13，因为 13<55 成立，所以不用移动。接着看 38，因为 38<55，那么 55 后移，此时的数据变为 [13,55,38,76]，接着比较 38<55，那么 38 替换 55，最后变成[13,38,55,76]。其他两个框的排列过程类似。这里有一个问题，比如第二个黄色框[27,4,65]，4<27，那 27 往后移，接着 4 就替换第一个，数据变成[4,27,65]，但是计算机怎么知道 4 就是在第一个呢？先找出[27,4,65]第一个数的下标，在这个例子中 27 的下标为 1。当要插入的数的下标大于第一个下标 1 时，才可以往后移。前一个数不可以往后移有两种情况，一种是前面有数据，且小于要插入的数，那你只能插在它后面。另一种，很重要，当要插入的数比前面所有数都小时，那插入数肯定是放在第一个，此时要插入数的下标等于第一个数的下标。

为了找到第一个数的下标，大多数人的想法是用类似如下的循环：

```
while True:  # 找到第一个数的下标，在增量为 dk 中，第一个数的下标 index 必然 0<=index<dk
    index = index - dk
    if 0<=index and index <dk:
        break
```

此时调试会发现用循环太浪费时间了，特别是当增量 d=1 时，直接插入排序为了插入列表最后一个数，得循环减 1，直到第一个数的下标为止。我们可以用如下代码来解决：

```
j = int(index / dk)  # index 与 dk 的商
index = index - j * dk
```

9.3.3　算法演练——排序一个列表

在下面的实例文件 xipai.py 中，演示了使用希尔排序算法排列一个列表的过程。

```
def shell_sort(alist):
    """希尔排序"""
    n = len(alist)
    gap = n // 2
```

```
    while gap >= 1:
        for j in range(gap, n):
            i = j
            while (i - gap) >= 0:
                if alist[i] < alist[i - gap]:
                    alist[i], alist[i - gap] = alist[i - gap], alist[i]
                    i -= gap
                else:
                    break
        gap //= 2

if __name__ == '__main__':
    alist = [54, 26, 93, 17, 77, 31, 44, 55, 20]
    print("原列表为: %s" % alist)
    shell_sort(alist)
    print("新列表为: %s" % alist)
```

执行以上代码后会输出:

```
原列表为: [54, 26, 93, 17, 77, 31, 44, 55, 20]
新列表为: [17, 20, 26, 31, 44, 54, 55, 77, 93]
```

9.3.4   算法演练——使用希尔排序算法对列表进行排序

希尔排序的基本思想是:先将整个待排序的记录序列分割成为若干子序列分别进行直接插入排序,待整个序列中的记录"基本有序"时,再对全体记录依次进行直接插入排序。在下面的实例文件 xier03.py 中,演示了使用希尔排序算法对列表进行排序的过程。

```
def shellSort(arr):
    n = len(arr)
    gap = int(n / 2)

    while gap > 0:

        for i in range(gap, n):

            temp = arr[i]
            j = i
            while j >= gap and arr[j - gap] > temp:
                arr[j] = arr[j - gap]
                j -= gap
            arr[j] = temp
        gap = int(gap / 2)


arr = [12, 34, 54, 2, 3]

n = len(arr)
print("排序前:")
for i in range(n):
    print(arr[i]),

shellSort(arr)
```

```
print("\n 排序后:")
for i in range(n):
    print(arr[i]),
```

执行以上代码后会输出:

```
排序前:
12
34
54
2
3

排序后:
2
3
12
34
54
```

> **注 意**　希尔排序和插入排序谁更快
>
> 　　说到谁更快,本来应该是希尔排序快一点,它是在插入排序的基础上处理的,减少了数据移动次数,但是笔者编写无数个程序测试后,发现插入排序总是比希尔更快一些,这是为什么呢? 其实希尔排序实际上是对插入排序的一种优化,主要是为了节省数组移动的次数。希尔排序在数字比较少的情况下显得并不是十分优秀,但是对于大数据量来说,它要比插入排序效率高得多。后来编写大型程序进行测试后,发现希尔排序更快。由此可以建议读者,简单程序用插入排序,大型程序用希尔排序。

9.4　交换类排序:冒泡排序算法

扫码观看视频讲解

　　看名字就知道,交换类排序法是一种基于交换的排序法,能够通过交换逆序元素进行排序。在现实应用中,最常用的交换类排序算法有冒泡排序法和快速排序法。在本节的内容中,将首先详细介绍使用冒泡排序算法的方法。

9.4.1　冒泡排序(相邻比序法)算法基础

　　冒泡排序是一种简单的交换类排序方法,能够将相邻的数据元素进行交换,从而逐步将待排序序列变成有序序列。冒泡排序的基本思想是:从头扫描待排序记录序列,在扫描的过程中顺次比较相邻的两个元素的大小。下面以升序为例介绍排序过程。

　　(1)　在第一趟排序中,对 n 个记录进行如下操作。

　　① 对相邻的两个记录的关键字进行比较,如果逆序就交换位置。

　　② 在扫描的过程中,不断向后移动相邻两个记录中关键字较大的记录。

　　③ 将待排序记录序列中的最大关键字记录交换到待排序记录序列的末尾,这也是最大

关键字记录应在的位置。

(2) 然后进行第二趟冒泡排序，对前 $n-1$ 个记录进行同样的操作，其结果是使次大的记录被放在第 $n-1$ 个记录的位置上。

(3) 继续进行排序工作，在后面几趟的升序处理也反复遵循了上述过程，直到排好顺序为止。如果在某一趟冒泡过程中没有发现一个逆序，就可以马上结束冒泡排序。整个冒泡过程最多可以进行 $n-1$ 趟，图 9-5 演示了一个完整冒泡排序过程。

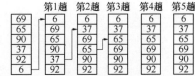

图 9-5　冒泡排序过程

注　意　排序算法的稳定性

针对排序算法，有一个重要的衡量指标，就是稳定性。这个概念是说，如果待排序的序列中存在值相等的元素，经过排序之后，相等元素之间原有的先后顺序不变。假如有序列 4，1，2，2，我们把第一个 2 叫 2'，第二个 2 叫 2"，如果排序之后，为 1，2'，2"，4，那么这个排序算法就是稳定的，否则就是不稳定的。稳不稳定有什么用吗？值都是一样的？当然有用，因为在软件开发中，要排序的数据不单单是具有一个属性的数据，而是有多个属性的对象，例如我们在对订单进行排序时，先要求按照金额大小进行排序，在订单金额相同的情况下按照订单的发生时间进行排序。最先想到的方法就是先对金额排序，在金额相同的订单区间内按时间排序，理解起来不难，有没有想过，实现起来很复杂。

但是借助稳定的排序算法，就很简单了，先按订单时间排一次序，再按金额排一次序就可以了。

9.4.2　算法演练——简单的冒泡排序

在下面的实例文件 easy.py 中，演示了实现从大到小的冒泡排序的过程。

```python
a_list = [1, 2, 3, 4, 5, 6]

for t in range(len(a_list)-1):

    for i in range(0, len(a_list)-1):
        tmp = a_list[i]
        if a_list[i] < a_list[i+1]:
            a_list[i] = a_list[i+1]
            a_list[i+1] =tmp

print(a_list)
```

执行以上代码后会输出：

```
[6, 5, 4, 3, 2, 1]
```

先看冒泡排序的原理：这里面有 n 个数字，要对其进行从大到小的排序的话，你就要拿相邻的两个数进行比较，如果第一个数比第二个数大就交换它们的位置；第二个就和第三个比较，一直这样下去，直到最小的就会在最后面了，然后继续从第一和第二个进行比较，如此循环下去。在上述代码中，要排列的列表元素是[1, 2, 3, 4, 5, 6]，使用冒泡排序算法的流程是：

```
第1轮： 1,2,3,4,5,6   2,1,3,4,5,6    2,3,1,4,5,6    2,3,4,1,5,6    2,3,4,5,1,6
2,3,4,5,6,1
第2轮： 2,3,4,5,6,1   3,2,4,5,6,1    3,4,2,5,6,1    3,4,5,2,6,1    3,4,5,6,2,1
第3轮： 3,4,5,6,2,1   4,3,5,6,2,1    4,5,3,6,2,1    4,5,6,3,2,1
第4轮： 4,5,6,3,2,1   5,4,6,3,2,1    5,6,4,3,2,1
第5轮： 5,6,4,3,2,1   6,5,4,3,2,1
```

由上面可以看到一共进行了五轮排序，后一轮都要比前一轮少一次比较，第 1 轮进行 $n-1$ 次比较。

9.4.3 算法演练——实现从大到小的冒泡排序

在下面的实例文件 da.py 中，演示了实现从大到小的冒泡排序的过程。外层循环用来控制这个序列长度和比较次数，第二层循环用来交换。

```python
def bubblesort(target):
    length = len(target)
    while length > 0:
        length -= 1
        cur = 0
        while cur < length: # 拿到当前元素
            if target[cur] < target[cur + 1]:
                target[cur], target[cur + 1] = target[cur + 1], target[cur]
            cur += 1
    return target
if __name__ == '__main__':
    a = [random.randint(1,1000) for i in range(100)]
    print(bubblesort(a))
```

在上述代码中，我们先定义比较次数并记为 C，元素的移动次数记为 M。若我们随机到正好有一串从小到大排序的数列，那我们比较一趟比较就能完事，比较次数只与你定义的数列长度有关，则 $C=n-1$，因为正好是从小到大排列的，所以不需要再移动了，即 $M=0$。这个时候冒泡排序为最理想的时间复杂度 $O(n)$。

那么我们现在再来考虑一个极端的情况，整个序列都是反序的。则完成排序需要 $n-1$ 次排序，每次排序需要 $n-i$ 次比较($1 \leqslant i \leqslant n-i$)，在算法上比较之后移动数据需要三次操作。在这种情况下，比较和移动的数均达到了最大值。

```
Cmax=n(n-1)/2=O(n^2)
Mmax=3n(n-1)/2=O(n^2)
```

所以，冒泡算法总的平均时间复杂度为 $O(n^2)$。执行以上代码后会输出：

```
[995, 979, 955, 953, 948, 946, 911, 885, 867, 862, 862, 853, 837, 830, 824,
810, 808, 806, 798, 793, 789, 741, 738, 734, 727, 708, 704, 689, 672, 669, 649,
644, 642, 625, 625, 621, 613, 607, 605, 599, 598, 587, 580, 579, 565, 556, 544,
536, 535, 530, 524, 506, 503, 484, 484, 477, 448, 432, 429, 427, 421, 397, 382,
```

367, 365, 363, 350, 342, 338, 321, 301, 287, 286, 284, 248, 241, 230, 218, 206, 196, 195, 183, 174, 165, 157, 151, 136, 116, 111, 102, 101, 99, 86, 74, 33, 31, 20, 18, 18, 7]

9.4.4 算法演练——使用冒泡排序算法的优化

因为在现实中使用冒泡排序算法的概率比较大，所以接下来我们讲解冒泡排序算法的效率问题。首先看下面的实例文件 mao01.py，使用冒泡排序算法对列表中的数字实现升序排序。

```python
def bubble_sort(collection):
    """
    无任何优化版
    """
    compare_count = 0
    length = len(collection)
    for i in range(length - 1):
        print(collection)  # 方便查看数组的排序过程
        for j in range(length - 1 - i):
            compare_count += 1
            if collection[j] > collection[j + 1]:
                tmp = collection[j]
                collection[j] = collection[j + 1]
                collection[j + 1] = tmp
    print(f"经历的总循环次数是：{compare_count}")
    return collection

print("排序开始------")
unsorted = [3,4,2,1,5,6,7,8]
print("排序结束------: ",*bubble_sort(unsorted))
```

执行以上代码后会输出：

```
排序开始------
[3, 4, 2, 1, 5, 6, 7, 8]
[3, 2, 1, 4, 5, 6, 7, 8]
[2, 1, 3, 4, 5, 6, 7, 8]
[1, 2, 3, 4, 5, 6, 7, 8]
[1, 2, 3, 4, 5, 6, 7, 8]
[1, 2, 3, 4, 5, 6, 7, 8]
[1, 2, 3, 4, 5, 6, 7, 8]
经历的总循环次数是：28
排序结束------: 1 2 3 4 5 6 7 8
```

通过上述排序过程可以发现，在第 4 次冒泡时其实已经实现了我们所需的数据排列功能，此时可以考虑加入一个判断条件：如果本次循环没有冒泡(交换)，则说明数据已经有序，可以直接退出。优化后的实例文件是 mao02.py，具体实现代码如下所示。

```python
def bubble_sort2(collection):
    """
    如果没有元素交换，说明数据在排序过程中已经有序，直接退出循环
    """
    compare_count=0
    length = len(collection)
```

```
    for i in range(length-1):
        swapped = False
        print(collection)
        for j in range(length-1-i):
            compare_count+=1
            if collection[j] > collection[j+1]:
                swapped = True
                tmp = collection[j]
                collection[j] = collection[j+1]
                collection[j+1] = tmp
        if not swapped: break  # Stop iteration if the collection is sorted.
    print(f"经历的总循环次数是: {compare_count}")
    return collection
print("排序开始------")
unsorted = [3,4,2,1,5,6,7,8]
print("排序结束------: ",*bubble_sort2(unsorted))
```

此时执行以上代码后会输出:

```
排序开始------
[3, 4, 2, 1, 5, 6, 7, 8]
[3, 2, 1, 4, 5, 6, 7, 8]
[2, 1, 3, 4, 5, 6, 7, 8]
[1, 2, 3, 4, 5, 6, 7, 8]
经历的总循环次数是: 22
排序结束------: 1 2 3 4 5 6 7 8
```

可以看到，此时的总循环次数还是比较多的，仅比未优化版少了 6 次循环次数，我们需要继续努力。观察执行结果可以发现，可以将此时的数据分为两部分：无序部分 3 4 2 1 和有序部分 5 6 7 8，每次循环如果能够发现无序和有序的边界，然后下次冒泡仅对无序部分进行比较和冒泡，可大大减少比较次数(循环次数)，从而加快速度。下面开始找出边界：

- ▶ 在第一次冒泡的过程中，第一个元素 4 被移动到下标为[3]的位置(Python 列表索引从 0 开始)，位置[3]就是有序部分的开始位置。
- ▶ 在第二次冒泡的过程中，第一个元素 3 被移动到下标为[2]的位置(Python 列表索引从 0 开始)，位置[2]就是有序部分的开始位置。
- ▶ ......

由此可以推断出，在一次冒泡的过程中，最后一个被交换的元素下标即为无序和有序的边界，因而下次冒泡，仅对 0~边界的元素冒泡即可大大减少循环次数。根据上述思想编写实例文件 mao03.py，具体实现代码如下所示。

```
def bubble_sort2(collection):
    """
    如果没有元素交换，说明数据在排序过程中已经有序，直接退出循环
    """
    compare_count=0
    length = len(collection)
    for i in range(length-1):
        swapped = False
        print(collection)
        for j in range(length-1-i):
```

```
        compare_count+=1
        if collection[j] > collection[j+1]:
            swapped = True
            tmp = collection[j]
            collection[j] = collection[j+1]
            collection[j+1] = tmp
    if not swapped: break  # Stop iteration if the collection is sorted.
    print(f"经历的总循环次数是: {compare_count}")
    return collection
print("排序开始------")
unsorted = [3,4,2,1,5,6,7,8]
print("排序结束------: ",*bubble_sort2(unsorted))
```

此时执行以上代码后会输出:

```
排序开始------
[3, 4, 2, 1, 5, 6, 7, 8]
[3, 2, 1, 4, 5, 6, 7, 8]
[2, 1, 3, 4, 5, 6, 7, 8]
[1, 2, 3, 4, 5, 6, 7, 8]
经历的总循环次数是: 10
排序结束------: 1 2 3 4 5 6 7 8
```

注 意 **冒泡排序算法的平均时间复杂度**

　　严格来说平均时间复杂度就是加权平均期望时间复杂度,分析的时候要结合概率论的知识,对于包含 n 个数据的数组,有 $n!$ 种排序方式,不同的排列方式,冒泡排序的执行时间肯定是不同的。如果要用概率论的方法定量分析平均时间复杂度,涉及的数据推理会很复杂,这里有一种思路,通过有序度和逆序度这两个概念来分析。有序度就是有顺序的元素的个数,比如 3,1,2 这三个数据有序度为 1,即(1,2)一个,相反,逆序度为 2,即(3,2)、(3,1)这两个,1,2,3 这三个数据的有序度为 3: (1,2)(1,3)(2,3),逆序度为 0,完全有序的数据序列的有序度也叫满有序度。下面是一个公式:

$$逆序度=满有序度-有序度$$

　　排序的过程就是增加有序度,减少逆序度,最后达到满有序度,说明排序完成。逆序度也称元素的交换次数,最坏情况,初始状态的有序度为 0,逆序度为 $n(n-1)/2$,所以要进行 $n(n-1)/2$ 次交换操作;最好情况,初始状态完全有序,逆序度为 0,不需要进行交换,这里平均交换次数我们可以取个平均值,即 $n(n-1)/4$。

　　而比较次数肯定比交换次数要多,因而平均情况下,无论算法怎么优化,时间复杂度不会低于 $n(n-1)/4$,也就是 $O(n^2)$。

9.5　交换类排序: 快速排序算法

扫码观看视频讲解

　　快速排序(quicksort)是对冒泡排序的一种改进,其基本思想是通过一趟排序将要排序的数据分割成独立的两部分,其中一部分的所有数据都比另外一部分的所有数据要小,然后再按此方法对这两部分数据分别进行快速排序,整个排序过程可以递归进行,以此达到整个数据变成有序序列。

9.5.1　快速排序算法基础

在冒泡排序中，在扫描过程中只比较相邻的两个元素，所以在互换两个相邻元素时只能消除一个逆序。其实也可以对两个不相邻的元素进行交换，这样做的好处是消除待排序记录中的多个逆序，会加快排序的速度。由此可见，快速排序方法就是通过一次交换消除多个逆序的过程。

快速排序的基本思想如下所示。

(1) 从待排序记录序列中选取一个记录，通常选取第一个记录，将其关键字设为 K_1。

(2) 将关键字小于 K_1 的记录移到前面，将关键字大于 K_1 的记录移到后面，结果会将待排序记录序列分成两个子表。

(3) 将关键字为 K_1 的记录插到其分界线的位置。

通常将上述排序过程称作一趟快速排序，通过一次划分之后，会以关键字 K_1 这个记录作为分界线，将待排序序列分成了两个子表，前面子表中所有记录的关键字都不能大于 K_1，后面子表中所有记录的关键字都不能小于 K_1。可以对分割后的子表继续按上述原则进行分割，直到所有子表的表长不超过 1 为止，此时待排序记录序列就变成了一个有序表。

快速排序算法基于分治策略，可以把待排序数据序列分为两个子序列，具体步骤如下所示。

(1) 从数列中挑出一个元素，将该元素称为"基准"。

(2) 扫描一遍数列，将所有比"基准"小的元素排在基准前面，所有比"基准"大的元素排在基准后面。

(3) 使用递归将各子序列划分为更小的序列，直到把小于基准值元素的子数列和大于基准值元素的子数列排序。

上述排序过程如图 9-6 所示。

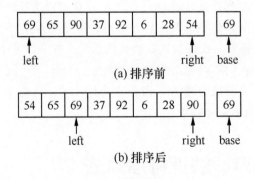

图 9-6　排序过程

注　意　快速排序的时间耗费是多少

快速排序的时间耗费和共需要使用递归调用深度的趟数有关。具体来说，快速排序的时间耗费分为最好情况、最坏情况和一般情况。其中一般情况介于最好情况和最坏情况之间，没有讨论的必要，接下来将重点讲解最好和最坏这两种情况。

(1) 最好情况: 每趟将序列一分两半，正好在表中间，将表分成两个大小相等的子表。这类似于折半查找，此时 $T(n) \approx O(n\log_2 n)$。

(2) 最坏情况: 当待排序记录已经排序时，算法的执行时间最长。第一趟经过 $n-1$ 次比较，将第一个记录定位在原来的位置上，并得到一个包括 $n-1$ 个记录的子文件; 第二趟经过 $n-2$ 次比较，将第二个记录定位在原来的位置上，并得到一个包括 $n-2$ 个记录的子文件。这样最坏情况总比较次数为

$$\sum_{i=1}^{n-1}(n-i)+(n-2)+\cdots+1 = \frac{n(n-1)}{2} \approx \frac{n^2}{2}$$

快速排序所需时间的平均值是 $T_{avg}(n) \leqslant K_n \ln(n)$，这是当前内部排序方法中所能达到的最好平均时间复杂度。如果初始记录按照关键字的有序或基本有序排成序列时，快速排序就变为了冒泡排序，其时间复杂度为 $O(n^2)$。为了改进它，可以使用其他方法选取枢轴元素。如采用三者值取中的方法来选取，例如: {46,94,80}取 80，即

$$k_r = \text{mid}(r[low]key, r\left[\frac{low+high}{2}\right]key, r[high]key)$$

或者取表中间位置的值作为枢轴的值，例如上例中取位置序号为 2 的记录 94 为枢轴元素。

9.5.2　算法演练——实现基本的快速排列

在下面的实例文件 k.py 中，演示了实现基本的快速排列的过程。

```python
def sub_sort(array,low,high):
    key = array[low]
    while low < high:
        while low < high and array[high] >= key:
            high -= 1
        while low < high and array[high] < key:
            array[low] = array[high]
            low += 1
            array[high] = array[low]
    array[low] = key
    return low


def quick_sort(array,low,high):
    if low < high:
        key_index = sub_sort(array,low,high)
        quick_sort(array,low,key_index)
        quick_sort(array,key_index+1,high)
```

```
if __name__ == '__main__':
    array = [8,10,9,6,4,16,5,13,26,18,2,45,34,23,1,7,3]
    print(array)
    quick_sort(array,0,len(array)-1)
    print(array
```

(1) 首先从数列中取出一个数作为基准数。

(2) 执行分区操作，将比这个数大的数全放到它的右边，其他数全放到它的左边。

(3) 最后再对左右区间重复第(2)步，直到各区间只有一个数。

执行相关代码后会输出：

```
[8, 10, 9, 6, 4, 16, 5, 13, 26, 18, 2, 45, 34, 23, 1, 7, 3]
[1, 2, 3, 4, 5, 6, 7, 8, 9, 10, 13, 16, 18, 23, 26, 34, 45]
```

9.5.3 算法演练——使用快速排序算法排列一个列表

在下面的实例文件 k02.py 中，演示了使用快速排序算法排列一个列表的过程，具体实现流程如下所示。

(1) 首先挑选一个基准值，从数列中挑出一个元素，称为"基准"(pivot)。

(2) 然后开始分割工作，重新排序数列，所有比基准值小的元素摆放在基准前面，所有比基准值大的元素摆放在基准后面(与基准值相等的数可以放到任何一边)。在这个分割结束之后，对基准值的排序就已经完成。

(3) 最后递归排序子序列。通过递归将小于基准值元素的子序列和大于基准值元素的子序列排序。递归到最底部的判断条件是数列的大小是 0 或 1，此时该数列显然已经有序。

文件 k02.py 的具体实现代码如下所示。

```python
def partition(arr, low, high):
    i = (low - 1)   # 最小元素索引
    pivot = arr[high]

    for j in range(low, high):

        # 当前元素小于或等于 pivot
        if arr[j] <= pivot:
            i = i + 1
            arr[i], arr[j] = arr[j], arr[i]

    arr[i + 1], arr[high] = arr[high], arr[i + 1]
    return (i + 1)

# arr[] --> 排序列表
# low  --> 起始索引
# high --> 结束索引

# 快速排序函数
def quickSort(arr, low, high):
    if low < high:
        pi = partition(arr, low, high)
```

```
            quickSort(arr, low, pi - 1)
            quickSort(arr, pi + 1, high)


arr = [10, 7, 8, 9, 1, 5]
n = len(arr)
quickSort(arr, 0, n - 1)
print("排序后的列表:")
for i in range(n):
print("%d" % arr[i]),
```

执行以上代码后会输出:

```
排序后的列表:
1
5
7
8
9
10
```

9.6　选择排序算法

扫码观看视频讲解

在排序时可以有选择地进行，但是不能随便选择，只能选择关键字最小的数据。在选择排序法中，每一趟从待排序的记录中选出关键字最小的记录，顺序放在已排好序的子文件的最后，直到排序完全部记录为止。常用的选择排序方法有两种，分别是直接选择排序算法和树形选择排序算法。

9.6.1　直接选择排序算法基础

直接选择排序又称为简单选择排序,第 i 趟简单选择排序是指通过 $n-i$ 次关键字的比较,从 $n-i+1$ 个记录中选出关键字最小的记录,并与第 i 个记录进行交换。这样共需进行 $i-1$ 趟比较,直到排序完成所有记录为止。例如,当进行第 i 趟选择时,从当前候选记录中选出关键字最小的 k 号记录,并与第 i 个记录进行交换。

对拥有 n 个记录的文件进行直接选择排序,其经过 $n-1$ 趟直接选择排序可以得到一个有序结果。具体排序流程如下所示。

(1) 在初始状态,无序区为 $R[1..n]$,有序区为空。

(2) 实现第 1 趟排序。在无序区 $R[1..n]$ 中选出关键字最小的记录 $R[k]$,将它与无序区的第 1 个记录 $R[1]$ 交换,使 $R[1..n]$ 和 $R[2..n]$ 分别变为记录个数增加 1 个的新有序区和记录个数减少 1 个的新无序区。

(3) 实现第 i 趟排序。

在开始第 i 趟排序时,当前有序区和无序区分别是 $R[1..i-1]$ 和 $R[i..n](1 \leqslant i \leqslant n-1)$。该趟排序会从当前无序区中选出关键字最小的记录 $R[k]$,将它与无序区的第 1 个记录 $R[i]$ 进行交换,使 $R[1..i]$ 和 $R[i+1..n]$ 分别变为记录个数增加 1 个的新有序区和记录个数减少 1 个的新无序区。

这样，*n* 个记录文件经过 *n*−1 趟直接选择排序后，会得到有序结果。

9.6.2 树形选择排序算法基础

在简单选择排序中，首先从 *n* 个记录中选择关键字最小的记录进行 *n*−1 次比较，在 *n*−1 个记录中选择关键字最小的记录进行 *n*−2 次比较……每次都没有利用上次比较的结果，所以比较操作的时间复杂度为 $O(n^2)$。如果想降低比较的次数，需要保存比较过程中的大小关系。

树形选择排序也被称为锦标赛排序，其基本思想如下。

(1) 两两比较待排序的 *n* 个记录的关键字，并取出较小者。

(2) 在 *n*/2 个较小者中，采用同样的方法比较选出每两个中的较小者。

如此反复上述过程，直至选出最小关键字记录为止。可以用一棵有 *n* 个节点的树来表示，选出的最小关键字记录就是这棵树的根节点。当输出最小关键字之后，为了选出次小关键字，可以设置根节点(即最小关键字记录所对应的叶节点)的关键字值为∞，然后再进行上述的过程，直到所有的记录全部输出为止。

例如存在如下数据：49,38,65,97,76,13,27,49。如果想从上述 8 个数据中选出最小数据，具体实现过程如图 9-7 所示。

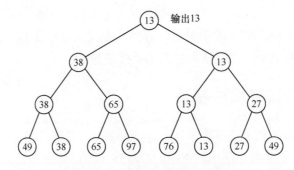

图 9-7　选出最小数据的过程

在树形选择排序中，被选中的关键字都是走了一个由叶节点到根节点的比较过程，因为含有 *n* 个叶节点的完全二叉树的深度为[$\log_2 n$]+1，所以在树形选择排序中，每当选择一个关键字都需要进行 $\log_2 n$ 次比较，其时间复杂度为 $O(\log_2 n)$。因为移动记录次数不超过比较次数，所以总的算法时间复杂度为 $O(n\log_2 n)$。与简单选择排序相比，树形选择排序降低了比较次数的数量级，增加了 *n*−1 个存放中间比较结果的额外存储空间，并同时附加了与∞进行比较的时间耗费。为了弥补上述缺陷，威廉姆斯在 1964 年提出了进一步的改进方法，即另外一种形式的选择排序方法——堆排序。

9.6.3 算法演练——使用直接选择排序算法

直接选择排序的时间复杂度为 $O(n^2)$，需要进行的比较次数为第一轮 *n*−1,*n*−2,···,1，总

的比较次数为 $n(n-1)/2$。在下面的实例文件 qiu.py 中，演示了实现直接选择排序操作的过程。

```python
def selectedSort(myList):
    # 获取 list 的长度
    length = len(myList)
    # 一共进行多少轮比较
    for i in range(0,length-1):
        # 默认设置最小值的 index 为当前值
        smallest = i
        # 用当先最小 index 的值分别与后面的值进行比较，以便获取最小 index
        for j in range(i+1,length):
            # 如果找到比当前值小的 index，则进行两值交换
            if myList[j]<myList[smallest]:
                tmp = myList[j]
                myList[j] = myList[smallest]
                myList[smallest]=tmp
        # 打印每一轮比较好的列表
        print("Round ",i,": ",myList)


myList = [1,4,5,0,6]
print("Selected Sort: ")
selectedSort(myList)
```

执行以上代码后会输出：

```
Selected Sort:
Round  0 :  [0, 4, 5, 1, 6]
Round  1 :  [0, 1, 5, 4, 6]
Round  2 :  [0, 1, 4, 5, 6]
Round  3 :  [0, 1, 4, 5, 6]
```

9.6.4 算法演练——使用直接选择排序算法排列一个列表

在下面的实例文件 xuan01.py 中，演示了使用直接选择排序算法排列一个列表的过程。

```python
A = [64, 25, 12, 22, 11]

for i in range(len(A)):

    min_idx = i
    for j in range(i + 1, len(A)):
        if A[min_idx] > A[j]:
            min_idx = j

    A[i], A[min_idx] = A[min_idx], A[i]

print("排序后的数组：")
for i in range(len(A)):
    print("%d" % A[i]),
```

执行以上代码后会输出：

```
排序后的数组：
```

```
11
12
22
25
64
```

9.7　堆排序算法

堆排序(heapsort)是指利用堆这种数据结构所设计的一种排序算法。堆是一个近似完全二叉树的结构，并同时满足堆积的性质：子节点的键值或索引总是小于(或者大于)它的父节点。在本节的内容中，将详细讲解使用堆排序算法的知识。

9.7.1　堆排序算法基础

堆排序是指在排序过程中，将向量中存储的数据看成一棵完全二叉树，利用完全二叉树中双亲节点和孩子节点之间的内在关系，以选择关键字最小的记录的过程。待排序记录仍采用向量数组方式存储，并非采用树的存储结构，而仅仅是采用完全二叉树的顺序结构的特征进行分析而已。堆排序是对树形选择排序的改进。当采用堆排序时，需要一个能够记录大小的辅助空间。

堆排序的具体做法是：将待排序的记录的关键字存放在数组 $r[1..n]$ 中，将 r 用一棵完全二叉树的顺序来表示。每个节点表示一个记录，第一个记录 $r[1]$ 作为二叉树的根，后面的各个记录 $r[2..n]$ 依次逐层从左到右顺序排列，任意节点 $r[i]$ 的左孩子是 $r[2i]$，右孩子是 $r[2i+1]$，双亲是 $r[r/2]$。调整这棵完全二叉树，使各节点的关键字值满足下列条件。

r[i].key>=r[2i].key 并且 r[i].key>=r[2i+1].key(i=1,2, …,[n/2])

将满足上述条件的完全二叉树称为堆，将此堆中根节点的最大关键字称为大根堆。反之，如果此完全二叉树中任意节点的关键字大于或等于其左孩子和右孩子的关键字(当有左孩子或右孩子时)，则对应的堆为小根堆。

假如存在如下两个关键字序列都满足上述条件：

(10, 15, 56, 25, 30, 70)

(70, 56, 30, 25, 15, 10)

上述两个关键字序列都是堆，(10, 15, 56, 25, 30, 70)对应的完全二叉树的小根堆如图 9-8(a)所示，(70, 56, 30, 25, 15, 10)对应的完全二叉树的大根堆如图 9-8(b)所示。

堆排序的过程主要需要解决如下几个问题。

(1) 如何重建堆？

(2) 如何由一个任意序列建初堆？

(3) 如何利用堆进行排序？

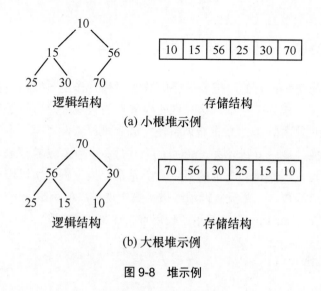

图 9-8　堆示例

1. 重建堆

重建堆的过程非常简单，只需要如下两个移动步骤即可实现。

(1) 移出完全二叉树根节点中的记录，该记录称为待调整记录，此时的根节点接近于空节点。

(2) 从空节点的左子、右子中选出一个关键字较小的记录，如果该记录的关键字小于待调整记录的关键字，则将该记录上移至空节点中。此时，原来那个关键字较小的子节点相当于空节点。

重复上述移动步骤，直到空节点左子、右子的关键字均不小于待调整记录的关键字为止，此时将待调整记录放入空节点即可完成重建。通过上述调整方法，实际上是使待调整记录实现了逐步向下"筛"处理，所以上述过程一般被称为"筛选"法。

2. 用任意序列建初堆

可以将一个任意序列看作是对应的完全二叉树，因为可以将叶节点视为单元素的堆，所以可以反复利用"筛选"法，自底向上逐层把所有子树调整为堆，直到将整个完全二叉树调整为堆。可以确定最后一个非叶节点位于[n/2]个元素，n 为二叉树节点数目。所以"筛选"必须从第[n/2]个元素开始，逐层向上倒退，直到根节点为止。

3. 堆排序

使用堆进行排序的具体步骤如下所示。

(1) 将待排序记录按照堆的定义建立一个初堆，并输出堆顶元素。

(2) 调整剩余的记录序列，使用筛选法将前 n−i 个元素重新筛选，以便建成为一个新堆，然后再输出堆顶元素。

(3) 重复执行步骤(2)，实现 n−1 次筛选，这样新筛选出的堆会越来越小，而新堆后面的有序关键字会越来越多，最后使待排序记录序列成为一个有序的序列，这个过程称为堆排序。

9.7.2 算法演练——使用堆排序处理数据

堆排序的基本思想是：初始时把要排序的数的序列看作是一棵顺序存储的二叉树，调整它们的存储序，使之成为一个堆，这时堆的根节点的数最大。再将根节点与堆的最后一个节点交换。然后对前面(n-1)个数重新调整使之成为堆。依此类推，直到只有两个节点的堆，并对它们作交换，最后得到有 n 个节点的有序序列。从算法描述来看，堆排序需要两个过程，一是建立堆，二是堆顶与堆的最后一个元素交换位置。所以堆排序由两个函数组成：一是建堆的渗透函数，二是反复调用渗透函数实现排序的函数。

在下面的实例文件 dui1.py 中，演示了使用堆排序处理数据的过程。

```python
# 随机生成 0~100 的数值
def get_andomNumber(num):
    lists=[]
    i=0
    while i<num:
        lists.append(random.randint(0,100))
        i+=1
    return lists


# 调整堆
def adjust_heap(lists, i, size):
    lchild = 2 * i + 1
    rchild = 2 * i + 2
    max = i
    if i < size / 2:
        if lchild < size and lists[lchild] > lists[max]:
            max = lchild
        if rchild < size and lists[rchild] > lists[max]:
            max = rchild
        if max != i:
            lists[max], lists[i] = lists[i], lists[max]
            adjust_heap(lists, max, size)

# 创建堆
def build_heap(lists, size):
    for i in range(0, (int(size/2)))[::-1]:
        adjust_heap(lists, i, size)

# 堆排序
def heap_sort(lists):
    size = len(lists)
    build_heap(lists, size)
    for i in range(0, size)[::-1]:
        lists[0], lists[i] = lists[i], lists[0]
        adjust_heap(lists, 0, i)
    return lists

a = get_andomNumber(10)
print("排序之前: %s" %a)
```

```
b = heap_sort(a)
print("排序之后: %s" %b)
```

执行以上代码后会输出：

```
排序之前: [80, 37, 20, 0, 16, 59, 50, 52, 62, 77]
排序之后: [0, 16, 20, 37, 50, 52, 59, 62, 77, 80]
```

9.7.3　算法演练——实现堆排序

在 Python 算法应用中，实现堆排序的大致步骤如下所示。

(1) 构建完全二叉树：将原始数据放入完全二叉树中。

(2) 构建大顶堆：分别选择起点和节点，选择下一个节点，并确定如何调整堆。

(3) 排序：依次将堆顶的数据拿走，生成排序的树，最后用层序遍历处理所有的排序元素。

假设待排序数字为 30,20,80,40,50,10,60,70,90，如图 9-9 所示，在下面的实例文件 dui.py 中，演示了实现完整堆排序的过程。

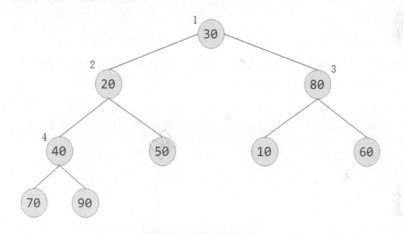

图 9-9　待排序的数字

文件 dui.py 的具体实现流程如下所示。

(1) 编写打印函数 print_tree() 构建完全二叉树并打印树。为了方便观察，生成一个打印列表为树结构的函数，方便观察树节点的变动。为了适应不同的完全二叉树，这个打印函数 print_tree() 还需要特殊处理一下：第一行取 1 个，第二行取 2 个，第三行取 3 个，依此类推。函数 print_tree() 的具体实现代码如下所示。

```
import math
def print_tree(array):
    '''
        前空格元素间
    170
    237
    313
    401
    '''
```

```
    index = 1
    depth = math.ceil(math.log2(len(array)))  # 因为补0了，不然应该是
math.ceil(math.log2(len(array)+1))
    sep = ' '
    for i in range(depth):
        offset = 2 ** i
        print(sep * (2 ** (depth - i - 1) - 1), end='')
        line = array[index:index + offset]
        for j, x in enumerate(line):
            print("{:>{}}".format(x, len(sep)), end='')
            interval = 0 if i == 0 else 2 ** (depth - i) - 1
            if j < len(line) - 1:
                print(sep * interval, end='')
        index += offset
        print()
```

(2) 准备要处理的列表是[30, 20, 80, 40, 50, 10, 60, 70, 90]，为了和编码对应，增加一个无用的0在列表origin中的首位。编写函数heap_adjust()调整堆节点，具体调整流程如下所示：

▶ 度数为2的节点A，如果它的左右孩子节点的最大值比它大，将这个最大值和该节点交换。

▶ 度数为1的节点A，如果它的左孩子的值大于它，则交换。

▶ 如果节点A被交换到新的位置，还需要和其孩子节点重复上面的处理过程。

上述功能对应的实现代码如下所示。

```
origin = [0, 30, 20, 80, 40, 50, 10, 60, 70, 90]
total = len(origin) - 1  # 初始待排序元素个数，即n
print(origin)
print_tree(origin)
print("="*50)
def heap_adjust(n, i, array: list):
    '''
    调整当前节点(核心算法)
    调整的节点的起点在n/2，保证所有调整的节点都有孩子节点
    :param n: 待比较数个数
    :param i: 当前节点的下标
    :param array: 待排序数据
    :return: None
    '''
    while 2 * i <= n:
        # 孩子节点判断: 2i为左孩子, 2i+1为右孩子
        lchile_index = 2 * i
        max_child_index = lchile_index  # n=2i
        if n > lchile_index and array[lchile_index + 1] > array[lchile_index]:
# n>2i, 说明还有右孩子
            max_child_index = lchile_index + 1  # n=2i+1
        # 和子树的根节点比较
        if array[max_child_index] > array[i]:
            array[i], array[max_child_index] = array[max_child_index], array[i]
            i = max_child_index  # 被交换后，需要判断是否还需要调整
        else:
            break
```

```
    # print_tree(array)
```

（3）到目前为止也只是解决了单个节点的调整，下面要使用循环来依次解决比起始节点编号小的节点。编写函数 max_heap() 分别构建大顶堆、大根堆。

▶ 起点的选择：从最下层最右边叶子节点的父节点开始。由于构造了一个前置的 0，因此编号和列表的索引正好重合。但是，元素个数等于长度减 1。

▶ 下一个节点：按照二叉树性质 5，从起点开始找编号逐个递减的节点，直到编号 1 为止。

函数 max_heap() 的具体实现代码如下所示。

```
def max_heap(total,array:list):
    for i in range(total//2,0,-1):
        heap_adjust(total,i,array)
    return array
print_tree(max_heap(total,origin))
print("="*50)
```

（4）编写函数 sort() 实现排序功能，具体流程如下所示：

① 每次都要让堆顶的元素和最后一个节点交换，然后排除最后一个元素，形成一个新的被破坏的堆。

② 让它重新调整，调整后，堆顶一定是最大的元素。

③ 如果最后剩余 2 个元素的时候，后一个节点比堆顶大，就不用调整了。

函数 sort() 的具体实现代码如下所示。

```
def sort(total, array:list):
    while total > 1:
        array[1], array[total] = array[total], array[1] # 堆顶和最后一个节点交换
        total -= 1
        if total == 2 and array[total] >= array[total-1]:
            break
        heap_adjust(total,1,array)
    return array
```

（5）最后是测试代码：

```
print_tree(sort(total,origin))
print(origin)
print(origin)
```

执行以上代码后会输出：

```
[0, 30, 20, 80, 40, 50, 10, 60, 70, 90]
            30
     20              80
  40      50      10      60
70 90
==================================================
            90
     70              80
  40      50      10      60
20 30
==================================================
```

```
            10
      20             30
   40      50     60      70
80  90
[0, 10, 20, 30, 40, 50, 60, 70, 80, 90]
[0, 10, 20, 30, 40, 50, 60, 70, 80, 90]
```

注 意　堆排序与直接选择排序的区别是什么？

　　在直接选择排序中，为了从 R[1..n]中选出关键字最小的记录，必须经过 n-1 次比较，然后在 R[2..n]中选出关键字最小的记录，最后做 n-2 次比较。事实上，在后面的 n-2 次比较中，有许多比较可能在前面的 n-1 次比较中已经实现过。但是由于前一趟排序时未保留这些比较结果，因此后一趟排序时又重复执行了这些比较操作。

　　堆排序可通过树形结构保存部分比较结果，减少比较次数。

9.8　归并排序算法

扫码观看视频讲解

　　归并排序是一个典型的基于分治的递归算法。它不断地将原数组分成大小相等的两个子数组(可能相差 1)，最终当划分的子数组大小为 1 时(下面代码第 17 行 left 小于 right 不成立时) ，将划分的有序子数组合并成一个更大的有序数组。在本节的内容中，将详细讲解使用归并排序算法的知识。

9.8.1　归并排序算法基础

　　在使用归并排序法时，将两个或两个以上有序表合并成一个新的有序表。假设初始序列含有 k 个记录，首先将这 k 个记录看成 k 个有序的子序列，每个子序列的长度为 1，然后两两进行归并，得到 k/2 个长度为 2(k 为奇数时，最后一个序列的长度为 1)的有序子序列。最后在此基础上再进行两两归并，如此重复下去，直到得到一个长度为 k 的有序序列为止。上述排序方法被称作二路归并排序法。

　　归并排序就是利用归并过程，开始时先将 k 个数据看成 k 个长度为 1 的已排好序的表，将相邻的表成对合并，得到长度为 2 的 k/2 个有序表，每个表含有 2 个数据；进一步再将相邻表成对合并，得到长度为 4 的 k/4 个有序表……如此重复做下去，直到将所有数据均合并到一个长度为 k 的有序表为止，从而完成了排序。图 9-10 显示了二路归并排序的过程。

初始值	[6]	[14]	[12]	[10]	[2]	[18]	[16]	[8]
第一趟归并	[6	14]	[10	12]	[2	18]	[8	16]
第二趟归并	[6	10	12	14]	[2	8	16	18]
第三趟归并	[2	6	8	10	12	14	16	18]

图 9-10　二路归并排序过程

　　在图 9-11 中，使用函数 merge()将两个有序表进行归并处理，假设将两个待归并的表分别保存在数组 A 和 B 中，将其中一个的数据安排在下标从 *m* 到 *n* 单元中，另一个安排在下标从(*n*+1)到 *h* 单元中，将归并后得到的有序表存入辅助数组 *C*。归并过程是依次比较这两个有序表中相应的数据，按照"取小"原则复制到 *C* 中。

```
A  2   6   8   10
```
```
B  2   8   16  18
```
```
C  2   6   8   10  12  14  16  18
```

图 9-11　两个有序表的归并图

函数 merge()的功能只是归并两个有序表，在进行二路归并的每一趟归并过程中，能够将多对相邻的表进行归并处理。接下来开始讨论一趟的归并。假设已经将数组 *r* 中的 *n* 个数据分成成对长度为 *s* 的有序表，要求将这些表两两归并，归并成一些长度为 2*s* 的有序表，并把结果置入辅助数组 r2。如果 *n* 不是 2*s* 的整数倍，虽然前面进行归并的表长度均为 *s*，但是最后还是能再剩下一对长度都是 *s* 的表。在这个时候，需要考虑如下两种情况。

(1) 剩下一个长度为 *s* 的表和一个长度小于 *s* 的表，由于上述的归并函数 merge()并不要求待归并的两个表必须长度相同，仍可将二者归并，只是归并后的表的长度小于其他表的长度 2*s*。

(2) 只剩下一个表，它的长度小于或等于 *s*，由于没有另一个表与它归并，只能将它直接复制到数组 r2 中，准备参加下一趟的归并。

> **注 意**　**为什么是有序子数组？**
>
> 在归并排序算法中，为什么将划分的有序子数组合并成一个更大的有序数组？先看排序的递归公式：
>
> ```
> T(N) = 2T(N/2) + O(N)
> ```
>
> 从上述可以看出：将规模为 *N* 的原问题分解成两个规模为 *N*/2 的子问题，并且合并这两个子问题的代价是 *O*(*N*)。注意，上面公式中的 *O*(*N*)表示合并的代价。

9.8.2　两路归并算法的思路

假设将两个有序的子文件(相当于输入堆)放在同一向量中的相邻位置上，位置是r[low..m]和 r[m+1..high]。可以先将它们合并到一个局部的暂存向量 r1(相当于输出堆)中，当合并完成后将 r1 复制回 r[low..high]中。

(1) 合并过程。

① 预先设置 3 个指针 i、j 和 p，其初始值分别指向这 3 个记录区的起始位置。

② 在合并时依次比较 r[i]和 r[j]的关键字，将关键字较小的记录复制到 r1[p]中，然后将被复制记录的指针 i 或 j 加 1，以及指向复制位置的指针 p 加 1。

③ 重复上述过程，直到两个输入的子文件中有一个已全部复制完毕为止，此时将另一非空的子文件中剩余记录依次复制到 r1 中。

(2)　动态申请 r1。

在两路归并过程中，r1 是动态申请的，因为申请的空间会很大，所以需要判断加入申请空间是否成功。二路归并排序法的操作目的非常简单，只是将待排序序列中相邻的两个有序子序列合并成一个有序序列。在合并过程中，两个有序的子表被遍历了一遍，表中的每一项均被复制了一次。因此，合并的代价与两个有序子表的长度之和成正比，该算法的时间复杂度为 $O(n)$。

9.8.3　实现归并排序

实现归并排序的方法有两种，分别是自底向上和自顶向下，具体说明如下所示。

1．自底向上的方法

1)　自底向上的基本思想

自底向上的基本思想是，当第 1 趟归并排序时，将待排序的文件 $R[1..n]$看作是 n 个长度为 1 的有序子文件，然后将这些子文件两两归并。

▶　如果 n 为偶数，则得到 $n/2$ 个长度为 2 的有序子文件。

▶　如果 n 为奇数，则最后一个子文件轮空(不参与归并)。

所以当完成本趟归并后，前[lg$n$]个有序子文件长度为 2，最后一个子文件长度仍为 1。

第 2 趟归并的功能是，将第 1 趟归并所得到的[lg$n$]个有序的子文件实现两两归并。如此反复操作，直到最后得到一个长度为 n 的有序文件为止。

上述每次归并操作，都是将两个有序的子文件合并成一个有序的子文件，所以称其为"二路归并排序"。类似的还有 $k(k>2)$路归并排序。

2)　一趟归并算法

在某趟归并中，设各子文件长度为 length(最后一个子文件的长度可能小于 length)，则归并前 $R[1..n]$中共有 n 个有序的子文件：$R[1..length],R[length+1..2length], \cdots ,$ $R[([n/length]-1)*length+1..n]$。

> **注　意**
>
> 　　调用归并操作将相邻的一对子文件进行归并时，必须对子文件的个数可能是奇数以及最后一个子文件的长度小于 length 这两种特殊情况进行特殊处理。

▶　如果子文件个数为奇数，则最后一个子文件无须和其他子文件归并(即本趟轮空)。

▶　如果子文件个数为偶数，则要注意最后一对子文件中后一子文件的区间上界是 n。

2．自顶向下的方法

用分治法进行自顶向下的算法设计，这种形式更为简洁。

1)　分治法的 3 个步骤

设归并排序的当前区间是 $R[low..high]$，分治法的 3 个步骤如下。

(1) 分解：将当前区间一分为二，即求分裂点。

(2) 求解：递归地对两个子区间 $R[low..mid]$和 $R[mid+1..high]$进行归并排序。

(3) 组合：将已排序的两个子区间 R[low..mid] 和 R[mid+1..high] 归并为一个有序的区间 R[low..high]。

递归的终结条件：子区间长度为 1。

2) 具体算法

例如，已知序列 {26,5,77,1,61,11,59,15,48,19}，写出采用归并排序算法排序的每一趟的结果。

归并排序各趟的结果如下所示。

[26]　[5]　[77]　[1]　[61]　[11]　[59]　[15]　[48]　[19]

[5　26]　[1　77]　[11　61]　[15　59]　[19　48]

[1　5　26　77]　[11　15　59　61]　[19　48]

[1　5　11　15　　26　59　61　77]　[19　48]

[1　5　11　15　19　26　48　59　61　77]

9.8.4　算法演练——使用归并排序算法排列一个列表

归并排序使用了二分法，归根结底的思想还是分而治之。拿到一个长数组，将其不停地分为左边和右边两份，然后以此递归分下去，再将它们按照两个有序数组的样子合并起来。假设要排列的列表是 [4, 7, 8, 3, 5, 9]，则归并排序的流程如图 9-12 所示。

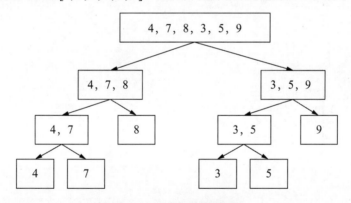

图 9-12　归并排序的流程

图 9-12 展示了归并排序的第 1 步，将数组按照 middle 进行递归拆分，最后分到最细之后再使用对两个有序数组进行排序的方法进行排序。两个有序数组排序的方法则非常简单，同时对两个数组的第一个位置进行比大小，将小的放入一个空数组，然后被放入空数组的那个位置的指针往后移一个，继续和另外一个数组的上一个位置进行比较，以此类推。到最后任何一个数组先出栈完，就将另外一个数组里的所有元素追加到新数组后面。

根据上面的归并分析，我们可以看到对图 9-12 的一个行为：当最左边的分到最细之后无法再划分左右，然后开始进行合并。下面是合并过程：

(1) 第一次组合完成 [4, 7] 的合并；

(2) 第二次组合完成 [4, 7, 8] 的合并；

(3) 第三次组合完成[3, 5]的合并；

(4) 第四次组合完成[3, 5, 9]的合并；

(5) 第五次组合完成[3, 4, 5, 7, 8, 9]的合并，结束排序。

在下面的实例文件 guibing01.py 中，演示了使用归并排序算法由小到大排列列表[4, 7, 8, 3, 5, 9]元素的过程。

```python
def merge(a, b):
    c = []
    h = j = 0
    while j < len(a) and h < len(b):
        if a[j] < b[h]:
            c.append(a[j])
            j += 1
        else:
            c.append(b[h])
            h += 1

    if j == len(a):
        for i in b[h:]:
            c.append(i)
    else:
        for i in a[j:]:
            c.append(i)

    return c


def merge_sort(lists):
    if len(lists) <= 1:
        return lists
    middle = int(len(lists)/2)
    left = merge_sort(lists[:middle])
    right = merge_sort(lists[middle:])
    return merge(left, right)


if __name__ == '__main__':
    a = [4, 7, 8, 3, 5, 9]
    print(merge_sort(a))
```

执行以上代码后会输出：

```
[3, 4, 5, 7, 8, 9]
```

9.8.5 算法演练——图解归并排序算法

如果要使用归并排序算法排列列表[14, 2, 34, 43, 21, 19]，首先将这个列表从中间位置分成两个子序列，然后将这两个子序列按照第一步继续二分下去。直到所有子序列的长度都为1，也就是不可以再二分截止。这时候再两两合并成一个有序序列即可。使用归并排序算法排列列表[14, 2, 34, 43, 21, 19]的流程如图 9-13 所示。

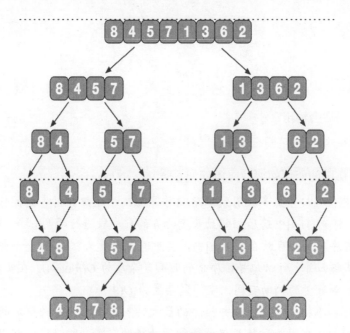

图 9-13 排序流程

在下面的实例文件 guibing02.py 中，演示了使用归并排序算法由小到大排列列表[14, 2, 34, 43, 21, 19]元素的过程。

```python
def merge(a, b):
    c = []
    h = j = 0
    while j < len(a) and h < len(b):
        if a[j] < b[h]:
            c.append(a[j])
            j += 1
        else:
            c.append(b[h])
            h += 1

    if j == len(a):
        for i in b[h:]:
            c.append(i)
    else:
        for i in a[j:]:
            c.append(i)

    return c


def merge_sort(lists):
    if len(lists) <= 1:
        return lists
    middle = len(lists)//2
    left = merge_sort(lists[:middle])
    right = merge_sort(lists[middle:])
    return merge(left, right)
```

```
if __name__ == '__main__':
    a = [14, 2, 34, 43, 21, 19]
    print (merge_sort(a))
```

执行以上代码后会输出：

```
[2, 14, 19, 21, 34, 43]
```

> **注 意**　**归并排序的效率如何，应该如何选择？**
>
> 　　归并排序中一趟归并要多次用到二路归并算法。一趟归并排序的操作是调用 $n/(2h)$ 次 merge 算法，将 $r1[1..n]$ 中前后相邻且长度为 h 的有序段进行两两归并，得到前后相邻、长度为 $2h$ 的有序段，并存放在 $r[1..n]$ 中，其时间复杂度为 $O(n)$。整个归并排序需进行 $m(m=\log_2 n)$ 趟二路归并，所以归并排序总的时间复杂度为 $O(n\log_2 n)$。在实现归并排序时，需要和待排记录等数量的辅助空间，空间复杂度为 $O(n)$。
>
> 　　与快速排序和堆排序相比，归并排序的最大特点是，它是一种稳定的排序方法。在一般情况下，因为要求附加和待排记录等数量的辅助空间，所以很少利用二路归并排序进行内部排序。
>
> 　　根据二路归并排序思想，可实现多路归并排序法，归并的思想主要用于外部排序。可以将外部排序过程分为如下两步。
>
> 　　(1) 将待排序记录分批读入内存，用某种方法在内存排序，组成有序的子文件，再按某种策略存入外存。
>
> 　　(2) 子文件多路归并，成为较长有序子文件，再传入外存，如此反复，直到整个待排序文件有序。
>
> 　　外部排序可使用外存、磁带、磁盘等设备。内存所能提供排序区大小和最初排序策略决定了最初形成的有序子文件的长度。

9.9　基数排序算法

扫码观看视频讲解

　　前面所述的各种排序方法使用的基本操作主要是比较与交换，而基数排序则利用分配和收集这两种基本操作，基数类排序就是典型的分配类排序。在介绍分配类排序之前，先介绍关于多关键字排序的问题。

9.9.1　多关键字排序

　　关于多关键字排序问题，可以通过一个例子来了解。例如：可以将一副扑克牌的排序过程看成是对花色和面值两个关键字进行排序的问题。规定花色和面值的顺序如下。

- ▶　花色：梅花<方块<红桃<黑桃。
- ▶　面值：A<2<3<⋯<10<J<Q<K。

并进一步规定花色的优先级高于面值，则一副扑克牌从小到大的顺序为：梅花 A，梅花 2，……，梅花 K；方块 A，方块 2，……，方块 K；红桃 A，红桃 2，……，红桃 K；黑桃 A，黑桃 2，……，黑桃 K。进行排序时有两种做法：其中一种是先按花色分成有序的四类，然后再按面值对每一类从小到大排序，该方法称为"高位优先"排序法。另一种做法是分配与收集交替进行，即首先按面值从小到大把牌摆成 13 叠(每叠 4 张牌)，然后将每叠牌按面值的次序收集到一起，再对这些牌按花色摆成 4 叠，每叠有 13 张牌，最后把这 4 叠牌按花色的次序收集到一起，于是就得到了上述有序序列。该方法称为"低位优先"排序法。

9.9.2　链式基数排序

基数排序属于上述"低位优先"排序法，通过反复进行分配与收集操作完成排序。假设记录 $r[i]$ 的关键字为 key_i，key_i 是由 d 位十进制数字构成的，即 $key_i=K_{i1}\,K_{i2}\cdots K_{id}$，则每一位可以视为一个子关键字，其中 K_{i1} 是最高位，K_{id} 是最低位，每一位的值都在 $0\leqslant K_{ij}\leqslant 9$ 的范围内，此时基数 rd=10。如果 key_i 是由 d 个英文字母构成的，即 $key_i=K_{i1}\,K_{i2}\cdots K_{id}$，其中 $'a'\leqslant K_{ij}\leqslant'z'$，则基数 rd=26。

排序时先按最低位的值对记录进行初步排序，在此基础上再按次低位的值进行进一步排序。依此类推，由低位到高位，每一趟都是在前一趟的基础上，根据关键字的某一位对所有记录进行排序，直至最高位，这样就完成了基数排序的全过程。

例如，某关键字 K 是数值型，取值范围为 $0\leqslant K\leqslant 999$，则可把每一位数字看成一个关键字，即可认为 K 是由 3 个关键字$(K_1,\cdots,K_d)$组成，其中 K_1 是百位数，K_2 是十位数，K_3 是个位数。此时基数 rd 为 10。

例如，有关键字 K 是由五位大写字母组成的单词，则可把此关键字看成是由五个关键字(K_1,K_2,K_3,K_4,K_5)组成的。此时基数 rd 为 26。

链式基数排序的实现步骤如下。

(1) 以静态链表存储 n 个待排序记录。

(2) 按最低位关键字进行分配，把 n 个记录分配到 rd 个链队列中，每个队列中记录关键字的最低位值相等，然后再改变所有非空队列的队尾指针，令其指向下一个非空队列的队头记录，重新将 rd 个队列中的记录收集成一个链表。

(3) 对第二低位关键字进行分配、收集，依次进行，直到对最高位关键字进行分配、收集，便可得到一个有序序列。

例如，对关键字序(278,109,063,930,589,184,505,269,008,083)进行基数排序，其过程如图 9-14 所示。

对于 n 个记录(每个记录含 d 个子关键字，每个子关键字的取值范围为 RADIX 个值)进行链式排序的时间复杂度为 $O(d(n+\text{RADIX}))$，其中每一趟分配算法的时间复杂度为 $O(n)$，每一趟收集算法的时间复杂度为 $O(\text{RADIX})$，整个排序进行 d 趟分配和收集，所需辅助空间为2×RADIX个队列指针。当然，由于需要链表作为存储结构，则相对于其他以顺序结构存储记录的排序方法而言，还增加了 *n* 个指针域空间。

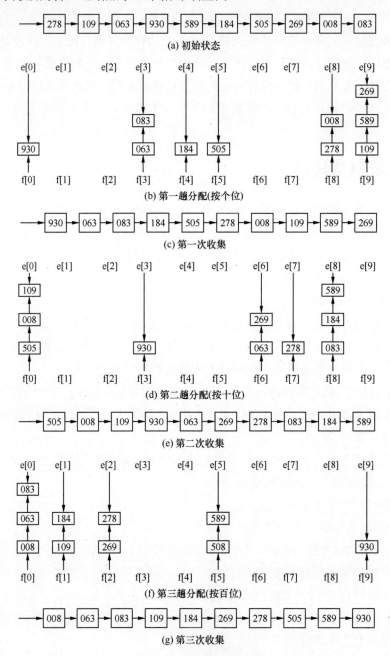

图 9-14　基数排序过程

9.9.3　算法演练——使用基数排序算法排序随机数字

在下面的实例文件 ji01.py 中，首先随机生成了 10 个数字，然后使用基数排序算法从小到大排序这 10 个数字。

```
import random
import math

#随机生成 0~100 的数值
def get_andomNumber(num):
    lists=[]
    i=0
    while i<num:
        lists.append(random.randint(0,100))
        i+=1
    return lists



# 头部需导入 import math
def radix_sort(lists, radix=10):
    k = int(math.ceil(math.log(max(lists), radix)))
    bucket = [[] for i in range(radix)]
    for i in range(1, k+1):
        for j in lists:
            bucket[int(j/(radix**(i-1)) % (radix**i))].append(j)
        del lists[:]
        for z in bucket:
            lists += z
            del z[:]
    return lists
a = get_andomNumber(10)
print("排序之前: %s" %a)


b = radix_sort(a)

print("排序之后: %s" %b)
```

因为是随机的，所以每次执行效果不一样，例如在笔者机器中执行以上代码后会输出：

```
排序之前: [96, 1, 62, 38, 52, 5, 54, 18, 5, 3]
排序之后: [1, 3, 5, 5, 18, 38, 52, 54, 62, 96]
```

9.9.4　算法演练——使用基数排序算法排序列表

基数排序的原理就是先排元素的最后一位，再排倒数第二位，直到所有位数都排完为止。这里并不能先排第一位，那样最后依然是无序。举个例子，假如要排列的是 [51,7,12,336,2,67,16,16,553]，则排序过程如图 9-15 所示。

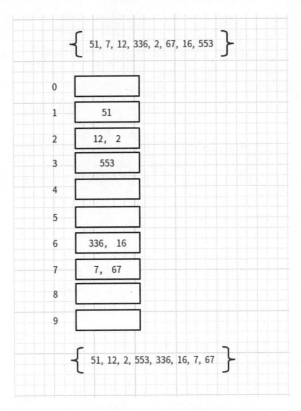

图 9-15　排序过程

在下面的实例文件 ji02.py 中，演示了使用基数排序算法排序列表[51,7,12,336,2, 67,16,16,553]的过程。

```python
def radix_sort(s):
    """基数排序"""
    i = 0                                          # 记录当前正在排哪一位,最低位为1
    max_num = max(s)                               # 最大值
    j = len(str(max_num))                          # 记录最大值的位数
    while i < j:
        bucket_list =[[] for _ in range(10)]       # 初始化桶数组
        for x in s:
            bucket_list[int(x / (10**i)) % 10].append(x)     # 找到位置放入桶数组
        print(bucket_list)
        s.clear()
        for x in bucket_list:                                # 放回原序列
            for y in x:
                s.append(y)
        i += 1

if __name__ == '__main__':
    a = [51,7,12,336,2,67,16,16,553]
    radix_sort(a)
    print(a)
```

执行以上代码后会输出：

```
[[], [51], [12, 2], [553], [], [], [336, 16, 16], [7, 67], [], []]
[[2, 7], [12, 16, 16], [], [336], [], [51, 553], [67], [], [], []]
[[2, 7, 12, 16, 16, 51, 67], [], [], [336], [], [553], [], [], [], []]
[2, 7, 12, 16, 16, 51, 67, 336, 553]
```

9.10 综合比较各种排序方法

扫码观看视频讲解

从算法的平均时间复杂度、最坏时间复杂度以及算法的空间复杂度三方面，对各种排序方法加以比较，如表 9-2 所示。其中简单排序包括除希尔排序以外的插入排序、冒泡排序和简单选择排序。

表 9-2　各种排序方法的性能比较

排序方法	平均时间复杂度	最坏时间复杂度	空间复杂度
简单排序	$O(n^2)$	$O(n^2)$	$O(1)$
快速排序	$O(n\log_2 n)$	$O(n^2)$	$O(n\log_2 n)$
堆排序	$O(n\log_2 n)$	$O(n\log_2 n)$	$O(1)$
归并排序	$O(n\log_2 n)$	$O(n\log_2 n)$	$O(n)$
基数排序	$O(d(n+rd))$	$O(d(n+rd))$	$O(n+rd)$

综合分析并比较各种排序方法后，可得出如下结论。

▶ 简单排序一般只用于 n 较小的情况。当序列中的记录"基本有序"时，直接插入排序是最佳的排序方法，常与快速排序、归并排序等其他排序方法结合使用。

▶ 快速排序、堆排序和归并排序的平均时间复杂度均为 $O(n\log_2 n)$，但实验结果表明，就平均时间性能而言，快速排序是所有排序方法中最好的。遗憾的是，快速排序在最坏情况下的时间性能为 $O(n^2)$。堆排序和归并排序的最坏时间复杂度仍为 $O(n\log_2 n)$，当 n 较大时，归并排序的时间性能优于堆排序，但是它所需的辅助空间更多。

▶ 基数排序的时间复杂度可以写成 $O(d \times n)$。因此，它最适用于 n 值很大而关键字的位数 d 较小的序列。

▶ 从排序的稳定性上来看，基数排序是稳定的，除了简单选择排序，其他各种简单排序法也是稳定的。然而，快速排序、堆排序、希尔排序等时间性能较好的排序方法，以及简单选择排序都是不稳定的。多数情况下，排序是按记录的主关键字进行的，此时不用考虑排序方法的稳定性。如果排序是按记录的次关键字进行的，则应充分考虑排序方法的稳定性。

综上所述，每一种排序方法都各有特点，没有哪一种方法是绝对最优的，应根据具体情况选择合适的排序方法，也可以将多种方法结合起来使用。

第 10 章
使用算法解决数据结构问题

　　数据结构是计算机存储、组织数据的方式。数据结构是指相互之间存在一种或多种特定关系的数据元素的集合。通常情况下，精心选择的数据结构可以带来更高的运行或者存储效率。为了帮助读者巩固业已掌握的编程技巧，加深读者对常用算法的理解程度，本章将介绍使用算法解决数据结构问题的例子。

10.1　约瑟夫环

约瑟夫问题(有时也称为约瑟夫斯置换),是一个出现在计算机科学和数学中的问题。在计算机编程的算法中,类似问题又称为约瑟夫环。

10.1.1　问题描述

几个人(以编号 1, 2, 3, $\cdots$, n 分别表示)围坐在一张圆桌周围。编号为 k 的人从 1 开始报数,数到 m 的那个人出列;他的下一个人又从 1 开始报数,数到 m 的那个人又出列;依此规律重复下去,直到圆桌周围的人全部出列。将每一次出列的人称为"出列者",将最后一个出列的人称为"胜利者"。

10.1.2　算法分析

n 个人(编号 0~(n-1)),从 0 开始报数,报到(m-1)的退出,剩下的人继续从 1 开始报数。求胜利者的编号。

我们知道第一个人(编号一定是(m-1)%n)出列之后,剩下的 n-1 个人组成了一个新的约瑟夫环(以编号为 k=m%n 的人开始):k,k+1,k+2,$\cdots$,n-2, n-1, 0, 1, 2, $\cdots$, k-2。并且从 k 开始报 0,现在把他们的编号进行如下转换。

```
k→0
k+1→1
k+2→2
...
k-3→n-3
k-2→n-2
```

变换后就完全成为(n-1)个人报数的子问题,假如知道这个子问题的解:例如 x 是最终的胜利者,那么根据上面这个表把这个 x 变回去不刚好就是 n 个人情况的解吗?变回去的公式很简单,相信大家都可以推出来:x'=(x+k)%n。

要想知道(n-1)个人报数问题的解,只要知道(n-2)个人的解即可。怎么样知道(n-2)个人的解呢?当然是先求(n-3)的情况,这显然就是一个倒推问题。假设用 f 表示第 i 个人玩游戏报出 m 退出最后胜利者的编号(报数),最后的结果自然是 f[n]。递推公式如下所示。

f[1]=0;
f=(f[i-1]+m)%i; (i>1)

有了上述公式之后,要做的就是从 1 到 n 顺序算出 f 的数值,最后结果是 f[n]。因为实际生活中编号总是从 1 开始,输出 f[n]+1 由于是逐级递推,不需要保存每个 f,程序也是异常简单。例如有 10 个人编号为 0~9,围坐一圈,报 3 的倍数的退出,然后余下的人接着报至最后 1 人。其图解过程如图 10-1 所示。

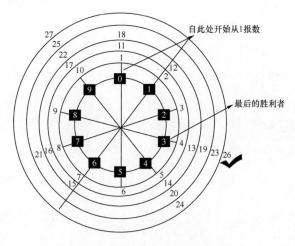

图 10-1　约瑟夫环的图解过程

10.1.3　具体实现

编写实例文件 yue.py 解决约瑟夫环的问题，具体实现代码如下所示。

```python
class Node():
    def __init__(self,value,next=None):
        self.value=value
        self.next=next

def createLink(n):
    if n<=0:
        return False
    if n==1:
        return Node(1)
    else:
        root=Node(1)
        tmp=root
        for i in range(2,n+1):
            tmp.next=Node(i)
            tmp=tmp.next
        tmp.next=root
        return root

def showLink(root):
    tmp=root
    while True:
        print(tmp.value)
        tmp=tmp.next
        if tmp==None or tmp==root:
            break

def josephus(n,k):
    if k==1:
        print('幸存者:',n)
```

```
        return
    root=createLink(n)
    tmp=root
    while True:
        for i in range(k-2):
            tmp=tmp.next
        print('杀掉:',tmp.next.value)
        tmp.next=tmp.next.next
        tmp=tmp.next
        if tmp.next==tmp:
            break
    print('survive:',tmp.value)

if __name__=='__main__':
    josephus(10,4)
    print('----------------')
    josephus(10,2)
    print('----------------')
    josephus(10,1)
    print('----------------')
```

执行以上代码后会输出：

```
杀掉: 4
杀掉: 8
杀掉: 2
杀掉: 7
杀掉: 3
杀掉: 10
杀掉: 9
杀掉: 1
杀掉: 6
survive: 5
----------------
杀掉: 2
杀掉: 4
杀掉: 6
杀掉: 8
杀掉: 10
杀掉: 3
杀掉: 7
杀掉: 1
杀掉: 9
survive: 5
----------------
幸存者: 10
----------------
```

10.2 操作顺序表

扫码观看视频讲解

顺序表是在计算机内存中以数组的形式保存的线性表，线性表的顺序存储是指用一组地址连续的存储单元依次存储线性表中的各个元素，使得

　　线性表中在逻辑结构上相邻的数据元素存储在相邻的物理存储单元中，即通过数据元素物理存储的相邻关系来反映数据元素之间逻辑上的相邻关系。采用顺序存储结构的线性表通常称为顺序表。顺序表是将表中的节点依次存放在计算机内存中一组地址连续的存储单元中。

10.2.1　算法分析

　　算法分析具体如下。

(1)　定义顺序表类 SeqList，设置默认最多容纳 10 个元素。

(2)　通过方法 is_empty(self)判定线性表是否为空。

(3)　通过方法__setitem__()修改线性表中某一位置的元素。

(4)　定义方法 getLoc()，根据值查找元素的位置。

(5)　通过方法 count()统计线性表中元素的个数。

(6)　通过方法 appendLast()在表末尾插入新的元素。

(7)　通过方法 insert()在顺序表的任意位置插入操作。

(8)　通过方法 remove()删除顺序表中的某一位置。

10.2.2　具体实现

　　在下面的实例文件 shun02.py 中，演示了实现顺序修改、查找、统计、删除和销毁操作的方法。

```python
class SeqList(object):
    def __init__(self,max=10):
        self.max = max
        # 初始化顺序表数组
        self.num = 0
        self.date = [None] * self.max
    def is_empty(self):        # 判断线性表是否为空
        return self.num is 0

    def is_full(self):         # 判断线性表是否全满
        return self.num is self.max

    # 获取线性表中某一位置的元素
    def __getitem__(self, i):
        if not isinstance(i,int):    # 如果 i 不为 int 型，则判定输入有误，即 Type 错误
            raise TypeError
        if 0<= i < self.num:      # 如果位置 i 满足条件，即在元素个数的范围内，则返回相对应
                                  # 的元素值，否则，超出索引，返回 IndexError
            return self.date[i]
        else:
            raise IndexError

    def __setitem__(self, key, value):
        if not isinstance(key,int): # 如果 key 不为 int 型，则判定输入有误，即 Type 错误
            raise TypeError
```

```
# 如果位置 key 满足条件，即在元素个数的范围内，则返回相对应的元素值，否则，超出索引，
# 返回 IndexError
    if 0<= key <self.num:
        self.date[key] = value
    else:
        raise IndexError
def getLoc(self,value):
    n = 0
    for j in range(self.num):
        if self.date[j] == value:
            return j
    if j == self.num:
        return -1   # 如果在遍历顺序表还未找到与 value 值相同的元素，则返回-1，
                    # 这表示在顺序表中没有值为 value 的元素

def Count(self):
    return self.num

def appendLast(self,value):
    if self.num >= self.max:
        print('The list is full')
        return
    else:
        self.date[self.num] = value
        self.num += 1

def insert(self,i,value):
    if not isinstance(i,int):
        raise TypeError
    if i < 0 and i > self.num:
        raise IndexError
    for j in range(self.num,i,-1):
        self.date[j] = self.date[j-1]
    self.date[i] = value
    self.num += 1


def remove(self,i):
    if not isinstance(i,int):
        raise TypeError
    if i < 0 and i >=self.num:
        raise IndexError
    for j in range(i,self.num):
        self.date[j] = self.date[j+1]
    self.num -= 1

# 输出操作
def printList(self):
    for i in range(0,self.num):
        print(self.date[i])

# 销毁操作
def destroy(self):
    self.__init__()
```

执行以上代码后会输出：

```
[None, None, None, None, None, None, None, None]
True
[0, 1, 2, None, None, None, None, None]
3
8
[0, 6, 1, 2, None, None, None, None]
[0, 5, 1, 2, None, None, None, None]
4
返回值为2(第一次出现)的索引： 3
====
[0, 1, 2, 2, None, None, None, None]
3
========
3
[2, 1, 0, 2, None, None, None, None]
False
[None, None, None, None, None, None, None, None]
0

Process finished with exit code 0
```

10.3　操作链表

扫码观看视频讲解

链表是一种物理存储单元上非连续、非顺序的存储结构，数据元素的逻辑顺序是通过链表中的指针链接次序实现的。链表由一系列节点(链表中每一个元素称为节点)组成，节点可以在运行时动态生成。

10.3.1　算法分析

算法分析具体如下。

▶　init()：链表初始化。

▶　insert()：在链表中插入数据。

▶　travel()：遍历链表中的数据。

▶　delete()：删除链表中的某个数据。

▶　find()：查找链表中的某个数据。

10.3.2　具体实现

在下面的实例文件 lian.py 中，演示了实现链表查找、添加和删除操作的方法。

```python
class LinkedList():
    def __init__(self, value=None):
        self.value = value
        # 前驱
        self.before = None
```

```
        # 后继
        self.behind = None

    def __str__(self):
        if self.value is not None:
            return str(self.value)
        else:
            return 'None'


def init():
    return LinkedList('HEAD')


def delete(linked_list):
    if isinstance(linked_list, LinkedList):
        if linked_list.behind is not None:
            delete(linked_list.behind)
            linked_list.behind = None
            linked_list.before = None
        linked_list.value = None


def insert(linked_list, index, node):
    node = LinkedList(node)
    if isinstance(linked_list, LinkedList):
        i = 0
        while linked_list.behind is not None:
            if i == index:
                break
            i += 1
            linked_list = linked_list.behind
        if linked_list.behind is not None:
            node.behind = linked_list.behind
            linked_list.behind.before = node
        node.before, linked_list.behind = linked_list, node


def remove(linked_list, index):
    if isinstance(linked_list, LinkedList):
        i = 0
        while linked_list.behind is not None:
            if i == index:
                break
            i += 1
            linked_list = linked_list.behind
        if linked_list.behind is not None:
            linked_list.behind.before = linked_list.before
        if linked_list.before is not None:
            linked_list.before.behind = linked_list.behind
        linked_list.behind = None
        linked_list.before = None
        linked_list.value = None
```

```
def travel(linked_list):
    if isinstance(linked_list, LinkedList):
        print(linked_list)
        if linked_list.behind is not None:
            travel(linked_list.behind)


def find(linked_list, index):
    if isinstance(linked_list, LinkedList):
        i = 0
        while linked_list.behind is not None:
            if i == index:
                return linked_list
            i += 1
            linked_list = linked_list.behind
        else:
            if i < index:
                raise Exception(404)
            return linked_list
```

10.4　带有尾节点引用的单链表

扫码观看视频讲解

　　单链表是一种链式存取的数据结构，用一组地址任意的存储单元存放线性表中的数据元素。链表中的数据是以节点来表示的，每个节点的构成：元素(数据元素的映象) + 指针(指示后继元素存储位置)，元素就是存储数据的存储单元，指针就是连接每个节点的地址数据。

10.4.1　算法分析

　　算法分析具体如下：
- ▶　定义方法 prepend()在表头插入数据；
- ▶　定义方法 append()在表尾插入数据；
- ▶　定义方法 pop()在表头删除数据；
- ▶　定义方法 pop_last()在表尾删除数据。

10.4.2　具体实现

　　在下面的实例文件 weidan.py 中，在本章上一个范例的基础上，演示了实现带有尾节点引用的单链表的过程。文件 weidan.py 的主要实现代码如下所示。

```
import random
class LList1(LList):
    def __init__(self):
        LList.__init__(self)
        self._rear = None
```

```
    # 表头插入
    def prepend(self, elem):
        if self._head is None:
            self._head = LNode(elem)
            self._rear = self._head
        else:
            self._head = LNode(elem, self._head)

    # 表尾插入
    def append(self, elem):
        if self._head is None:
            self._head = LNode(elem)
            self._rear = self._head
        else:
            self._rear.next = LNode(elem)
            self._rear = self._rear.next

    # 表头删除
    def pop(self):
        if self._head is None:
            raise LinkedListUnderflow("in pop")
        e = self._head.elem
        self._head = self._head.next
        return e
        #self._rear 不变，仍然指向最后一个元素

    # 表尾删除
    def pop_last(self):
        p = self._head
        if p is None:
            raise LinkedListUnderflow("in pop_last")
        if p.next is None:
            self._head = None
        while p.next.next:
            p = p.next
        e = p.next.elem
        p.next = None
        self._rear = p
        return e

if __name__=="__main__":
    mlist1 = LList1()
    mlist1.prepend(98)
    mlist1.printall()

    for i in range(10,20):
        mlist1.append(random.randint(1,20))

    mlist1.printall()

    for i in mlist1.filter(lambda y: y%2 == 0):
        print(i)
```

执行以上代码后会输出：

```
98
98, 4, 13, 15, 19, 1, 7, 8, 19, 13, 20
98
```

```
4
8
20
```

10.5　操作队列、链表、顺序表和循环顺序表

扫码观看视频讲解

　　队列、链表、顺序表和循环顺序表是数据结构中的重要概念，在本节的内容中，将详细讲解使用算法操作队列、链表、顺序表和循环顺序表的知识。

10.5.1　时间复杂度分析

　　时间复杂度分析具体如下。

（1）链表实现队列。

▶　尾部添加数据，效率为 $O(1)$。

▶　头部元素的删除和查看，效率为 $O(1)$。

（2）顺序表实现队列。

▶　头部添加数据，效率为 $O(n)$。

▶　尾部元素的删除和查看，效率为 $O(1)$。

（3）循环顺序表实现队列。

▶　尾部添加数据，效率为 $O(1)$。

▶　头部元素的删除和查看，效率为 $O(1)$。

10.5.2　具体实现

　　在下面的实例文件 fuza.py 中，演示了分别实现队列、链表、顺序表和循环顺序表的过程。

```python
# 链表节点
class Node(object):
    def __init__(self, elem, next_ = None):
        self.elem = elem
        self.next = next_

# 链表实现队列、头部删除和查看 O(1)、尾部加入 O(1)
class LQueue(object):
    def __init__(self):
        self._head = None
        self._rear = None

    def is_empty(self):
        return self._head is None

    # 查看队列中最早进入的元素，不删除
    def peek(self):
        if self.is_empty():
            raise QueueUnderflow
```

```
            return self._head.elem

    # 将元素elem加入队列，入队
    def enqueue(self, elem):
        p = Node(elem)
        if self.is_empty():
            self._head = p
            self._rear = p
        else:
            self._rear.next = p
            self._rear =p

    # 删除队列中最早进入的元素并将其返回，出队
    def dequeue(self):
        if self.is_empty():
            raise QueueUnderflow
        result = self._head.elem
        self._head = self._head.next
        return result

# 顺序表实现队列、头部删除和查看O(1)、尾部加入O(n)
class Simple_SQueue(object):
    def __init__(self, init_len = 8):
        self._len = init_len
        self._elems = [None] * init_len
        self._num = 0

    def is_empty(self):
        return self._num == 0

    def is_full(self):
        return self._num == self._len

    def peek(self):
        if self._num == 0:
            raise QueueUnderflow
        return self._elems[self._num-1]

    def dequeue(self):
        if self._num == 0:
            raise QueueUnderflow
        result = self._elems[self._num-1]
        self._num -= 1
        return result

    def enqueue(self,elem):
        if self.is_full():
            self.__extand()
        for i in range(self._num,0,-1):
            self._elems[i] = self._elems[i-1]
        self._elems[0] = elem
        self._num += 1

    def __extand(self):
        old_len = self._len
```

```
        self._len *= 2
        new_elems = [None] * self._len
        for i in range(old_len):
            new_elems[i] = self._elems[i]
        self._elems = new_elems

# 循环顺序表实现队列、头部删除和查看 O(1)、尾部加入 O(1)
class SQueue(object):
    def __init__(self, init_num = 8):
        self._len = init_num
        self._elems = [None] * init_num
        self._head = 0
        self._num = 0

    def is_empty(self):
        return self._num == 0

    def peek(self):
        if self.is_empty():
            raise QueueUnderflow
        return self._elems[self._head]

    def dequeue(self):
        if self.is_empty():
            raise QueueUnderflow
        result = self._elems[self._head]
        self._head = (self._head + 1) % self._len
        self._num -= 1
        return result

    def enqueue(self, elem):
        if self._num == self._len:
            self.__extand()
        self._elems[(self._head + self._num) % self._len] = elem
        self._num += 1

    def __extand(self):
        old_len = self._len
        self._len *= 2
        new_elems = [None] * self._len
        for i in range(old_len):
            new_elems[i] = self._elems[(self._head + i) % old_len]
        self._elems, self._head = new_elems, 0

if __name__=="__main__":
    q = SQueue()
    for i in range(8):
        q.enqueue(i)
    # for i in range(8):
    #     print(q.dequeue())
    # print(q._num)
    q.enqueue(8)
    print(q._len)
```

执行以上代码后会输出：

10.6　使用多叉树寻找最短路径

扫码观看视频讲解

最短路径用于计算一个节点到其他所有节点的最短路径，主要特点是以起始点为中心向外层层扩展，直到扩展到终点为止。Dijkstra 算法能得出最短路径的最优解，但由于它遍历计算的节点很多，因此效率低。

10.6.1　算法分析

首先设置两个目标值 start 和 end，然后找到从根节点到目标节点的路径；接着从所在路径寻找最近的公共祖先节点，最后对最近公共祖先根节点拼接路径。

10.6.2　具体实现

在下面的实例文件 duan.py 中，演示了使用多叉树寻找最短路径的过程。

```python
# 节点数据结构
class Node(object):
    # 初始化一个节点
    def __init__(self,value = None):
        self.value = value      # 节点值
        self.child_list = []    # 子节点列表
    # 添加一个孩子节点
    def add_child(self,node):
        self.child_list.append(node)


# 初始化一棵测试二叉树
def init():
    '''
    初始化一棵测试二叉树:
           A
       B   C   D
      EFG     HIJ
    '''
    root = Node('A')
    B = Node('B')
    root.add_child(B)
    root.add_child(Node('C'))
    D = Node('D')
    root.add_child(D)
    B.add_child(Node('E'))
    B.add_child(Node('F'))
    B.add_child(Node('G'))
    D.add_child(Node('H'))
    D.add_child(Node('I'))
    D.add_child(Node('J'))
```

```
    return root


# 深度优先查找，返回从根节点到目标节点的路径
def deep_first_search(cur,val,path=[]):
    path.append(cur.value)  # 当前节点值添加路径列表
    if cur.value == val:    # 如果找到目标，返回路径列表
        return path

    if cur.child_list == []:    # 如果没有孩子列表，就返回 no 回溯标记
        return 'no'

    for node in cur.child_list: # 对孩子列表里的每个孩子进行递归
        t_path = copy.deepcopy(path)    # 深复制当前路径列表
        res = deep_first_search(node,val,t_path)
        if res == 'no': # 如果返回 no，说明找到头没找到，利用临时路径继续找下一个孩子节点
            continue
        else :
            return res  # 如果返回的不是 no，说明找到了路径

    return 'no' # 如果所有孩子都没找到，则回溯

# 获取最短路径，传入两个节点值，返回结果
def get_shortest_path( start,end ):
    # 分别获取从根节点到 start 和 end 的路径列表，如果没有目标节点，就返回 no
    path1 = deep_first_search(root, start, [])
    path2 = deep_first_search(root, end, [])
    if path1 == 'no' or path2 == 'no':
        return '无穷大','无节点'
    # 对两个路径，从尾巴开始向头，找到最近的公共根节点，合并根节点
    len1,len2 = len(path1),len(path2)
    for i in range(len1-1,-1,-1):
        if path1[i] in path2:
            index = path2.index(path1[i])
            path2 = path2[index:]
            path1 = path1[-1:i:-1]
            break
    res = path1+path2
    length = len(res)
    path = '->'.join(res)
    return '%s:%s'%(length,path)

# 主函数、程序入口
if __name__ == '__main__':
    root = init()
    res = get_shortest_path('F','I')
    print(res)
```

执行以上代码后会输出：

```
5:F->B->A->D->I
```

10.7　树操作

树(tree)是一种抽象数据类型(ADT)或可视作这种抽象数据类型的数据
结构，用来模拟具有树状结构性质的数据集合。它是由 $n(n \geq 1)$ 个有限节点
组成的一个具有层次关系的集合。把它叫作"树"，是因为它看起来像一棵倒挂的树，也
就是说它是根朝上，而叶朝下的。

10.7.1　实现 AVL 树

在计算机科学中，AVL 树是最先发明的自平衡二叉查找树。在 AVL 树中任何节点的两
个子树的高度最大差别为 1，所以它也被称为高度平衡树。增加和删除可能需要通过一次或
多次树旋转来重新平衡这个树。如果一个二叉树其左右两子树的高度最多相差 1，则称该二
叉树是平衡的(balanced)。对于 AVL 树中的每一个节点，都有一个平衡因子(balance factor)，
以表示该节点的左右两分支的高度差，平衡因子有如下三种状态：

▶　-1：表示左子树高于右子树；

▶　0：表示左右两子树高度相等；

▶　1：表示右子树高于左子树。

在下面的实例文件 avl.py 中，演示了实现基本 AVL 树操作的过程。

(1)　下面是 AVL 树的实现，遍历与查找操作与二叉查找树相同。

```python
class Node(object):
    def __init__(self,key):
        self.key=key
        self.left=None
        self.right=None
        self.height=0
class AVLTree(object):
    def __init__(self):
        self.root=None
    def find(self,key):
        if self.root is None:
            return None
        else:
            return self._find(key,self.root)
    def _find(self,key,node):
        if node is None:
            return None
        elif key<node.key:
            return self._find(key,self.left)
        elif key>node.key:
            return self._find(key,self.right)
        else:
            return node
    def findMin(self):
        if self.root is None:
            return None
```

```
        else:
            return self._findMin(self.root)
    def _findMin(self,node):
        if node.left:
            return self._findMin(node.left)
        else:
            return node
    def findMax(self):
        if self.root is None:
            return None
        else:
            return self._findMax(self.root)
    def _findMax(self,node):
        if node.right:
            return self._findMax(node.right)
        else:
            return node
    def height(self,node):
        if node is None:
            return -1
        else:
            return node.height
```

(2) 实现 AVL 树的插入操作。

插入一个节点可能会破坏 AVL 树的平衡，可以通过旋转操作来进行修正。插入一个节点后，只有从插入节点到根节点的路径上的节点的平衡可能被改变。我们需要找出第一个破坏了平衡条件的节点，称之为 K。K 的两棵子树的高度差为 2。有如下四种不平衡情况。

▶　对 K 的左儿子的左子树进行一次插入，对应代码如下所示。

```
def singleLeftRotate(self,node):
    k1=node.left
    node.left=k1.right
    k1.right=node
    node.height=max(self.height(node.right),self.height(node.left))+1
    k1.height=max(self.height(k1.left),node.height)+1
    return k1
```

▶　对 K 的左儿子的右子树进行一次插入，对应代码如下所示。

```
def doubleLeftRotate(self,node):
    node.left=self.singleRightRotate(node.left)
    return self.singleLeftRotate(node)
```

▶　对 K 的右儿子的左子树进行一次插入，对应代码如下所示。

```
def doubleRightRotate(self,node):
    node.right=self.singleLeftRotate(node.right)
    return self.singleRightRotate(node)
```

▶　对 K 的右儿子的右子树进行一次插入，对应代码如下所示。

```
def singleRightRotate(self,node):
    k1=node.right
    node.right=k1.left
    k1.left=node
```

```
        node.height=max(self.height(node.right),self.height(node.left))+1
        k1.height=max(self.height(k1.right),node.height)+1
        return k1
```

(3) 实现 AVL 树的删除操作，对应代码如下所示。

```
def delete(self,key):
    self.root=self.remove(key,self.root)
def remove(self,key,node):
    if node is None:
        raise KeyError,'Error,key not in tree'
    elif key<node.key:
        node.left=self.remove(key,node.left)
        if (self.height(node.right)-self.height(node.left))==2:
            if self.height(node.right.right)>=self.height(node.right.left):
                node=self.singleRightRotate(node)
            else:
                node=self.doubleRightRotate(node)
        node.height=max(self.height(node.left),self.height(node.right))+1


    elif key>node.key:
        node.right=self.remove(key,node.right)
        if (self.height(node.left)-self.height(node.right))==2:
            if self.height(node.left.left)>=self.height(node.left.right):
                node=self.singleLeftRotate(node)
            else:
                node=self.doubleLeftRotate(node)
        node.height=max(self.height(node.left),self.height(node.right))+1

    elif node.left and node.right:
        if node.left.height<=node.right.height:
            minNode=self._findMin(node.right)
            node.key=minNode.key
            node.right=self.remove(node.key,node.right)
        else:
            maxNode=self._findMax(node.left)
            node.key=maxNode.key
            node.left=self.remove(node.key,node.left)
        node.height=max(self.height(node.left),self.height(node.right))+1
    else:
        if node.right:
            node=node.right
        else:
            node=node.left
    return node
```

▶ 当前节点为要删除的节点且是树叶(无子树)，直接删除，当前节点(为 None)的平衡
  不受影响。

▶ 当前节点为要删除的节点且只有一个左儿子或右儿子，用左儿子或右儿子代替当
  前节点，当前节点的平衡不受影响。

▶ 当前节点为要删除的节点且有左子树、右子树：如果右子树高度较高，则从右子
  树选取最小节点，将其值赋予当前节点，然后删除右子树的最小节点；如果左子

树高度较高，则从左子树选取最大节点，将其值赋予当前节点，然后删除左子树的最大节点。这样操作，当前节点的平衡不会被破坏。

▶ 当前节点不是要删除的节点，则对其左子树或者右子树进行递归操作。当前节点的平衡条件可能会被破坏，需要进行平衡操作。

10.7.2　使用二维数组生成有向图

在下面的实例文件 create_directed_matrix.py 中，以本章上一个范例为基础，演示了使用二维数组生成有向图的过程。

```python
def create_directed_matrix(my_graph):
    nodes = ['a', 'b', 'c', 'd', 'e', 'f', 'g', 'h']
    inf = float('inf')
    matrix = [[0, 2, 1, 3, 9, 4, inf, inf],  # a
              [inf, 0, 4, inf, 3, inf, inf, inf],  # b
              [inf, inf, 0, 8, inf, inf, inf, inf],  # c
              [inf, inf, inf, 0, 7, inf, inf, inf],  # d
              [inf, inf, inf, inf, 0, 5, inf, inf],  # e
              [inf, inf, 2, inf, inf, 0, 2, 2],  # f
              [inf, inf, inf, inf, inf, 1, 0, 6],  # g
              [inf, inf, inf, inf, inf, 9, 8, 0]]  # h

    my_graph = Graph_Matrix(nodes, matrix)
    print(my_graph)
    return my_graph


def draw_directed_graph(my_graph):
    G = nx.DiGraph()  # 建立一个空的无向图 G
    for node in my_graph.vertices:
        G.add_node(str(node))
    # for edge in my_graph.edges:
    # G.add_edge(str(edge[0]), str(edge[1]))
    G.add_weighted_edges_from(my_graph.edges_array)

    print("nodes:", G.nodes())  # 输出全部的节点
    print("edges:", G.edges())  # 输出全部的边
    print("number of edges:", G.number_of_edges())  # 输出边的数量
    nx.draw(G, with_labels=True)
    plt.savefig("directed_graph.png")
    plt.show()

if __name__ == '__main__':
    my_graph = Graph_Matrix()
    created_graph = create_directed_matrix(my_graph)
    draw_directed_graph(created_graph)
```

以上代码的执行效果如图 10-2 所示。

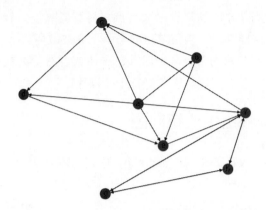

图 10-2　二维数组生成有向图算法的执行效果

10.7.3　使用广度优先和深度优先遍历二叉树

在下面的实例文件 bianer.py 中，演示了使用广度优先和深度优先遍历二叉树的过程。

```python
# 广度优先/深度优先遍历二叉树
class Node:
    def __init__(self, data, left, right):
        self._data = data
        self._left = left
        self._right = right

class BinaryTree:
    def __init__(self):
        self._root = None

    def make_tree(self, node):
        self._root = node

    def insert(self, node):
        # 这里是建立一个完全二叉树
        lst = []
        def insert_node(tree_node, p, node):
            if tree_node._left is None:
                tree_node._left = node
                lst.append(tree_node._left)
                return
            elif tree_node._right is None:
                tree_node._right = node
                lst.append(tree_node._right)
                return
            else:
                lst.append(tree_node._left)
                lst.append(tree_node._right)
                if p > (len(lst) -2):
                    return
                else:
                    insert_node(lst[p+1], p+1, node)
```

```
        lst.append(self._root)
        insert_node(self._root, 0, node)

def breadth_tree(tree):
    lst = []

    def traverse(node, p):
        if node._left is not None:
            lst.append(node._left)
        if node._right is not None:
            lst.append(node._right)
        if p > (len(lst) -2):
            return
        else:
            traverse(lst[p+1], p+1)

    lst.append(tree._root)
    traverse(tree._root, 0)

    # 遍历结果就存在 lst 表中
    for node in lst:
        print(node._data)

def depth_tree(tree):
    lst = []
    lst.append(tree._root)
    while len(lst) > 0:
        node = lst.pop()
        print(node._data)
        if node._right is not None:
            lst.append(node._right)
        if node._left is not None:
            lst.append(node._left)

if __name__ == '__main__':
    lst = [12, 9, 7, 19, 3, 8, 52, 106, 70, 29, 20, 16, 8, 50, 22, 19]
    tree = BinaryTree()
    # 生成完全二叉树
    for (i, j) in enumerate(lst):
        node = Node(j, None, None)
        if i == 0:
            tree.make_tree(node)
        else:
            tree.insert(node)

    # 广度优先遍历
    breadth_tree(tree)

    # 深度优先遍历
    depth_tree(tree)
```

执行以上代码后会输出：

```
12
9
```

```
7
19
3
8
52
106
70
29
20
16
8
50
22
19
12
9
19
106
19
70
3
29
20
7
8
16
8
52
50
22
```

第 11 章

解决数学问题

　　算法是编程语言的灵魂，能够编程解决现实应用中的很多问题，例如本章将要讲解的数学问题。在本章中，将详细讲解使用算法解决现实中常见数学问题的知识，并通过具体实例的实现过程来详细剖析各个知识点的使用方法。

11.1 一段神奇的字符

11.1.1 问题描述

字母代表 0～9 十个数字中的一个，且不重复。在下面的公式中，首位不能为 0。

```
wwwdot - google = dotcom
```

计算出各个字母代表的数字，符合上述公式。

11.1.2 具体实现

在下面的实例文件 maile.py 中，演示了使用穷举法解决上述数学问题的过程。

```python
import os
import time
from datetime import datetime

class data_struct():
    def __init__(self, letter, status):
        self.letter = letter
        self.status = status  # True 表示字母在头部，不能为零，为 False 时可以取零
        if self.status == False:
            self.digit = [0, 1, 2, 3, 4, 5, 6, 7, 8, 9]  # 0-9
        else:
            self.digit = [1, 2, 3, 4, 5, 6, 7, 8, 9]  # 0-9

def norepeat(list0):
    length = len(list0)
    list1 = [0 for i in range(0,10,1)]  # 取值 0-9
    for i in range(0,length,1):
        list1[list0[i]] += 1
        if int(list1[list0[i]]) > 1:
            return False
    return True

if __name__ == '__main__':
    '''wwwdot - google = dotcom'''
    letterW = data_struct('W', True)
    letterG = data_struct('G', True)
    letterD = data_struct('D', True)
    letterO = data_struct('O', False)
    letterT = data_struct('T', False)
    letterL = data_struct('L', False)
    letterE = data_struct('E', False)
    letterC = data_struct('C', False)
    letterM = data_struct('M', False)

    # list0 = [1,2,3,4,5,6,0,8,9]
    # if True == norepeat(list0):
```

```
#    print 'hello'
str1 = ''
str2 = ''
str3 = ''
begintime = datetime.now()
for w in letterW.digit:
    for g in letterG.digit:
        for d in letterD.digit:
            for o in letterO.digit:
                for t in letterT.digit:
                    for l in letterL.digit:
                        for e in letterE.digit:
                            for c in letterC.digit:
                                for m in letterM.digit:
                                    list0 = [w, g, d, o, t, l ,e, c, m]
                                    if True == norepeat(list0):
                                        str1 = str(w)*3 + str(d) + str(o) + str(t)
                                        str2 = str(g) + str(o)*2 + str(g) + str(l)
+ str(e)
                                        str3 = str(d) + str(o) + str(t) + str(c) +
str(o) + str(m)
                                        if int(str1) - int(str2) == int(str3):
                                        # wwwdot - google = dotcom
                                            print(str1, str2, str3)
endtime = datetime.now()
deltatime = endtime - begintime
print('穷举搜索耗时: ' , deltatime)
```

在笔者机器中执行以上代码后输出:

```
wwwdot - google = dotcom
777589 188103 589486
777589 188106 589483
穷举搜索耗时: 1:12:32.622001
```

11.2 1000 以内的完全数

扫码观看视频讲解

完全数(perfect number),又称完美数或完备数,是一些特殊的自然数,满足所有的真因数(即除了自身以外的约数)的和(即因数函数)等于它本身这一条件。

11.2.1 问题描述

第一个完全数是 6,它有约数 1、2、3、6,除去它本身 6 外,其余 3 个数相加,1+2+3=6。第二个完全数是 28,它有约数 1、2、4、7、14、28,除去它本身 28 外,其余 5 个数相加,1+2+4+7+14=28。后面的完全数是 496、8128 等。再例如:

6=1+2+3

28=1+2+4+7+14

496=1+2+4+8+16+31+62+124+248

8128=1+2+4+8+16+32+64+127+254+508+1016+2032+4064

例如数字 "4"，它的真因数有 1 和 2，和是 3。因为 4 本身比其真因数之和要大，这样的数叫作亏数。如果是数字 "12"，它的真因数有 1、2、3、4、6，其和是 16。由于 12 本身比其真因数之和要小，这样的数就叫作盈数。那么有没有既不盈余，又不亏欠的数呢？有，这样的数就叫作完全数。

请编写一个 Python 程序，求出 1～10000 的完全数。

11.2.2 算法分析

完全数有许多有趣的性质，具体说明如下所示。

(1) 它们都能写成连续自然数之和。例如：

6=1+2+3

28=1+2+3+4+5+6+7

496=1+2+3+…+30+31

(2) 它们的全部因数的倒数之和都是 2，因此每个完全数都是调和数(在数学上，第 n 个调和数是首 n 个正整数的倒数和)。例如：

1/1+1/2+1/3+1/6=2

1/1+1/2+1/4+1/7+1/14+1/28=2

(3) 除 6 以外的完全数，还可以表示成连续奇立方数之和。例如：

$28=1^3+3^3$

$496=1^3+3^3+5^3+7^3$

$8128=1^3+3^3+5^3+…+15^3$

$33550336=1^3+3^3+5^3+…+125^3+127^3$

(4) 完全数都可以表达为 2 的一些连续正整数次幂之和。例如：

$6=2^1+2^2$

$28=2^2+2^3+2^4$

$8128=2^6+2^7+2^8+2^9+2^{10}+2^{11}+2^{12}$

$33550336=2^{12}+2^{13}+…+2^{24}$

(5) 完全数都是以 6 或 8 结尾。如果以 8 结尾，那么就肯定是以 28 结尾。

(6) 除 6 以外的完全数，被 9 除后都余 1。

28：2+8=10，1+0=1

496：4+9+6=19，1+9=10，1+0=1

数学家欧几里得曾经推算出完全数的获得公式：如果 2^p-1 为质数，那么$(2^p-1)×2(p-1)$便是一个完全数。例如 $p=2$，$2^p-1=3$ 是质数，$(2^p-1)×2^p-1=3×2=6$，是完全数。例如 $p=3$，$2^p-1=7$ 是质数，$(2^p-1)×2^p-1=7×4=28$，是完全数。但是 2^p-1 什么条件下才是质数呢？事实上，当 2^p-1 是质数的时候，称其为梅森素数。

那么问题是：如何用 Python 去求出下一个(大于 28 的)完全数？

11.2.3　具体实现

在下面的实例文件 wan.py 中，演示了计算 1000 以内的完全数的过程。

```python
def approximateNumber(num:int):
    # 函数名已经限制了参数类型，这里就不用做参数类型判断了
    result = []  # 所有满足条件的结果存到 result 数组中
    for divisor in range(1,num):  # 遍历 1-1000
        # temp 中存放约数
        temp = []
        for dividend in range(1,divisor):  # 遍历 1-divisor 求所有约数
            if divisor%dividend==0:          # 判断是不是约数
                temp.append(dividend)        # 加入约数数组
        tempSum = sum(temp)                  # 求约数和
        if tempSum == divisor:               # 判断这个数的约数和是否等于这个数
            result.append(tempSum)           # 得到我们需要的结果，存到数组 result 中
    return result  # 返回结果

print(approximateNumber(1000))
```

执行以上代码后会输出：

```
[6, 28, 496]
```

11.3　多进程验证哥德巴赫猜想

扫码观看视频讲解

　　哥德巴赫猜想的证明是一个世界性的数学难题，至今未能完全解决。我国著名数学家陈景润为哥德巴赫猜想的证明做出过杰出的贡献。所谓哥德巴赫猜想，是指任何一个大于 2 的偶数都可以写为两个素数的和。

11.3.1　问题描述

　　应用计算机可以很快地在一定范围内验证哥德巴赫猜想的正确性。请编写一个 Python 程序，验证指定范围内哥德巴赫猜想的正确性，也就是近似证明哥德巴赫猜想(因为不可能用计算机穷举出所有正偶数)。

11.3.2　算法分析

　　可以把问题归结为在指定范围内(例如：1~2000 内)验证其中每一个偶数是否满足哥德巴赫猜想的论断，即是否能表示为两个素数之和。如果发现一个偶数不能表示为两个素数之和，即不满足哥德巴赫猜想的论断，则意味着举出了反例，从而可以否定哥德巴赫猜想。

　　可以应用枚举的方法枚举出指定范围内的每一个偶数，然后判断它是否满足哥德巴

猜想的论断，一旦发现有不满足哥德巴赫猜想的数据，则可以跳出循环，并做出否定的结论；否则如果集合内的数据都满足哥德巴赫猜想的论断，则可以说明在该指定范围内，哥德巴赫猜想是正确的。

上述问题的核心变为如何验证一个偶数 a 是否满足哥德巴赫猜想，即偶数 a 能否表示为两个素数之和。可以这样考虑这个问题：

一个正偶数 a 一定可以表示成为 $a/2$ 种正整数相加的形式。这是因为 $a=1+(a-1)$, $a=2+(a-2)$, …, $a=(a/2-1)+(a/2+1)$, $a=a/2+a/2$, 共 $a/2$ 种。因为后面还有 $a/2-1$ 种表示形式与前面 $a/2-1$ 种表示形式相同，所以可以先不考虑后面部分的形式。那么，在这 $a/2$ 种正整数相加的形式中，只要存在一种形式 $a=i+j$，其中 i 和 j 均为素数，就可以断定该偶数 a 满足哥德巴赫猜想。

11.3.3 具体实现

在下面的实例文件 gede.py 中，演示了使用多进程验证哥德巴赫猜想的过程。

```python
# 判断数字是否为质数
def isPrime(n):
    if n <= 1:
        return False
    for i in range(2, int(math.sqrt(n)) + 1):
        if n % i == 0:
            return False
    return True


# 验证大于 2 的偶数可以分解为两个质数之合
# T 为元组，表示需要计算的数字区间
def GDBH(T):
    S = T[0]
    E = T[1]
    if S < 4:
        S = 4
    if S % 2 == 1:
        S += 1
    for i in range(S, E + 1, 2):
        isGDBH = False
        for j in range(i // 2 + 1):  # 表示成两个质数的和，其中一个质数不大于1/2
            if isPrime(j):
                k = i - j
                if isPrime(k):
                    isGDBH = True
                    if i % 100000 == 0:  # 每隔10万个数打印一次
                        print('%d=%d+%d' % (i, j, k))
                    # print('%d=%d+%d' % (i, j, k))
                    break
        if not isGDBH:  # 打印这句话表示算法失败，或是猜想失败(怎么可能……)
            print('哥德巴赫猜想失败！！')
            break
```

```
# 对整个数字空间 N 进行分段 CPU_COUNT
def seprateNum(N, CPU_COUNT):
    list = [[i + 1, i + N // 8] for i in range(4, N, N // 8)]
    list[0][0] = 4
    if list[CPU_COUNT - 1][1] > N:
        list[CPU_COUNT - 1][1] = N
    return list


if __name__ == '__main__':
    N = 10 ** 6

    # 多进程
    time1 = time.clock()
    CPU_COUNT = cpu_count()  # CPU 内核数，本机为 8
    pool = Pool(CPU_COUNT)
    sepList = seprateNum(N, CPU_COUNT)

    result = pool.map(GDBH, sepList)
    pool.close()
    pool.join()
    print('多线程耗时:%d s' % (time.clock() - time1))

    # 单线程
    time2 = time.clock()
    GDBH((4, N))
    print('单线程耗时:%d s' % (time.clock() - time2))
```

在笔者电脑中执行以上代码后会输出：

```
400000=11+399989
300000=7+299993
100000=11+99989
200000=67+199933
500000=31+499969
900000=19+899981
600000=7+599993
800000=7+799993
700000=47+699953
1000000=17+999983
多线程耗时:9 s
100000=11+99989
200000=67+199933
300000=7+299993
400000=11+399989
500000=31+499969
600000=7+599993
700000=47+699953
800000=7+799993
900000=19+899981
600000=7+599993
800000=7+799993
700000=47+699953
1000000=17+999983
单线程耗时:33 s
```

11.4　最大公约数和最小公倍数

所谓两个数的最大公约数，是指两个数 a、b 的公约数中最大的那一个。例如 4 和 8，两个数的公约数分别为 1、2、4，其中 4 为 4 和 8 的最大公约数。

11.4.1　算法分析

要想计算出两个数的最大公约数，最简单的方法是从两个数中较小的那个开始依次递减，得到的第一个这两个数的公约数即为这两个数的最大公约数。

如果一个数 i 为 a 和 b 的公约数，那么一定满足 $a\%i$ 等于 0，并且 $b\%i$ 等于 0。所以，在计算两个数的公约数时，只需从 $i=\min(a,b)$ 开始依次递减 1，并逐一判断 i 是否为 a 和 b 的公约数，得到的第一个公约数就是 a 和 b 的最大公约数。

所谓两个数的最小公倍数，是指两个数 a、b 的公倍数中最小的那一个。例如 5 和 3，两个数的公倍数可以是 15,30,45,…因为 15 最小，所以 15 是 5 和 3 的最小公倍数。

根据上述描述，要想计算两个数的最小公倍数，最简单的方法是从两个数中最大的那个数开始依次加 1，得到的第一个公共倍数即为这两个数的最小公倍数。

如果一个数 i 为 a 和 b 的公共倍数，那么一定满足 $i\%a$ 等于 0，并且 $i\%b$ 等于 0。所以，设计算法时只需从 $i=\max(a,b)$ 开始依次加 1，并逐一判断 i 是否为 a 和 b 的公倍数，得到的第一个公倍数就是 a 和 b 的最小公倍数。

11.4.2　具体实现

编写实例文件 yuebei.py，具体实现代码如下所示。

```python
m=int(input("请输入第一个正整数: "))
n=int(input("请输入第二个正整数: "))
a=m
b=n
if a>b:
    t=a
    a=b
    t=b
while a!=0:
    r=b%a
    b=a
    a=r
max=b
min=m*n//max
print("{}和{}的最大公约数是{}，最小公倍数是{}".format(m,n,max,min))
```

例如，分别输入 1 和 7 后会输出：

请输入第一个正整数: 2

请输入第二个正整数：7
2 和 7 的最大公约数是 1，最小公倍数是 14

11.5 亲密数

扫码观看视频讲解

如果整数 a 的全部因数之和等于 b，此处的因数包括 1，但是不包括 a 本身，并且整数 b 的全部因数(包括 1，不包括 b 本身)之和等于 a，则将整数 a 和 b 称为亲密数。请编写一个 Python 程序，求指定范围内的亲密数。

11.5.1 算法分析

按照亲密数的定义，要想判断数 a 是否有亲密数，需要先计算出 a 的全部因数的累加和为 b，然后再计算 b 的全部因数的累加和为 n。如果 n 等于 a，则可以判定 a 和 b 是亲密数。计算数 a 的各因数的算法如下所示：

用 a 依次对 $i(i=1\sim a/2)$进行模运算，如果模运算结果等于 0，i 为 a 的一个因数；否则 i 就不是 a 的因数。

11.5.2 具体实现

编写实例文件 qinmi.py，具体实现代码如下所示。

```python
def check(n):
    '''
    计算各因子之和模块
    '''
    s = 0
    for i in range(1, int(n / 2) + 1):
        if n % i == 0:
            s += i
    return s


if __name__ == '__main__':
    for i in range(1, 3000):
        res = check(i)  # 对 1 至 3000 所有数依次求因子和
        if i != res and check(res) == i:  # 因子和不等于本身，且是亲密数，输出
            print(i, res)
```

执行以上代码后会输出 3000 以内的亲密数：

```
220 284
284 220
1184 1210
1210 1184
2620 2924
2924 2620
```

11.6 计算 10000 以内的自守数

如果某个数的平方的末尾数等于这个数，那么就称这个数为自守数。
例如 5 和 6 是一位自守数(5×5=25　6×6=36)，25×25=625，76×76=5776，所以 25 和 76 是两位自守数。请编写一个 Python 程序，求出自首数的实现程序。

11.6.1 算法分析

自守数有一个显著特性，以它为后几位的两个数相乘，乘积的后几位仍是这个自守数。因为 5 是自守数，所以如果以 5 为个位数的两个数相乘，乘积的个位仍然是 5；76 是自守数，所以以 76 为后两位数的两个数相乘，其结果的后两位仍是 76，如 176×576=101376。

虽然 0 和 1 的平方的末尾分别是 0 和 1，但是因为比较简单，研究它们没有意义，所以不将 0 和 1 算作自守数。3 位自守数是 625 和 376，四位自守数是 0625 和 9376，五位自守数是 90625 和 09376。但是 0625 和 09376 是以 0 开始的十进制数字，所以没有意义。

可以看到，(n+1)位的自守数和 n 位的自守数密切相关。由此得出，如果知道 n 位的自守数 a，那么(n+1)位的自守数应当在 a 前面加上一个数构成。

实际上，简化一下，还能发现如下规律：

5+6=11

25+76=101

625+376=1001

所以，两个 n 位自守数，它们的和等于 10^n+1。

11.6.2 具体实现

编写实例文件 zishou.py，具体实现代码如下所示。

```python
print([n for n in range(1,10000)
      if n * n % (10 ** len(str(n))) == n]
      )
```

执行以上代码后会输出：

```
[1, 5, 6, 25, 76, 376, 625, 9376]
```

11.7 矩阵运算

矩阵运算是数学领域中的一种基本运算，可以用编程的方法来实现。在现实应用中，能够用多维矩阵处理的问题一般可以转换成多维数组的问题，然后直接用矩阵运算的公式进行处理即可。请编写一个 Python 程序，可以实现矩阵相乘、逆序、转置与求和处理。

11.7.1　算法分析

在 Python 语言，可以借助于 Numpy 模块中的内置方法实现矩阵处理。矩阵相乘的算法比较简单，输入一个 $m \times n$ 矩阵和一个 $n \times p$ 矩阵，结果必然是 $m \times p$ 矩阵。假设有 $m \times p$ 个元素，每个元素都需要计算，此时可以使用 $m \times p$ 嵌套循环进行计算。根据矩阵乘法公式：

$$E_{i,j} = \sum_{k-1}^{n} M1_{i,k} \times M2_{k,j}$$

其中，i、j 和 k 表示要计算的两个矩阵，即 $i \times j$ 矩阵和 $j \times k$ 矩阵。可以用循环直接套用上面的公式计算每个元素。嵌套循环内部进行累加前，一定要注意对累加变量进行清零。

11.7.2　具体实现

编写实例文件 juzhen.py，具体实现代码如下所示。

```
# 导入 numpy 函数，以 np 开头
import numpy as np

if __name__ == '__main__':
    # 矩阵相乘
    mat1 = np.mat([1, 3])
    mat2 = np.mat([[3], [4]])
    mat3 = mat1 * mat2
    print(mat3)

    # 1 * 2 矩阵乘以 2 * 1 矩阵，得到 1 * 1 矩阵
    # ==> [[15]]

    # 矩阵求逆
    mat4 = np.mat([[1, 0, 1], [0, 2, 1], [1, 1, 1]])
    mat5 = mat4.I  # I 对应 getI(self)，返回可逆矩阵的逆
    print(mat5)

    # 矩阵的逆
    # ==>  [[-1. -1.  2.]
    # ==>   [-1.  0.  1.]
    # ==>   [ 2.  1. -2.]]

    # 转置矩阵
    mat6 = np.mat([[1, 1, 1], [0, 2, 1], [1, 1, 1]])
    mat7 = mat6.T  # I 对应 getT(self)，返回矩阵的转置矩阵
    print(mat7)

    # 矩阵的转置矩阵
    # ==>  [[1 0 1]
    # ==>   [1 2 1]
    # ==>   [1 1 1]]

    # 矩阵每一列的和
```

```
    sum1 = mat6.sum(axis=0)
    print(sum1)
    # 矩阵每一行的和
    sum2 = mat6.sum(axis=1)
    print(sum2)

    # 矩阵所有行列的总和
    sum3 = sum(mat6[1, :])
    print(sum3)

    # 矩阵与数组之间的转换
    mat8 = np.mat([[1, 2, 3]])
    arr1 = np.array(mat8)  # 矩阵转换成数组
    print(arr1)

    arr2 = [1, 2, 3]
    mat9 = np.mat(arr2)  # 数组转换成矩阵
print(mat9)
```

执行以上代码后会输出：

```
[[15]]
[[-1. -1.  2.]
 [-1.  0.  1.]
 [ 2.  1. -2.]]
[[1 0 1]
 [1 2 1]
 [1 1 1]]
[[2 4 3]]
[[3]
 [3]
 [3]]
[[0 2 1]]
[[1 2 3]]
[[1 2 3]]
```

11.8　一元多项式运算

扫码观看视频讲解

多项式是代数学的一个基本概念。在本节的内容中，将分别讲解实现一元多项式的加法运算和一元多项式的减法运算的过程。

11.8.1　一元多项式求导

1. 问题描述

设计一个函数来计算一元多项式的导数。注意，x^n(n 为整数)的一阶导数为 nx^{n-1}。

输入格式：以指数递降方式输入多项式非零项系数和指数(绝对值均为不超过 1000 的整数)。数字间以空格分隔。

输出格式：以与输入相同的格式输出导数多项式非零项的系数和指数。数字间以空格分隔，但结尾不能有多余空格。注意"零多项式"的指数和系数都是 0，但是表示为"0 0"。

输入样例：

3 4 -5 2 6 1 -2 0

输出样例：

12 3 -10 1 6 0

2. 算法分析

题意非常容易理解，我们需要注意如下 3 点：

▶　一元多项式，指数为非负数，题目有误导(什么绝对值的)，因此若存在常数项，则最后一个数字为 0。

▶　处理数字组成的序列，输出格式易错。

▶　特殊情况处理，输入一个常数项。

3. 具体实现

编写实例文件 zhuan.py，具体实现代码如下所示。

```python
if __name__ =="__main__":
    num_lst = list(map(int, input().split()))
    n = len(num_lst)
    out_lst = []

    for i in range(0,n,2):
        xishu = num_lst[i]
        zhishu = num_lst[i+1]
        if zhishu == 0:
            continue

        out_lst.append(str(xishu * zhishu))
        out_lst.append(str(zhishu-1))

    out_str = " ".join(out_lst)
    if out_str:
        print(out_str.strip())

    else:
        print("0 0")
```

执行以上代码后会输出：

```
3 4 -5 2 6 1 -2 0
12 3 -10 1 6 0
```

11.8.2　实现多项式的加、减、乘法运算

1. 问题描述

编程实现一元多项式的加、减、乘法运算，系数和指数仅限整数，可以连续运算。

2. 具体实现

编写实例文件 duo.py，其具体实现代码如下所示。

```python
class poly:
    __a = [0]*20  # 存放第一个输入的多项式和运算结果
    __b = [0]*20  # 存放输入的多项式
    __result = [0]*20# 结果

    def __Input(self,f):
        n = input('依序输入二项式的系数和指数(指数小于10)：').split()
        for i in range(int(len(n)/2)):
            f[ int(n[2*i+1])] = int(n[2*i])
        self.__output(f)

    def __add(self,a,b):  # 加法函数
        return [a[i]+b[i] for i in range(20)]

    def __minus(self,a,b):  # 减法函数
        return [a[i]-b[i] for i in range(20)]

    def __mul(self,a,b):
        self.__result = [0]*20
        for i in range(10):  # 第一个循环：b 分别与 a[0]到 a[9]相乘
            for j in range(10):  # 第二个循环：b[j]*a[i]
                self.__result[i+j] = int(self.__result[i+j]) + int(a[i]*b[j])
        return self.__result

    def __output(self,a):# 输出多项式
        b = ''
        for i in range(20):
            if a[i]> 0:
                b = b+'+'+str(a[i])+'X^'+str(i)
            if a[i]<0:
                b = b+"-"+str(-a[i])+'X^'+str(i)
        print(b[1::])

    def control(self):
        print ("二项式运算：\n")
        self.__Input(self.__a)
        while True:
            operator = input('请输入运算符(结束运算请输入'#'')')# self.Input(self.a)
            if operator =='#':
                return 0
            else:
                self.__b = [0]*20
                self.__Input(self.__b)
                self.__a = {'+':self.__add(self.__a,self.__b),'-':self.__minus
(self.__a,self.__b),'*':self.__mul(self.__a,self.__b)}.get(operator)
                print ('计算结果: ',end='')
                self.__output(self.__a)


POLY = poly()    # 初始化类
POLY.control()   # 通过选取操作符选择相应的运算
```

执行以上代码后会输出：

```
二项式运算：

依序输入二项式的系数和指数(指数小于10)：3 4 -5 2 6 1 -2 0
2X^0+6X^1-5X^2+3X^4
请输入运算符(结束运算请输入'#')+
依序输入二项式的系数和指数(指数小于10)：3 4 -5 2 6 1 -2 0
2X^0+6X^1-5X^2+3X^4
计算结果：4X^0+12X^1-10X^2+6X^4
请输入运算符(结束运算请输入'#')#
```

11.9　素数问题

扫码观看视频讲解

　　素数又称质数，是指在一个大于 1 的自然数中，除了 1 和此整数本身外，没法被其他自然数整除的数。比 1 大但不是素数的数称为合数。1 和 0 既非素数也非合数。素数在数论中有着很重要的地位。

11.9.1　求 1000 以内的所有素数

1. 问题描述

求 1000 以内的所有素数。

2. 算法分析

　　任何大于 1 的正整数 n 可以唯一表示成有限个素数的乘积：$n=p_1 \times p_2 \times \cdots \times p_s$，这里 $p_1 \leqslant p_2 \leqslant \cdots \leqslant p_s$ 是素数。

3. 具体实现

编写实例文件 su.py，具体实现代码如下所示。

```python
def isPrimeNumber(n, s):
    for k in s:
        if k * k > n: break
        if n % k == 0: return None
    return n

prime = []
for n in range(2, 100):
    res = isPrimeNumber(n, prime)
    if res: prime.append(res)

print(prime)
```

执行以上代码后会输出：

```
[2, 3, 5, 7, 11, 13, 17, 19, 23, 29, 31, 37, 41, 43, 47, 53, 59, 61, 67, 71,
73, 79, 83, 89, 97]
```

11.9.2　孪生素数问题

所谓孪生素数指的就是这种间隔为 2 的相邻素数，它们之间的距离已经近得不能再近了，就像孪生兄弟一样。最小的孪生素数是(3,5)，在 100 以内的孪生素数还有(5, 7)，(11, 13)，(17, 19)，(29, 31)，(41, 43)，(59, 61)和(71, 73)，总计有 8 组。但是随着数字的增大，孪生素数的分布变得越来越稀疏，寻找孪生素数也变得越来越困难。有一个十分精确的公式来描述孪生素数，叫孪生素数普遍公式。用这个公式可以求出所有的孪生素数。

矩阵运算是数学中的一种基本运算形式，可以用编程的方法处理矩阵运算。一般来说，多维矩阵处理的问题总可以转换成多维数组的问题，在编程过程中可以直接用矩阵运算的公式进行处理。该普遍公式的描述为："如果自然数 Q 与 $Q+2$ 都不能被不大于$(Q+2)$平方根的任何素数整除，则 Q 与 $Q+2$ 是一对素数，称为相差 2 的孪生素数。"这一句话可以用如下公式表达。

$$Q=p_1m_1+b_1=p_2m_2+b_2=\cdots=p_km_k+b_k$$

式中，$p_1,p_2,\cdots,p_k$ 表示顺序素数 2,3,5,$\cdots$，且 $b\neq0$，$b\neq p_i-2$。例如，29 和 29+2 不能被不大于(29+2)平方根的任何素数 2,3,5 整除，$29=2m+1=3m+2=5m+4$，$29<49-2$(即 7 的平方减 2)，所以 29 与 29+2 是一对孪生素数。

1. 问题描述

请编写一个 Python 程序，执行后可以输出 100 以内的孪生素数。

2. 算法分析

判断是否在循环中继续需要循环嵌套来解决，直到找到 100。具体算法过程如下所示。

(1)　建立一张表，用 True 和 False 标识一个数是否为素数。

(2)　找到一个素数 p，然后把 p 的倍数都标记成非素数。

(3)　查表检测 $p+1$，如果非素数检测下一个，是素数则执行(1)中的操作。

3. 具体实现

实例文件 luan.py 的具体实现代码如下所示。

```python
pt = [True] * 100
res = []

for p in range(2, 100):
    if not pt[p]: continue
    res.append(p)
    for i in range(p * p, 100, p):
        pt[i] = False

for i in range(1, len(res)):
    if res[i] - res[i - 1] == 2:
        print(res[i - 1], res[i])
```

执行以上代码后会输出：

```
3 5
5 7
11 13
17 19
29 31
41 43
59 61
71 73
```

11.9.3　金蝉素数

1. 问题描述

某古寺的一块石碑上依稀刻有一些神秘的自然数。专家研究发现：这些数是由 1、3、5、7、9 这 5 个奇数字排列组成的 5 位素数，同时去掉它的最高位与最低位数字后的 3 位数还是素数，同时去掉它的高二位与低二位数字后的 1 位数还是素数。因此人们把这些神秘的素数称为金蝉素数，寓意金蝉脱壳之后仍为美丽的金蝉。

请编写程序求出石碑上的金蝉素数。

2. 算法分析

算法分析具体如下。

(1) 生成 1、3、5、7、9 全排列，每种排列是一个元组。

(2) 将元组转换成数字，例如 13579、357、159。

(3) 检测 3 个数字是素数，如果全是素数则说明是金蝉数。

3. 具体实现

实例文件 jinsu.py 的具体实现代码如下所示。

```python
import math
from functools import reduce
def isPrimeNum(n):
    for k in range(2, int(math.sqrt(n) + 1)):
        if n % k == 0:
            return False
    return True

from itertools import permutations

for p in permutations([1, 3, 5, 7, 9], 5):
    # (3,5,7), (1,5,9), (1,3,5,7,9)
    for l in (p[1:-1], p[::2], p):
        s = reduce(lambda x, y: 10 * x + y, l)
        if not isPrimeNum(s):
            break
    else:
        print(p)
```

执行以上代码后会输出：

```
(1, 3, 5, 9, 7)
```

```
(1, 5, 9, 3, 7)
(5, 1, 9, 7, 3)
(5, 3, 7, 9, 1)
(7, 9, 5, 3, 1)
(9, 1, 5, 7, 3)
```

11.9.4　可逆素数

1. 问题描述

可逆素数是指一个素数的各位数值顺序颠倒后得到的数仍为素数，例如 113、311。编写程序找出 1～900 的所有可逆素数。

2. 算法分析

算法分析具体如下。

(1)　用筛选法找到 900 以内的素数表。

(2)　迭代表中的所有数，是素数的检测它的反序数是否为素数。

(3)　如果上面的(2)条件为真，则打印输出这两个素数。

3. 具体实现

实例文件 keni.py 的具体实现代码如下所示。

```python
def getPrimeTable(n):
    pt = [True] * n
    for p in range(2, n):
        if not pt[p]: continue
        for i in range(p * p, n, p):
            pt[i] = False
    return pt

pt = getPrimeTable(900)
for p in range(10, 900):
    if not pt[p]: continue
    q = int(str(p)[::-1])
    if p != q < 900 and pt[q]:
        pt[q] = False
        print(p, q)
```

执行以上代码后会输出：

```
13 31
17 71
37 73
79 97
107 701
113 311
157 751
167 761
337 733
347 743
```

11.9.5　回文素数

1. 问题描述

回文素数是指，对一个整数 n 从左向右读和从右向左读结果值相同且是素数。请编写一个程序，计算不超过 1000 的回文素数。

2. 具体实现

实例文件 hui.py 的具体实现代码如下所示。

```python
import math
def isPrimeNumber(num):
    i = 2
    x = math.sqrt(num)
    while i < x:
        if num % i == 0:
            return False
        i += 1
    return True

def Reverse(num):
    rNum = 0
    while num:
        rNum = rNum * 10 + num % 10
        num //= 10
    return rNum


def RPrimeNumber(num):
    arr = []
    i = 2
    while i < num:
        if isPrimeNumber(i) and i == Reverse(i):
            arr.append(i)
        i += 1
    return arr

print(RPrimeNumber(1000))
```

执行以上代码后会输出：

```
[2, 3, 4, 5, 7, 9, 11, 101, 121, 131, 151, 181, 191, 313, 353, 373, 383, 727,
757, 787, 797, 919, 929]
```

11.9.6　等差素数数列

1. 问题描述

类似 7、37、67、97、107、137、167、197，这样由素数组成的数列叫作等差素数数列。素数数列具有项数的限制，一般指素数数列的项数有多少个连续项，最多可以存在多少个连续项。请编写一个程序，找出 100 以内的等差素数数列。

2. 算法分析

算法分析具体如下：

(1) 用筛选法找到 100 以内的所有素数；

(2) 对于素数 list 内的素数两两组合，构造等差数列 a0、a1 项；

(3) 计算出 a2，查表判断 a2 是否为素数，是素数则能构成素数等差序列，然后计算 a3……

3. 具体实现

实例文件 dengsu.py 的具体实现代码如下所示。

```python
def findAllPrime(n):
    pt = [True] * n
    prime = []

    for p in range(2, n):
        if not pt[p]: continue
        prime.append(p)
        for i in range(p * p, n, p):
            pt[i] = False

    return prime, pt


prime, pt = findAllPrime(100)
print(prime)

for i in range(len(prime)):
    for j in range(i + 1, len(prime)):
        a0, a1 = prime[i], prime[j]
        an = a1 + a1 - a0
        s = []
        while an < 100 and pt[an]:
            s.append(an)
            an += a1 - a0
        if s:
            print([a0, a1] + s)
```

执行以上代码后会输出：

```
[2, 3, 5, 7, 11, 13, 17, 19, 23, 29, 31, 37, 41, 43, 47, 53, 59, 61, 67, 71,
73, 79, 83, 89, 97]
[3, 5, 7]
[3, 7, 11]
[3, 11, 19]
[3, 13, 23]
[3, 17, 31]
[3, 23, 43]
[3, 31, 59]
[3, 37, 71]
[3, 41, 79]
[3, 43, 83]
[5, 11, 17, 23, 29]
```

```
[5, 17, 29, 41, 53]
[5, 23, 41, 59]
[5, 29, 53]
[5, 47, 89]
[7, 13, 19]
[7, 19, 31, 43]
[7, 37, 67, 97]
[7, 43, 79]
[11, 17, 23, 29]
[11, 29, 47]
[11, 41, 71]
[11, 47, 83]
[13, 37, 61]
[13, 43, 73]
[17, 23, 29]
[17, 29, 41, 53]
[17, 53, 89]
[19, 31, 43]
[19, 43, 67]
[23, 41, 59]
[23, 47, 71]
[23, 53, 83]
[29, 41, 53]
[29, 59, 89]
[31, 37, 43]
[37, 67, 97]
[41, 47, 53, 59]
[43, 61, 79, 97]
[47, 53, 59]
[47, 59, 71, 83]
[53, 71, 89]
[59, 71, 83]
[61, 67, 73, 79]
[61, 79, 97]
[67, 73, 79]
```

第 **12** 章

常见的经典算法问题

在本书前面的内容中，讲解了算法在数学领域中的使用知识和具体用法。在本章的内容中，将详细讲解经典算法问题，包括常见的趣味问题，并通过具体实例的实现过程，详细剖析解决各个经典算法问题的方法。

12.1　借书方案

小明有 5 本新书，要借给 A、B、C 三位小朋友，若每人每次只能借一本，则可以有多少种不同的借法？

12.1.1　算法分析

本问题实际上是一个排列问题，即求从 5 个中取 3 个进行排列的方法的总数。首先对 5 本书从 1～5 进行编号，然后使用穷举的方法。假设 3 个人分别借这 5 本书中的一本，当 3 个人所借的书的编号都不相同时，就是满足题意的一种借阅方法。

12.1.2　具体实现

编写实例文件 jie.py，具体实现代码如下所示。

```python
count = 0  # 记录第几种分法
print("假设 5 本书编号分别为 1, 2, 3, 4, 5, 主要借法有")

for a in range(1, 6):
    for b in range(1, 6):
        if a != b:
            for c in range(1, 6):
                if c != a and c != b:
                    count += 1
                    print("第%d 种: A 分到书%d,B 分到书%d,C 分到书%d" % (count, a, b, c))
```

执行以上代码后会输出：

```
假设 5 本书编号分别为 1, 2, 3, 4, 5, 主要借法有
第 1 种: A 分到书 1,B 分到书 2,C 分到书 3
第 2 种: A 分到书 1,B 分到书 2,C 分到书 4
第 3 种: A 分到书 1,B 分到书 2,C 分到书 5
第 4 种: A 分到书 1,B 分到书 3,C 分到书 2
第 5 种: A 分到书 1,B 分到书 3,C 分到书 4
第 6 种: A 分到书 1,B 分到书 3,C 分到书 5
第 7 种: A 分到书 1,B 分到书 4,C 分到书 2
第 8 种: A 分到书 1,B 分到书 4,C 分到书 3
第 9 种: A 分到书 1,B 分到书 4,C 分到书 5
第 10 种: A 分到书 1,B 分到书 5,C 分到书 2
第 11 种: A 分到书 1,B 分到书 5,C 分到书 3
第 12 种: A 分到书 1,B 分到书 5,C 分到书 4
第 13 种: A 分到书 2,B 分到书 1,C 分到书 3
第 14 种: A 分到书 2,B 分到书 1,C 分到书 4
第 15 种: A 分到书 2,B 分到书 1,C 分到书 5
第 16 种: A 分到书 2,B 分到书 3,C 分到书 1
第 17 种: A 分到书 2,B 分到书 3,C 分到书 4
第 18 种: A 分到书 2,B 分到书 3,C 分到书 5
```

第 19 种：A 分到书 2,B 分到书 4,C 分到书 1
第 20 种：A 分到书 2,B 分到书 4,C 分到书 3
第 21 种：A 分到书 2,B 分到书 4,C 分到书 5
第 22 种：A 分到书 2,B 分到书 5,C 分到书 1
第 23 种：A 分到书 2,B 分到书 5,C 分到书 3
第 24 种：A 分到书 2,B 分到书 5,C 分到书 4
第 25 种：A 分到书 3,B 分到书 1,C 分到书 2
第 26 种：A 分到书 3,B 分到书 1,C 分到书 4
第 27 种：A 分到书 3,B 分到书 1,C 分到书 5
第 28 种：A 分到书 3,B 分到书 2,C 分到书 1
第 29 种：A 分到书 3,B 分到书 2,C 分到书 4
第 30 种：A 分到书 3,B 分到书 2,C 分到书 5
第 31 种：A 分到书 3,B 分到书 4,C 分到书 1
第 32 种：A 分到书 3,B 分到书 4,C 分到书 2
第 33 种：A 分到书 3,B 分到书 4,C 分到书 5
第 34 种：A 分到书 3,B 分到书 5,C 分到书 1
第 35 种：A 分到书 3,B 分到书 5,C 分到书 2
第 36 种：A 分到书 3,B 分到书 5,C 分到书 4
第 37 种：A 分到书 4,B 分到书 1,C 分到书 2
第 38 种：A 分到书 4,B 分到书 1,C 分到书 3
第 39 种：A 分到书 4,B 分到书 1,C 分到书 5
第 40 种：A 分到书 4,B 分到书 2,C 分到书 1
第 41 种：A 分到书 4,B 分到书 2,C 分到书 3
第 42 种：A 分到书 4,B 分到书 2,C 分到书 5
第 43 种：A 分到书 4,B 分到书 3,C 分到书 1
第 44 种：A 分到书 4,B 分到书 3,C 分到书 2
第 45 种：A 分到书 4,B 分到书 3,C 分到书 5
第 46 种：A 分到书 4,B 分到书 5,C 分到书 1
第 47 种：A 分到书 4,B 分到书 5,C 分到书 2
第 48 种：A 分到书 4,B 分到书 5,C 分到书 3
第 49 种：A 分到书 5,B 分到书 1,C 分到书 2
第 50 种：A 分到书 5,B 分到书 1,C 分到书 3
第 51 种：A 分到书 5,B 分到书 1,C 分到书 4
第 52 种：A 分到书 5,B 分到书 2,C 分到书 1
第 53 种：A 分到书 5,B 分到书 2,C 分到书 3
第 54 种：A 分到书 5,B 分到书 2,C 分到书 4
第 55 种：A 分到书 5,B 分到书 3,C 分到书 1
第 56 种：A 分到书 5,B 分到书 3,C 分到书 2
第 57 种：A 分到书 5,B 分到书 3,C 分到书 4
第 58 种：A 分到书 5,B 分到书 4,C 分到书 1
第 59 种：A 分到书 5,B 分到书 4,C 分到书 2
第 60 种：A 分到书 5,B 分到书 4,C 分到书 3

12.2　捕鱼和分鱼

扫码观看视频讲解

　　某天夜里，A、B、C、D、E 5 个人一块去捕鱼，到第二天凌晨时都疲惫不堪，于是各自找地方睡觉。天亮了，A 第一个醒来，他将鱼分为 5 份，把多余的一条鱼扔掉，拿走自己的一份。B 第二个醒来，也将鱼分为 5 份，把多余的一条鱼扔掉，拿走自己的一份。C、D、E 依次醒来，也按同样的方法拿走鱼。问他们合伙至少捕了多少条鱼？

12.2.1 算法分析

根据题意可知，总计将所有的鱼进行了 5 次平均分配，每次分配时的策略是相同的，即扔掉一条鱼后剩下的鱼正好分成 5 份，然后拿走自己的一份，余下其他的 4 份。假定鱼的总数为 X，则 X 可以按照题目的要求进行 5 次分配：$X-1$ 后可被 5 整除，余下的鱼为 $4×(X-1)/5$。若 X 满足上述要求，则 X 就是题目的解。

12.2.2 具体实现

在下面的实例文件 fen.py 中，演示了解决"捕鱼和分鱼"的问题的过程。

```
def xf(n):
  a=1
  b=a
  while 1:
   for i in range(n-1):
    a=(a-1)/n*(n-1)*1.0
   if (a-1)%n==0:
    return b
   b+=1
   a=b
print(xf(5))
```

执行以上代码后会输出：

```
3121
```

12.3 出售金鱼

扫码观看视频讲解

鱼商 A 将养的一缸金鱼分 5 次出售，第一次卖出全部的一半加 1/2 条；第二次卖出余下的 1/3 加 1/3 条；第三次卖出余下的 1/4 加 1/4 条；第四次卖出余下的 1/5 加 1/5 条；最后卖出余下的 11 条。问原来的鱼缸中共有几条金鱼？

12.3.1 算法分析

题目中所有的鱼是分 5 次出售的，每次卖出的策略相同；第 j 次卖剩下的$(j+1)$分之一再加 $1/(j+1)$条，第五次将第四次余下的 11 条全卖了。假定第 j 次鱼的总数为 x，则第 j 次留下：

```
x-(x+1)/(j+1)
```

当第四次出售完毕时，应该剩下 11 条。若 x 满足上述要求，则 x 就是题目的解。

应当注意的是：$(x+1)/(j+1)$应满足整除条件。试探 x 的初值可以从 23 开始，试探的步长为 2，因为 x 的值一定为奇数。

12.3.2 具体实现

编写实例文件 jinyu.py，具体实现代码如下所示。

```
n = 11
while True:
    x = n
    for i in range(2, 5+1):
        x = x-(x/i+1/i)
    if x == 11:
        print(n)
        #####
        x = n
        for i in range(2, 5+1):
            m = x/i+1/i
            x = x - m
            print('%d: mai-->%d shend-->%d' %(i-1, m, x))
        #####
        break
    n = n + 1
```

执行以上代码后会输出：

```
59
1: mai-->30 shend-->29
2: mai-->10 shend-->19
3: mai-->5 shend-->14
4: mai-->3 shend-->11
```

12.4 平分七筐鱼

A、B、C 三位渔夫出海打鱼，他们随船带了 21 只箩筐。返航时发现有 7 筐装满了鱼，还有 7 筐装了半筐鱼，另外 7 筐则是空的，由于他们没有秤，只好通过目测认为 7 个满筐鱼的重量是相等的，7 个半筐鱼的重量是相等的。在不将鱼倒出来的前提下，怎样将鱼和筐平分为 3 份？

扫码观看视频讲解

12.4.1 算法分析

已知有 21 个筐，三个渔夫，那么每个渔夫应分到 7 个筐。而且，7 个筐装满了鱼，7 个筐装了一半的鱼，7 个筐没有鱼。假设满的为 100 单位，一半的为 50 单位，空的为 0，那么每个渔夫应分到(7×100+7×50+7×0)/3=350 单位。先保证每个渔夫有 7 个筐，其中第一个筐放的是 100 单位的，第二个筐放的是 50 单位的，第三个筐放的是 0 的，共有如下种可能(第一块的 for 循环)：

```
[[1, 1, 5], [1, 2, 4], [1, 3, 3], [1, 4, 2], [1, 5, 1], [2, 1, 4], [2, 2, 3],
[2, 3, 2], [2, 4, 1], [3, 1, 3], [3, 2, 2], [3, 3, 1], [4, 1, 2], [4, 2, 1],
[5, 1, 1]]
```

根据上述关系再保证每个渔夫的鱼有 350 单位，共有如下种可能(第二块的 for 循环)：

```
[[1, 5, 1], [2, 3, 2], [3, 1, 3]]
```

最后求出满足筐数为 7 且鱼有 350 单位的可能性：

```
[1, 5, 1] [3, 1, 3] [3, 1, 3]
[2, 3, 2] [2, 3, 2] [3, 1, 3]
[2, 3, 2] [3, 1, 3] [2, 3, 2]
[3, 1, 3] [1, 5, 1] [3, 1, 3]
[3, 1, 3] [2, 3, 2] [2, 3, 2]
[3, 1, 3] [3, 1, 3] [1, 5, 1]
```

12.4.2　具体实现

在下面的实例文件 pingfen.py 中，演示了解决"平分七筐鱼"问题的过程。

```python
x=[]
y=[]
for i in range(1,6):
    for j in range(1,6):
        k=7-i-j
        if k<=0:
            break
        else:
            x.append([i,j,k])
for yu in x:
    yu_sum=yu[0]*100+yu[1]*50+yu[2]*0
    if yu_sum==350:
        y.append(yu)
for yf1 in y:
    for yf2 in y:
        for yf3 in y:
            if yf1[0]+yf2[0]+yf3[0]==7 and yf1[1]+yf2[1]+yf3[1]==7:
                print(yf1,yf2,yf3)
```

执行以上代码后会输出：

```
[1, 5, 1] [3, 1, 3] [3, 1, 3]
[2, 3, 2] [2, 3, 2] [3, 1, 3]
[2, 3, 2] [3, 1, 3] [2, 3, 2]
[3, 1, 3] [1, 5, 1] [3, 1, 3]
[3, 1, 3] [2, 3, 2] [2, 3, 2]
[3, 1, 3] [3, 1, 3] [1, 5, 1]
```

12.5　绳子的长度和井深

扫码观看视频讲解

《九章算术》第八章"方程"的第 13 题是著名的"五家共井"问题，题目描述如下：今有五家共井，甲二绠不足如乙一绠，乙三绠不足如丙一绠，丙四绠不足如丁一绠，丁五绠不足如戊一绠，戊六绠不足如甲一绠。如各得所不足一绠，皆逮。问井深、绠长各几何(题中："绠"是汲水桶上的绳索，"逮"是到达井底水面的意思)？

意思是：现在有五家共用一口井，甲、乙、丙、丁、戊五家各用一条绳子提水(下面用文字表示每一家的绳子)：甲×2+乙=井深，乙×3+丙=井深，丙×4+丁=井深，丁×5+戊=井深，戊×6+甲=井深，求甲、乙、丙、丁、戊各家绳子的长度和井深。

12.5.1 算法分析

这种题目用的是五元一次方程组，具体解法如下所示。

设甲、乙、丙、丁、戊五根绳子的长度分别是 x、y、z、s、t，井深 u，那么列出方程组：

$$\begin{cases} 2x + y = u \\ 3y + z = u \\ 4z + s = u \\ 5s + t = u \\ 6t + x = u \end{cases}$$

求解上述方程组，得 x、y、z、s、t 分别等于 265/721、191/721、148/721、129/721、76/721，井深 u 为 1。

12.5.2 具体实现

编写实例文件 jing.py，具体实现代码如下所示。

```python
def fun():
    e = 0
    while True:
        e += 4
        a = 0
        while True:
            a += 5
            d = e + a / 5
            c = d + e / 4
            if c % 2 != 0 or d % 3 != 0:
                continue
            b = c + d / 3
            if b + c / 2 < a:
                break
            if b + c / 2 == a:
                deep = 2 * a + b
                print('a--> %d, b--> %d, c--> %d, d--> %d, e--> %d, deep--> %d' %
(a, b, c, d, e, deep))
                return a, b, c, d, e, deep


print(fun())
```

执行以上代码后会输出：

```
a--> 265, b--> 191, c--> 148, d--> 129, e--> 76, deep--> 721
(265, 191.0, 148.0, 129.0, 76, 721.0)
```

12.6 鸡兔同笼

扫码观看视频讲解

在《孙子算经》中记载了"鸡兔同笼"问题："今有雉兔同笼，上有三十五头，下有九十四足，问雉兔各几何？"意思是如果将若干只鸡、兔放在一个笼子里，从上面数有 35 个头；从下面数有 94 只脚。求笼中各有几只鸡和兔？

12.6.1 算法分析

由题目可知，鸡兔一共有 35 只，如果把兔子的两只前脚用绳子捆起来，看作一只脚，两只后脚也用绳子捆起来，看作一只脚，那么，兔子就成了 2 只脚，即把兔子都先当作两只脚的鸡。鸡兔总的脚数是 35×2=70 只，比题中所说的 94 只要少 94−70=24 只。

现在，松开一只兔子脚上的绳子，脚的总数就会增加 2 只，即 70+2=72 只，再松开一只兔子脚上的绳子，总的脚数又增加 2……一直继续下去，直至增加 24，因此兔子数为 24÷2=12 只，从而鸡有 35−12=23 只。

在解题时先假设全是鸡，于是根据鸡兔的总数就可以算出在假设下共有几只脚，把这样得到的脚数与题中给出的脚数相比较，看看差多少，每差 2 只脚就说明有 1 只兔，将所差的脚数除以 2，就可以算出共有多少只兔。由此可以得出解鸡兔同笼题的基本关系式是：兔数=(实际脚数−每只鸡脚数×鸡兔总数)÷(每只兔子脚数−每只鸡脚数)。同样，也可以假设全是兔子。

采用列方程的办法，设兔子的数量为 X，鸡的数量为 Y，则有

$$\begin{cases} X+Y=35 \\ 4X+2Y=94 \end{cases}$$

解得上述方程后，得出兔子有 12 只，鸡有 23 只。

12.6.2 具体实现

编写实例文件 jitu.py，具体实现代码如下所示。

```
while True:
    try:
        sum = eval(input("请输入鸡和兔子脚的总数："))
        head = eval(input("请输入鸡和兔子头的总数："))

        if sum < 6:
            print("输入鸡和兔子脚的总数错误，请重新输入>>>")
        elif head < 2:
            print("输入鸡和兔子头的总数错误，请重新输入>>>")
        else:
            j = 0
            t = 0
            flag = False
```

```
        while j < head:
            j += 1
            t = head - j
            if (sum == (j * 2 + t * 4)):
                print("有鸡 %d 只，有兔子 %d 只" % (j, t))
            else:
                if flag == False:
                    flag = False
    except:
        print("能不能好好玩？")
```

执行以上代码后会输出：

请输入鸡和兔子脚的总数：94
请输入鸡和兔子头的总数：35
有鸡 23 只，有兔子 12 只

12.7 三色球问题

扫码观看视频讲解

有红、黄、绿 3 种颜色的球，其中红球 3 个，黄球 3 个，绿球 6 个。现将这 12 个球混放在一个盒子中，从中任意摸出 8 个球，编程计算摸出球的各种颜色搭配。

12.7.1 算法分析

这是一道排列组合问题。从 12 个球中任意摸出 8 个球，求颜色搭配的种类。解决这类问题的一种比较简单、直观的方法是使用穷举法，在可能的解的空间中找出所有的搭配，然后再根据约束条件加以排除，最终筛选出正确的答案。在本题中，因为是随便从 12 个球中摸取，一切都是随机的，所以每种颜色的球被摸到的可能的个数如表 12-1 所示。

表 12-1 每种颜色的球被摸到的可能的个数

红　球	黄　球	绿　球
0,1,2,3	0,1,2,3	2,3,4,5,6

其中绿球不可能被摸到 0 个或者 1 个。假设只摸到 1 个绿球，那么摸到的红球和黄球的总数一定为 7，而红球与黄球全部被摸到的总数才为 6，因此假设是不可能成立的。同理，绿球不可能被摸到 0 个。

可以将红、黄、绿三色球可能被摸到的个数进行排列，以组合在一起而构成一个解空间，那么解空间的大小为 4×4×5=80 种颜色搭配组合。但是在这 80 种颜色搭配组合中，只有满足"红球数+黄球数+绿球数=8"这个条件的才是真正的答案，其余的搭配组合都不能满足题目的要求。

12.7.2 具体实现

编写实例文件 sanse.py，具体实现代码如下所示。

```python
print('red\tyellow\tblue')
for red in range(0, 4):
    for yellow in range(0, 4):
        for green in range(2, 7):
            if red + yellow + green == 8:
                # 注意，下边不是字符串拼接，因此不用 "+"
                print(red, '\t', yellow, '\t', green)
```

执行以上代码后会输出：

```
red yellow  blue
0        2   6
0        3   5
1        1   6
1        2   5
1        3   4
2        0   6
2        1   5
2        2   4
2        3   3
3        0   5
3        1   4
3        2   3
3        3   2
```

12.8　计算年龄

扫码观看视频讲解

张三、李四、王五、刘六的年龄成一等差数列，他们 4 人的年龄相加是 26，相乘是 880，求以他们的年龄为前 4 项的等差数列的前 20 项。

12.8.1 算法分析

设数列的首项为 a，则前 4 项之和为 $(4n+6a)$，前 4 项之积为

$$n\,(n+a)\,(n+a+a)(n+a+a+a)$$

同时：

$$1 \leqslant a \leqslant 4,\ 1 \leqslant n \leqslant 6$$

在此可以采用穷举法求出此数列。

12.8.2 具体实现

编写实例文件 nianling.py，具体实现代码如下所示。

```
def sum(a, k, n):
    s = a
    for i in range(1, n):
        s += a + i * k
    return s

def mul(a, k, n):
    s = a
    for i in range(1, n):
        s *= a + i * k
    return s

for a in range(1, 26 // 4):
    find = False
    k = 1
    while True:
        t = sum(a, k, 4)
        if t >= 26:
            if t == 26 and mul(a, k, 4) == 880:
                find = True
            break
        k += 1
    if find:
        for i in range(20):
            print(a + i * k,)
```

执行以上代码后会输出：

```
2
5
8
11
14
17
20
23
26
29
32
35
38
41
44
47
50
53
56
59
```

12.9　常胜将军问题

　　常胜将军是一个非常有意思的智力游戏趣题。常胜将军的大意如下：甲和乙两人玩抽取火柴的游戏，共有 21 根火柴。每个人每次最多取 4 根

火柴，最少取 1 根火柴。如果某个人取到最后 1 根火柴则输了。甲让乙先抽取，结果每次都是甲赢。这是为什么呢？请编程演示常胜将军的各种解法。

12.9.1　算法分析

甲要每次都赢，那么每次甲给乙只剩下 1 根火柴，因为此时乙至少取 1 根火柴，这样才能保证甲常胜。由于乙先抽取，因此只要保证甲抽取的数量和乙抽取的数量之和为 5 即可。

12.9.2　具体实现

实例文件 chang.py 的具体实现代码如下所示。

```python
import random
def fun(match):
  idx = 0
  while match > 1:
    idx += 1
    if idx % 2 == 1:
      gamer = 'A'
      choice = random.choice(range(1,5)) if match >= 5 else
random.choice(range(1, match+1))
    else:
      gamer = 'B'
      if match > 5:
        for x in range(1, 5):
          if (match - x) % 5 == 1:
            choice = x
            break
      else:
        choice = match - 1
    match -= choice
    print(gamer, choice, match)
  another = 'A' if gamer == 'B' else 'B'
  loser = gamer if match == 0 else another
  print('%s 胜利!' % loser)
fun(21)
```

执行以上代码后会输出：

```
A 3 18
B 2 16
A 4 12
B 1 11
A 2 9
B 3 6
A 2 4
B 3 1
A 胜利!
```

12.10　野人与传教士问题

在河的左岸有 N 个传教士、N 个野人和一条船，传教士们想用这条船把所有人都运过河去，但有以下条件限制：

- 传教士和野人都会划船，但船每次最多只能运 M 个人；
- 在任何岸边以及船上，野人数目都不能超过传教士，否则传教士会被野人吃掉。

假设野人会服从任何一种过河安排，请规划出一个确保传教士安全过河的计划。

12.10.1　算法分析

大多数解决方案是用左岸的传教士和野人人数以及船的位置这样一个三元组作为状态，进行考虑。下面我们换一种考虑思路，只考虑船的状态。

- 船的状态：(x, y)，x 表示船上 x 个传教士，y 表示船上 y 个野人，其中 $|x| \in [0, m]$，$|y| \in [0, m]$，$0 < |x| + |y| \leqslant m$，$x*y \geqslant 0$，$|x| \geqslant |y|$。船从左到右时，$x, y$ 取非负数。船从右到左时，x, y 取非正数。
- 解的编码：$[(x_0, y_0), (x_1, y_1), \cdots, (x_p, y_p)]$，其中 $x_0 + x_1 + \cdots + x_p = N$，$y_0 + y_1 + \cdots + y_p = N$。解的长度不固定，但一定为奇数。
- 开始时左岸 (N, N)、右岸 $(0, 0)$，最终时左岸 $(0, 0)$、右岸 (N, N)。由于船的合法状态是动态的、二维的，因此，使用一个函数 get_states() 来专门生成其状态空间，使得主程序更加清晰。

12.10.2　具体实现

在下面的实例文件 ye.py 中，演示了解决野人与传教士问题的过程。

```python
n = 3  # n个传教士、n个野人
m = 2  # 船能载m人

x = []  # 一个解，就是船的一系列状态
X = []  # 一组解

is_found = False  # 全局终止标志


# 计算船的合法状态空间(二维)
def get_states(k):  # 船准备跑第k趟
    global n, m, x

    if k % 2 == 0:  # 从左到右，只考虑原左岸人数
        s1, s2 = n - sum(s[0] for s in x), n - sum(s[1] for s in x)
    else:  # 从右到左，只考虑原右岸人数(将船的历史状态累加可得！！！)
        s1, s2 = sum(s[0] for s in x), sum(s[1] for s in x)
```

```
    for i in range(s1 + 1):
        for j in range(s2 + 1):
            if 0 < i + j <= m and (i * j == 0 or i >= j):
                yield [(-i, -j), (i, j)][k % 2 == 0]  # 生成船的合法状态

# 冲突检测
def conflict(k):  # 船开始跑第 k 趟
    global n, m, x

    # 若船上载的人与上一趟一样(会陷入死循环!!!)
    if k > 0 and x[-1][0] == -x[-2][0] and x[-1][1] == -x[-2][1]:
        return True

    # 任何时候, 船上传教士人数少于野人, 或者无人, 或者超载(计算船的合法状态空间时已经考虑到了)
    # if 0 < abs(x[-1][0]) < abs(x[-1][1]) or x[-1] == (0, 0) or abs(sum(x[-1])) >
m:
    #     return True

    # 任何时候, 左岸传教士人数少于野人
    if 0 < n - sum(s[0] for s in x) < n - sum(s[1] for s in x):
        return True

    # 任何时候, 右岸传教士人数少于野人
    if 0 < sum(s[0] for s in x) < sum(s[1] for s in x):
        return True

    return False  # 无冲突

# 回溯法
def backtrack(k):  # 船准备跑第 k 趟
    global n, m, x, is_found

    if is_found: return  # 终止所有递归
    if n - sum(s[0] for s in x) == 0 and n - sum(s[1] for s in x) == 0:
    # 左岸人数全为 0
        print(x)
        is_found = True
    else:
        for state in get_states(k):  # 遍历船的合法状态空间
            x.append(state)
            if not conflict(k):
                backtrack(k + 1)  # 深度优先
            x.pop()  # 回溯

# 测试
backtrack(0)
```

执行以上代码后会输出:

```
[(0, 2), (0, -1), (0, 2), (0, -1), (2, 0), (-1, -1), (2, 0), (0, -1), (0, 2),
(0, -1), (0, 2)]
```

12.11 三色旗问题

假设有一条绳子，上面有多个红、白、蓝 3 种颜色的旗子，开始绳子上的旗子颜色并没有顺序，若将之分类，并排列为蓝、白、红的顺序，要如何移动次数才会最少？注意只能在绳子上进行这个动作，而且一次只能调换两个旗子。

12.11.1 算法分析

在一条绳子上移动，在程序中就意味只能使用一个阵列，而不使用其他的阵列辅助。解决问题的方法很简单，可以想象自己在移动旗子，从绳子开头进行，遇到蓝色往前移，遇到白色留在中间，遇到红色往后移，如图 12-1 所示。

要想让移动次数最少就需要一些技巧：W 所在的位置为白色，则 $W+1$，表示未处理的部分移至白色群组。如果 W 部分为蓝色，则 B 与 W 的元素对调，而 B 与 W 必须各+1，表示两个群组都多了一个元素。如果 W 所在的位置是红色，则将 W 与 R 交换，但 R 要减 1，表示未处理的部分减 1。注意 B、W、R 并不是三色旗的个数，它们只是一个移动的指标。究竟什么时候移动结束呢？一开始时未处理的 R 指标等于旗子的总数，当 R 的索引数减至少于 W 的索引数时，表示接下来的旗子就都是红色了，此时就可以结束移动，如图 12-2 所示。

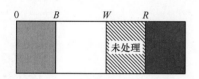

图 12-1 三色旗子最初的排列

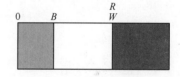

图 12-2 移动结束

12.11.2 具体实现

编写实例文件 qi.py，具体实现代码如下所示。

```python
import random
def fun(l):
    count = 0
    a = l.count(0)
    b = a + l.count(1)
    k1 = a
    k2 = len(l) - 1

    # 把第一个区域全部交换成白
    for i in range(a):
        if l[i] == 0:
            continue

        if l[i] == 1:
```

```
        while l[k1] != 0: k1 += 1
        k = k1
    elif l[i] == 2:
        while l[k2] != 0: k2 -= 1
        k = k2
    l[k] = l[i]
    l[i] = 0
    count += 1

# 把第二个区域全部交换成红
k = len(l) - 1
for i in range(a, b):
    if l[i] == 2:
        while l[k] != 1: k -= 1
        l[k] = l[i]
        l[i] = 1
        count += 1
return count

t = [random.choice([0, 1, 2]) for i in range(30)]
print(t)
steps = fun(t)
print(t, steps)
```

执行以上代码后会输出：

```
[2, 0, 0, 0, 0, 2, 2, 0, 2, 1, 2, 1, 2, 0, 1, 1, 1, 1, 2, 0, 0, 0, 2, 2, 2, 0,
2, 0, 0, 0]
[0, 0, 0, 0, 0, 0, 0, 0, 0, 0, 0, 0, 0, 1, 1, 1, 1, 1, 1, 2, 2, 2, 2, 2, 2, 2,
2, 2, 2, 2] 9
```

12.12 猴子分桃

花果山水帘洞有 5 只聪明的猴子，有一天它们得到了一堆桃子，它们发现那堆桃子不能被均匀分为 5 份，于是猴子们决定先去睡觉，明天再讨论如何分配。夜深人静的时候，猴子 A 偷偷起来，吃掉了一个桃子后，它发现余下的桃子正好可以平均分成 5 份，于是它拿走了一份；接着猴子 B 也起来先偷吃了一个，结果它也发现余下的桃子恰好可以被平均分成 5 份，于是它也拿走了一份；后面的猴子 C、D、E 依次如法炮制，先偷吃一个，然后将余下的桃子平均分成 5 份并拿走了自己的一份。请编写一个 Python 程序，计算这一堆桃子至少有多少个。

12.12.1 算法分析

我们按照自顶向下的思路进行分析，算法分析具体如下。

（1）假设最开始总的桃子数是 1 个，判断桃子是否可分，如果不可分则桃子数累加 1，可分别返回此时的桃子数。

（2）那么怎么判断桃子数是否可分呢？只要判断每一只猴子拿桃子是否可分，如果每只猴子拿桃子都可分则桃子数可分，否则桃子数不可分。

(3) 那么怎么判断每一只猴子拿桃子是否可分呢？只要从前往后判断当前的桃子数被拿掉一个之后是否能够被 5 整除，如果可以被 5 整除，就说明该猴子拿桃子是可分的，否则该猴子拿桃子就是不可分的(当前的桃子数就是前面猴子吃完和拿完剩下的桃子数)。

12.12.2 具体实现

实例文件 houzi.py 的具体实现代码如下所示。

```python
def get_peaches(monkeys):
    peaches = 1
    while not dividable(monkeys, peaches):
    # 因为每只猴子拿完都多出 1 个，所以总的桃子数一定是猴子的倍数+1
        # 所以这步可以写成 peaches += monkeys 减少循环次数
        peaches += 1
    return peaches


def dividable(monkeys, peaches):
    for _ in range(monkeys):
        ok, peaches = divide(monkeys, peaches)
        if not ok:
            return False
    return True


def divide(monkeys, peaches):
    peaches -= 1
    if peaches % monkeys == 0:
        peaches -= peaches // monkeys
        return True, peaches
    return False, 0


if __name__ == '__main__':
    print(get_peaches(5))
```

执行以上代码后会输出：

```
3121
```

第13章

常用的人工智能算法

　　人工智能就是我们平常所说的 AI(artificial intelligence)。人工智能是研究、开发用于模拟、延伸和扩展人类智能的理论、方法、技术及应用系统的一门新的技术科学。在本章的内容中，将详细介绍常用的人工智能算法技术的基本知识。

扫码观看视频讲解

13.1 线性回归算法

线性回归是利用数理统计中的回归分析,来确定两种或两种以上变量间相互依赖的定量关系的一种统计分析方法。在本节的内容中,将详细讲解线性回归算法的基础知识。

13.1.1 线性回归介绍

在人工智能领域,经常用线性回归算法解决回归问题。在统计学中,线性回归(linear regression)是利用称为线性回归方程的最小平方函数对一个或多个自变量和因变量之间关系进行建模的一种回归分析。这种函数是一个或多个称为回归系数的模型参数的线性组合。只有一个自变量的情况称为简单回归,大于一个自变量的情况叫作多元回归。(这反过来又应当与多个相关的因变量预测的多元线性回归区别,而不是一个单一的标量变量)

线性回归模型经常用最小二乘逼近来拟合,但它们也可能用别的方法来拟合,比如用最小化"拟合缺陷"在一些其他规范里(比如最小绝对误差回归),或者在桥回归中最小化最小二乘损失函数的惩罚。相反,最小二乘逼近可以用来拟合那些非线性的模型。因此,尽管"最小二乘法"和"线性模型"是紧密相连的,但它们是不能画等号的。

13.1.2 绘制三维平面

在数学应用中,使用线性方程 $z = ax + by + c$ 表示空间中的一个平面。在下面的实例文件 3D.py 中,使用虚拟的一组数据绘制了一个三维平面,具体实现代码如下所示。

```python
import numpy as np
from sklearn import linear_model
from mpl_toolkits.mplot3d import Axes3D
import matplotlib.pyplot as plt

xx, yy = np.meshgrid(np.linspace(0,10,10), np.linspace(0,100,10))
zz = 1.0 * xx + 3.5 * yy + np.random.randint(0,100,(10,10))

# 构建成特征、值的形式
X, Z = np.column_stack((xx.flatten(),yy.flatten())), zz.flatten()

# 建立线性回归模型
regr = linear_model.LinearRegression()

# 拟合
regr.fit(X, Z)

# 不难得到平面的系数、截距
a, b = regr.coef_, regr.intercept_
```

```
# 给出待预测的一个特征
x = np.array([[5.8, 78.3]])

# 方式1：根据线性方程计算待预测的特征 x 对应的值 z(注意：np.sum)
print(np.sum(a * x) + b)

# 方式2：根据 predict 方法预测的值 z
print(regr.predict(x))

# 画图
fig = plt.figure()
ax = fig.gca(projection='3d')

# 1.画出真实的点
ax.scatter(xx, yy, zz)

# 2.画出拟合的平面
ax.plot_wireframe(xx, yy, regr.predict(X).reshape(10,10))
ax.plot_surface(xx, yy, regr.predict(X).reshape(10,10), alpha=0.3)

plt.show()
```

执行以上代码后会绘制一个三维平面，如图 13-1 所示。

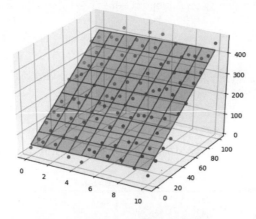

图 13-1　绘制三维平面的执行效果

13.1.3　预测房价

在监督学习问题中经常用训练数据来估计模型参数，训练数据由解释变量的历史观测值和对应的响应变量构成。模型可以预测不在训练数据中的解释变量对应的响应变量的值，回归问题的目标是预测出响应变量的连续值。

假设想计算房子的价格，虽然看看开发商公布的价格就知道了，但是也可以用机器学习方法建一个线性回归模型，通过分析房子的面积与单价的数据的线性关系，来预测任意面积房子的价格。我们先用 scikit-learn 写出回归算法模型，然后将模型应用到具体问题中。假设我们已经知道了部分房源的面积与价格的数据，这就构成了训练数据，具体如表 13-1 所示。

表 13-1 部分房源的价格

训练样本	面积/平方米	单价(元/平方米,建筑面积)
1	90	20000
2	100	21000
3	110	21500
4	120	22000
5	160	25000

编写实例文件 Linear01.py,通过数据的可视化直接观察房子单价与房子面积之间是否存在线性关系,通过散点图在二维平面中进行可视化表示。文件 Linear01.py 的具体实现代码如下所示。

```python
import matplotlib.pyplot as plt
from matplotlib.font_manager import FontProperties
font = FontProperties(fname=r"c:\windows\fonts\msyh.ttc", size=10)
def runplt(size=None):
    plt.figure(figsize=size)
    plt.title('房子单价与户型面积',fontproperties=font)
    plt.xlabel('户型面积(平方米)',fontproperties=font)
    plt.ylabel('单价(元)',fontproperties=font)
    plt.axis([0, 200, 0, 30000])
    plt.grid(True)
    return plt
plt = runplt()
X = [[90], [100], [110], [120], [160]]
y = [[20000], [21000], [21500], [22000], [25000]]
plt.plot(X, y, 'k.')
plt.show()
```

执行后会可视化展示房子单价与房子面积之间的线性关系,如图 13-2 所示。

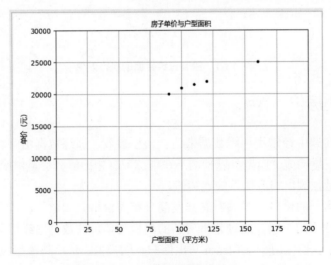

图 13-2 展示的线性关系

在图 13-2 中，x 轴表示房子的面积，y 轴表示房子的单价。我们可以看出，房子的单价与其房价相关。编写实例文件 Linear02.py，使用 scikit-learn 来构建预测模型，预测面积是 130 平方米的房子的单价是多少。文件 Linear02.py 的具体实现代码如下所示。

```
from sklearn import linear_model
# 表示可以调用 sklearn 中的 linear_model 模块进行线性回归
from IPython.display import Image
model = linear_model.LinearRegression()
X = [[90], [100], [110], [120], [160]]
y = [[20000], [21000], [21500], [22000], [25000]]
model.fit(X, y)
print(model.intercept_)  # 截距
print(model.coef_)  # 线性模型的系数
a = model.predict([[130]])
# a[0][0]
print("预测面积130平方米的房子的单价是:
{:.2f}".format(model.predict([[130]])[0][0]))
```

执行以上代码后会输出：

```
[13835.61643836]
[[69.52054795]]
预测面积130平方米的房子的单价是: 22873.29
```

一元线性回归假设解释变量和响应变量之间存在线性关系，这个线性模型所构成的空间是一个超平面(hyperplane)。超平面是 n 维欧氏空间中余维度等于一的线性子空间，例如平面中的直线、空间中的平面等，总比包含它的空间少一维。在一元线性回归中，一个维度是响应变量，另一个维度是解释变量，总共两维。因此，其超平面只有一维，就是一条线。

在 scikit-learn 中，所有的估计器都带有方法 fit() 和方法 predict()。其中方法 fit() 用来分析模型参数，方法 predict() 是通过 fit() 算出的模型参数构成的模型，对解释变量进行预测获得的值。因为所有的估计器都有这两种方法，所以 scikit-learn 很容易试验不同的模型。

通过使用类 LinearRegression 中的方法 fit() 体验下面的一元线性回归模型：

$$y = \alpha + \beta x$$

其中，y 表示响应变量的预测值，本例指房子价格预测值；x 是解释变量，本例是指房子的面积。截距 α 和系数 β 是线性回归模型最关心的事情。

编写实例文件 Linear03.py，绘制一条直线表示房子的面积与单价的线性关系，通过使用这个模型可以计算不同面积的价格。文件 Linear03.py 的具体实现代码如下所示。

```
import matplotlib.pyplot as plt
from matplotlib.font_manager import FontProperties
from sklearn import linear_model
font = FontProperties(fname=r"c:\windows\fonts\msyh.ttc", size=10)
def runplt(size=None):
    plt.figure(figsize=size)
    plt.title('房子单价与户型面积',fontproperties=font)
    plt.xlabel('户型面积(平方米)',fontproperties=font)
    plt.ylabel('单价(元)',fontproperties=font)
    plt.axis([0, 200, 0, 30000])
    plt.grid(True)
```

```
    return plt

plt = runplt()
X = [[90], [100], [110], [120], [160]]
y = [[20000], [21000], [21500], [22000], [25000]]
plt.plot(X, y, 'k.')
X2 = [[0], [80], [140], [200]]
model = linear_model.LinearRegression()
model.fit(X,y)
y2 = model.predict(X2)
plt.plot(X2, y2, 'g-')
plt.show()
```

执行以上代码后会绘制一条表示房子的面积与单价的线性关系的直线，如图 13-3 所示。

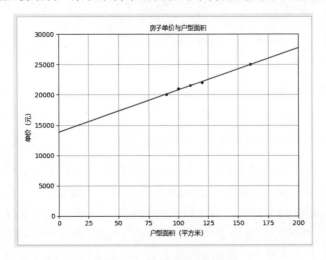

图 13-3　绘制的线性关系直线

编写文件 Linear04.py 实现带成本函数的模型评估功能，通常将成本函数(cost function)称为损失函数(loss function)，用来定义模型与观测值的误差。模型预测的价格与训练集数据的差异称为残差(residuals)或训练误差(training errors)。文件 Linear04.py 的具体实现代码如下所示。

```
import matplotlib.pyplot as plt
from matplotlib.font_manager import FontProperties
from sklearn import linear_model
font = FontProperties(fname=r"c:\windows\fonts\msyh.ttc", size=10)
def runplt(size=None):
    plt.figure(figsize=size)
    plt.title('房子单价与户型面积',fontproperties=font)
    plt.xlabel('户型面积(平方米)',fontproperties=font)
    plt.ylabel('单价(元)',fontproperties=font)
    plt.axis([0, 200, 0, 30000])
    plt.grid(True)
    return plt

plt = runplt()
X = [[90], [100], [110], [120], [160]]
```

```
y = [[20000], [21000], [21500], [22000], [25000]]
plt.plot(X, y, 'k.')
X2 = [[0], [80], [140], [200]]
model = linear_model.LinearRegression()
model.fit(X,y)
y2 = model.predict(X2)
plt = runplt(size=(10,10))
plt.plot(X, y, 'k.')
y3 = [18000, 18000, 18000, 18000]
y4 = y2*0.5 + 5
model.fit(X[1:-1], y[1:-1])
y5 = model.predict(X2)
plt.plot(X, y, 'k.', label="X, y")
plt.plot(X2, y2, 'g-.', label="X2 y2")
plt.plot(X2, y3, 'r-.',label="X2, y3")
plt.plot(X2, y4, 'y-.',label="X2, y4")
plt.plot(X2, y5, 'o-', label="X2, y5")
plt.legend()
plt.show()
```

执行以上代码后会绘制模型评估线性图,如图 13-4 所示。

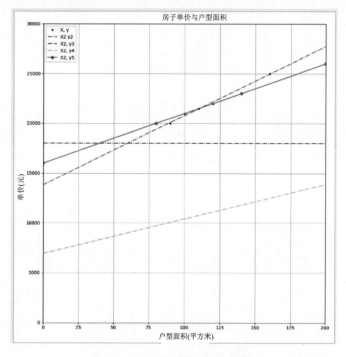

图 13-4　绘制的模型评估线性图

编写文件 Linear05.py 计算预测误差和残差,其中预测误差是指模型预测的价格与测试
集数据的差异,模型的残差是训练样本点与线性回归模型的纵向距离。文件 Linear05.py 的
具体实现代码如下所示。

```
import matplotlib.pyplot as plt
from matplotlib.font_manager import FontProperties
from sklearn import linear_model
```

```
font = FontProperties(fname=r"c:\windows\fonts\msyh.ttc", size=10)
def runplt(size=None):
    plt.figure(figsize=size)
    plt.title('房子单价与户型面积',fontproperties=font)
    plt.xlabel('户型面积(平方米)',fontproperties=font)
    plt.ylabel('单价(元)',fontproperties=font)
    plt.axis([0, 200, 0, 30000])
    plt.grid(True)
    return plt

plt = runplt()
X = [[90], [100], [110], [120], [160]]
y = [[20000], [21000], [21500], [22000], [25000]]

plt = runplt()
plt.plot(X, y, 'k.')
X2 = [[11743], [24210], [26900], [27400], [30700]]
model = linear_model.LinearRegression()
model.fit(X, y)
y2 = model.predict(X2)
plt.plot(X, y, 'k.')
plt.plot(X2, y2, 'g-')

# 残差预测值
yr = model.predict(X)
# enumerate 函数可以把一个 list 变成索引-元素对
for idx, x in enumerate(X):
    plt.plot([x, x], [y[idx], yr[idx]], 'r-')
plt.show()

import numpy as np
print('残差平方和:{:.2f}'.format(np.mean((model.predict(X) - y) ** 2)))
```

执行以上代码后会绘制误差线性图并打印输出残差值，如图 13-5 所示。

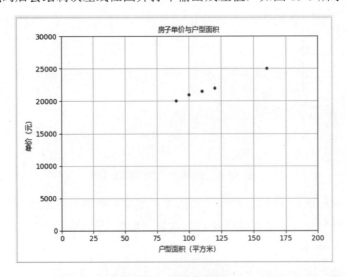

图 13-5　误差线性图

13.2　二元决策树算法

二元决策树就是基于属性做一系列的二元(是/否)决策，每次决策对应于从两种可能性中选择一个。在每次决策后要么会引出另外一个决策，要么会生成最终的结果。

13.2.1　何为二元决策树

学习过二叉树的读者会知道二叉树是一个连通的无环图，每个节点最多有两个子树的树结构。如图 13-6 就是一个深度 $k=3$ 的二叉树。二元决策树与此类似，只不过二元决策树是基于属性做一系列二元(是/否)决策。每次决策从下面的两种决策中选择一种，然后又会引出另外两种决策，依此类推，直到叶子节点，即最终的结果。也可以将二元决策树理解为是对二叉树的遍历，或者很多层的 if-else 嵌套。

读者朋友们需要特别注意的是：二元决策树中的深度算法与二叉树中的深度算法是不一样的。二叉树的深度是指有多少层，而二元决策树的深度是指经过多少层计算。以图 13-6 为例，二叉树的深度 $k=3$，而在二元决策树中深度 $k=2$。图 13-7 就是一个二元决策树的例子，其中最关键的是如何选择切割点：即 X[0]≤-0.075 中的-0.075 是如何选择出来的。

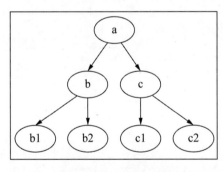

图 13-6　二叉树示例

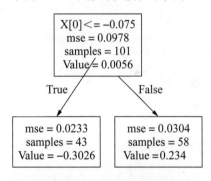

图 13-7　二叉决策树示例

13.2.2　选择二元决策树切割点

在二元决策树算法中，切割点的选择是最核心的部分，其基本思路是遍历所有数据，尝试将每个数据作为分割点，计算此时左右两侧数据的离差平方和，并从中找到最小值。然后找到离差平方和最小时对应的数据，这个数据就是最佳分割点。请看下面的实例文件 binary01.py，功能是根据上面描述的算法思想选择二元决策树切割点，具体实现代码如下所示。

```
import numpy
import matplotlib.pyplot as plot
```

```
# 建立一个100数据的测试集
nPoints = 100

# x 的取值范围：-0.5~+0.5 的 nPoints 等分
xPlot = [-0.5+1/nPoints*i for i in range(nPoints + 1)]

# y 值：在 x 的取值上加一定的随机值或者叫噪音数据
# 设置随机数算法生成数据时的开始值，保证随机生成的数值一致
numpy.random.seed(1)
# # 随机生成宽度为 0.1 的标准正态分布的数值
# # 上面的设置是为了保证 numpy.random 这步生成的数据一致
y = [s + numpy.random.normal(scale=0.1) for s in xPlot]


# 离差平方和列表
sumSSE = []
for i in range(1, len(xPlot)):
    # 以 xPlot[i] 为界，分成左侧数据和右侧数据
    lhList = list(xPlot[0:i])
    rhList = list(xPlot[i:len(xPlot)])

    # 计算每侧的平均值
    lhAvg = sum(lhList) / len(lhList)
    rhAvg = sum(rhList) / len(rhList)

    # 计算每侧的离差平方和
    lhSse = sum([(s - lhAvg) * (s - lhAvg) for s in lhList])
    rhSse = sum([(s - rhAvg) * (s - rhAvg) for s in rhList])

    # 统计总的离差平方和，即误差和

    sumSSE.append(lhSse + rhSse)

# 找到最小的误差和
minSse = min(sumSSE)
# 产生最小误差和时对应的数据索引
idxMin = sumSSE.index(minSse)
# 打印切割点数据及切割点位置
print("切割点位置："+str(idxMin)) # 49
print("切割点数据："+str(xPlot[idxMin])) # -0.010000000000000009

# 绘制离差平方和随切割点变化而变化的曲线
plot.plot(range(1, len(xPlot)), sumSSE)
plot.xlabel('Split Point Index')
plot.ylabel('Sum Squared Error')
plot.show()
```

执行以上代码后会绘制根据测试数据选择二元决策树切割点的曲线图，如图 13-8 所示。

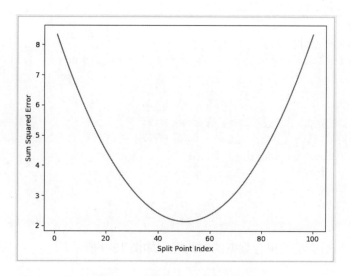

图 13-8　选择二元决策树切割点

13.2.3　使用二元决策树拟合数据

　　数据拟合又称曲线拟合，俗称拉曲线，是一种把现有数据通过数学方法来代入一个数学式子的表示方式。科学和工程问题可以通过诸如采样、实验等方法获得若干离散的数据，根据这些数据，我们往往希望得到一个连续的函数(也就是曲线)或者更加密集的离散方程与已知数据相吻合，这个过程就叫作拟合(fitting)。请看下面的实例文件 binary02.py，功能是将深度设置为 1，使用函数 sklearn.tree.DecisionTreeRegressor()拟合预测值和真实值曲线，具体实现代码如下所示。

```python
import numpy
import matplotlib.pyplot as plot

from sklearn import tree
from sklearn.tree import DecisionTreeRegressor
# 建立一个100数据的测试集
nPoints = 100

# x 的取值范围: -0.5～+0.5 的 nPoints 等分
xPlot = [-0.5+1/nPoints*i for i in range(nPoints + 1)]

# y 值: 在 x 的取值上加一定的随机值或者叫噪音数据
# 设置随机数算法生成数据时的开始值，保证随机生成的数值一致
numpy.random.seed(1)
# 随机生成宽度为 0.1 的标准正态分布的数值
# 上面的设置是为了保证 numpy.random 这步生成的数据一致
y = [s + numpy.random.normal(scale=0.1) for s in xPlot]
# 使用二元决策树拟合数据:深度为 1
# 说明 numpy.array(xPlot).reshape(1, -1): 这是传入参数的需要: list->narray
simpleTree = DecisionTreeRegressor(max_depth=1)
```

```
simpleTree.fit(numpy.array(xPlot).reshape(-1,1),
numpy.array(y).reshape(-1,1))
# 读取训练后的预测数据
y_pred = simpleTree.predict(numpy.array(xPlot).reshape(-1,1))

# 绘图
plot.figure()
plot.plot(xPlot, y, label='True y')
plot.plot(xPlot, y_pred, label='Tree Prediction ', linestyle='--')
plot.legend(bbox_to_anchor=(1,0.2))
plot.axis('tight')
plot.xlabel('x')
plot.ylabel('y')
plot.show()
```

执行以上代码后会绘制拟合数据的曲线图，如图 13-9 所示。

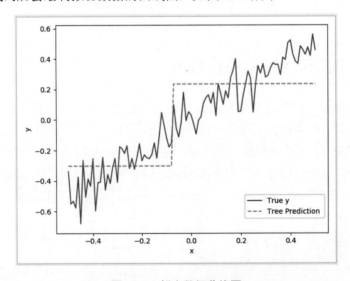

图 13-9　拟合数据曲线图

13.2.4　确定最佳深度的算法

在选择二元决策树的深度时，常用三个通过不同深度二元决策树的交叉验证的方法来确定最佳深度。基本算法思路如下：

(1) 确定深度列表。

(2) 设置采用几折交叉验证。

(3) 计算每折交叉验证时的样本外数据的均方误差。

(4) 通过不同的深度绘图，观察分析结果。

编写实例文件 binary03.py，功能是根据上述算法思想绘制深度曲线图，具体实现代码如下所示。

```
import numpy
import matplotlib.pyplot as plot
```

```
from sklearn.tree import DecisionTreeRegressor

# 建立一个 100 数据的测试集
nPoints = 100

# x 的取值范围: -0.5~+0.5 的 nPoints 等分
xPlot = [-0.5 + 1 / nPoints * i for i in range(nPoints + 1)]

# y 值: 在 x 的取值上加一定的随机值或者叫噪音数据
# 设置随机数算法生成数据时的开始值, 保证随机生成的数值一致
numpy.random.seed(1)
# 随机生成宽度为 0.1 的标准正态分布的数值
# 上面的设置是为了保证 numpy.random 这步生成的数据一致
y = [s + numpy.random.normal(scale=0.1) for s in xPlot]

# 测试数据的长度
nrow = len(xPlot)
# 设置二元决策树的深度列表
depthList = [1, 2, 3, 4, 5, 6, 7]
# 每个深度下的离差平方和
xvalMSE = []
# 设置 n 折交叉验证
nxval = 10
# 外层循环: 深度循环
for iDepth in depthList:
    # 每个深度下的样本外均方误差
    oosErrors = 0
    # 内层循环: 交叉验证循环
    for ixval in range(nxval + 1):
        # 定义训练集和测试集标签
        xTrain = []      # 训练集
        xTest = []       # 测试集
        yTrain = []      # 训练集标签
        yTest = []       # 测试集标签

        for a in range(nrow):
            # 如果采用 a%ixval==0 的方式写, 会有除数为 0 的错误
            if a % nxval != ixval % nxval:
                xTrain.append(xPlot[a])
                yTrain.append(y[a])
            else:
                xTest.append(xPlot[a])
                yTest.append(y[a])

        # 深度为 max_depth=iDepth 的训练
        treeModel = DecisionTreeRegressor(max_depth=iDepth)
        # 转换参数类型
        treeModel.fit(numpy.array(xTrain).reshape(-1, 1),
numpy.array(yTrain).reshape(-1, 1))
        # 读取预测值: 使用测试集获取样本外误差
        treePrediction = treeModel.predict(numpy.array(xTest).reshape(-1, 1))
        # 离差列表: 使用测试标签获取样本外误差
```

```
        error = [yTest[r] - treePrediction[r] for r in range(len(yTest))]
        # 每个深度下的样本外均方误差和
        oosErrors += sum([e * e for e in error])


    # 计算每个深度下的样本外平均离差平方和
    mse = oosErrors / nrow
    # 添加到离差平方和列表
    xvalMSE.append(mse)

# 绘图---样本外离差和的平方平均值随深度变化的曲线
plot.plot(depthList, xvalMSE)
plot.axis('tight')
plot.xlabel('Tree Depth')
plot.ylabel('Mean Squared Error')
plot.show()
```

执行以上代码后会绘制不同深度的曲线图，执行效果如图 13-10 所示，这说明当深度为 3 时的预测效果最好。

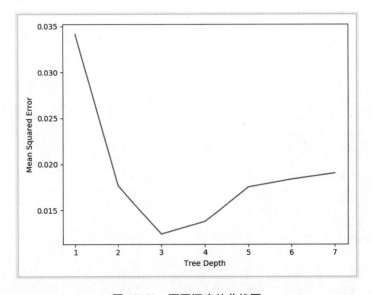

图 13-10 不同深度的曲线图

请看下面的实例文件 binary04.py，功能是将深度设置为预测效果最好的 3 绘制拟合数据的曲线图，主要代码如下所示。

```
simpleTree = DecisionTreeRegressor(max_depth=3)
simpleTree.fit(numpy.array(xPlot).reshape(-1,1),
numpy.array(y).reshape(-1,1))
# 读取训练后的预测数据
y_pred = simpleTree.predict(numpy.array(xPlot).reshape(-1,1))
```

执行相关代码后会绘制如图 13-11 所示的拟合数据曲线图。

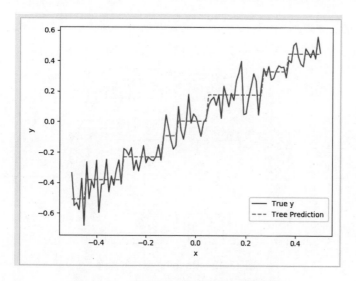

图 13-11　深度为 3 时的拟合数据曲线图

13.3　Bagging 算法

扫码观看视频讲解

Bagging 算法的英文全称是 bootstrap aggregating，通常被翻译为引导聚集算法，又被称为装袋算法，是机器学习领域的一种团体学习算法。Bagging 算法最初由 Leo Breiman 于 1996 年提出。此算法可与其他分类、回归算法相结合，在提高其准确率和稳定性的同时，通过降低结果方差的方式避免发生过拟合。

13.3.1　何为 Bagging 算法

在人工智能领域，集成学习有两个流派：一个是 boosting 派系，它的特点是各个弱学习器之间有依赖关系；另一种是 bagging 流派，它的特点是各个弱学习器之间没有依赖关系，可以并行拟合。

Bagging 是通过结合几个模型降低泛化误差的技术，主要方法是分别训练几个不同的模型，然后让所有模型表决测试样例的输出。这是机器学习中常规策略的一个例子，被称为模型平均(model averaging)，采用这种策略的技术被称为集成方法。

模型平均奏效的原因是不同的模型通常不会在测试集上产生完全相同的误差。模型平均是一个减少泛化误差的非常强大可靠的方法。在作为科学论文算法的基准时，通常不鼓励使用模型平均，因为任何机器学习算法都可以从模型平均中大幅获益(以增加计算和存储为代价)。

Bagging 算法的基本步骤是给定一个大小为 n 的训练集 D，Bagging 算法从中均匀、有放回地(即使用自助抽样法)选出 m 个大小为 n'的子集 Di 作为新的训练集。在这 m 个训练集上可以使用分类、回归等算法得到 m 个模型，再通过取平均值、取多数票等方法得到 Bagging 的结果。

Bagging 算法的原理如图 13-12 所示，主要方法是分别构造多个弱学习器，多个弱学习器相互之间是并行的关系，可以同时训练，最终将多个弱学习器结合起来。

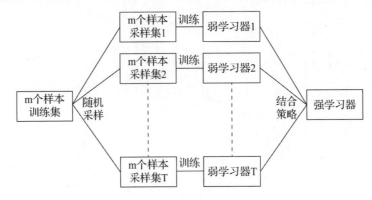

图 13-12　Bagging 算法的原理

Bagging 算法的主要特点在于随机采样，那么什么是随机采样(自组采样)呢？随机采样表示(bootstrap sample)从 n 个数据点中有放回地重复随机抽取一个样本(即同一个样本可被多次抽取)，一共抽取 n 次。创建一个与原数据大小相同的数据集，但有些数据点会缺失(大约 1/3)，有些会重复。请看下面的举例说明：

```
原数据集：['a', 'b', 'c', 'd']
随机采样 1：['c', 'd', 'c', 'a']
随机采样 2：['d', 'd', 'a', 'b']
…
```

我们常常将缺失的数据点称为袋外数据(out of bag，OOB)，因为这些数据没有参与训练集模型的拟合，所以可以用来检测模型的泛化能力。

13.3.2　实现 Bootstrap 采样

Bagging 算法的主要功能是实现采样，我们可以从数据集中随机选择行数据，并将它们添加到新列表来创建数据集成为新的样本。可以重复对固定数量的行进行此操作，或者一直到新数据集的大小与原始数据集的大小的比率达到我们的要求为止。我们每采集一次数据，都会进行放回，然后再次采集。例如在线的实例文件 Bagging01.py 中，通过函数 subsample()实现了上述采样过程。随机模块中的函数 randrange()用于选择随机行索引，以便在循环的每次迭代中添加到样本中，样本的默认数量大小是原始数据集的大小。在函数 subsample()中创建了一个包含 20 行，里面的数字是 0 到 9 之间的随机值，并且计算它们的平均值。然后我们可以制作原始数据集的自举样本集，不断重复这个过程，直到我们有一个均值列表，计算平均值，这个平均值跟我们整个样本的平均值是非常接近的。文件 Bagging01.py 的具体实现代码如下所示。

```
from random import seed
from random import randrange
```

```
# 使用 replacement 从数据集中创建随机子样本
def subsample(dataset, ratio=1.0):
    sample = list()
    n_sample = round(len(dataset) * ratio)
    while len(sample) < n_sample:
        index = randrange(len(dataset))
        sample.append(dataset[index])
    return sample


# 计算一系列数字的平均数
def mean(numbers):
    return sum(numbers) / float(len(numbers))


seed(1)
# 真实值
dataset = [[randrange(10)] for i in range(20)]
print('True Mean: %.3f' % mean([row[0] for row in dataset]))
# 估计值
ratio = 0.10
for size in [1, 10, 100]:
    sample_means = list()
    for i in range(size):
        sample = subsample(dataset, ratio)
        sample_mean = mean([row[0] for row in sample])
        sample_means.append(sample_mean)
    print('Samples=%d, Estimated Mean: %.3f' % (size, mean(sample_means)))
```

在上述代码中，每个自举样本是原始样本的 10%，也就是 2 个样本。然后通过创建原始数据集的 1 个、10 个、100 个自举样本计算它们的平均值，最后平均所有这些估计的平均值来进行实验。执行后会打印输出我们要估计的原始数据平均值：

```
True Mean: 4.500
Samples=1, Estimated Mean: 4.000
Samples=10, Estimated Mean: 4.700
Samples=100, Estimated Mean: 4.570
```

接下来我们可以从各种不同数量的自举样本中看到估计的平均值。可以看到，通过 100 个样本，我们可以很好地估计平均值。

13.4　Boosting 算法

扫码观看视频讲解

Boosting 算法又被称为提升方法，是一种用来减小监督式学习中偏差的机器学习算法。在本节的内容中，将详细讲解在 Python 程序中使用 Boosting 算法的知识。

13.4.1　Boosting 基础

Boosting 算法来源于迈可·肯斯(Michael Kearns)提出的问题：一组"弱学习者"的集合

能否生成一个"强学习者"？弱学习者一般是指一个分类器，它的结果只比随机分类好一点点；强学习者指分类器的结果非常接近真值。

Valiant 和 Kearns 提出了弱学习和强学习的概念：将识别错误率小于 1/2，即准确率仅比随机猜测略高的学习算法称为弱学习算法；将识别准确率很高并能在多项式时间内完成的学习算法称为强学习算法。同时，Valiant 和 Kearns 首次提出了 PAC 学习模型中弱学习算法和强学习算法的等价性问题，也就是任意给定仅比随机猜测略好的弱学习算法，是否可以将其提升为强学习算法？如果二者等价，那么只需找到一个比随机猜测略好的弱学习算法就可以将其提升为强学习算法，而不必寻找很难获得的强学习算法。1990 年，Schapire 最先构造出一种多项式级的算法，这就是最初的 Boosting 算法。1995 年，Freund 和 Schapire 改进了 Boosting 算法，提出了 AdaBoost (Adaptive Boosting)算法，该算法效率和 Freund 于 1991 年提出的 Boosting 算法几乎相同，但不需要任何关于弱学习器的先验知识，因而更容易应用到实际问题当中。之后，Freund 和 Schapire 进一步提出了改变 Boosting 投票权重的 AdaBoost. M1、AdaBoost. M2 等算法，在机器学习领域受到了极大的关注。

Boosting 算法的训练数据都一样，但是每个新的分类器都会根据上一个分类器的误差来做相应调整，最终由这些分类器加权求和得到预测结果。Bagging 算法和 Boosting 算法的区别是：

▶ Bagging 算法的每个训练集都不一样，而 Boosting 算法的每个训练集都一样。
▶ Bagging 算法在最终投票时，每个分类器的权重都一样，而 Boosting 算法在最终投票时，每个分类器权重都不一样。

在现实应用中，最常用的 Boosting 算法是 AdaBoost，这是一种迭代算法，其核心思想是针对同一个训练集训练不同的分类器(弱分类器)，然后把这些弱分类器集合起来，构成一个更强的最终分类器(强分类器)。

AdaBoost 算法解决问题的基本思路是：

(1) 通过训练数据训练出一个最优分类器。

(2) 查看分类器的错误率，把错误分类的样本数据提高一定权重，分类正确的样本，降低一定权重。然后按每个数据样本，不同权重来训练新的最优分类器。

(3) 最终的投票结果由这些分类器按不同权重来投票决定，其中各分类器的权重，按其预测的准确性来决定。

13.4.2　心绞痛 ROC 曲线检测系统

请看下面的实例文件 Adaboost.py，功能是使用 AdaBoost 算法根据心绞痛采样数据进行训练，将训练出的分类器来作预测，并绘制统计假阳性率和真阳性率的 ROC 曲线图。文件 Adaboost.py 的具体实现代码如下所示。

```
from numpy import *

# 载入数据
def loadSimpData():
```

```
    datMat = matrix([[1., 2.1],
                     [2., 1.1],
                     [1.3, 1.],
                     [1., 1.],
                     [2., 1.]])
    classLabels = [1.0, 1.0, -1.0, -1.0, 1.0]
    return datMat, classLabels

# 载入数据
def loadDataSet(fileName):
    numFeat = len(open(fileName).readline().split('\t'))
    dataMat = []
    labelMat = []
    fr = open(fileName)
    for line in fr.readlines():
        lineArr = []
        curLine = line.strip().split('\t')
        for i in range(numFeat - 1):
            lineArr.append(float(curLine[i]))
        dataMat.append(lineArr)
        labelMat.append(float(curLine[-1]))
    return dataMat, labelMat

# 预测分类
def stumpClassify(dataMatrix, dimen, threshVal, threshIneq):
    retArray = ones((shape(dataMatrix)[0], 1))
    if threshIneq == 'lt': # 比阈值小，就归为-1
        retArray[dataMatrix[:, dimen] <= threshVal] = -1.0
    else:
        retArray[dataMatrix[:, dimen] > threshVal] = -1.0
    return retArray

# 建立单层决策树
def buildStump(dataArr, classLabels, D):
    dataMatrix = mat(dataArr)
    labelMat = mat(classLabels).T
    m, n = shape(dataMatrix)
    numSteps = 10.0
    bestStump = {}
    bestClasEst = mat(zeros((m, 1)))
    minError = inf
    for i in range(n):
        rangeMin = dataMatrix[:, i].min()
        rangeMax = dataMatrix[:, i].max()
        stepSize = (rangeMax - rangeMin) / numSteps
        for j in range(-1, int(numSteps) + 1):
            for inequal in ['lt', 'gt'] : # less than 和 greater than
                threshVal = (rangeMin + float(j) * stepSize)
                predictedVals = stumpClassify(dataMatrix, i, threshVal,inequal)
                errArr = mat(ones((m, 1)))
                errArr[predictedVals == labelMat] = 0 # 分类错误的标记为1，正确为0
                weightedError = D.T * errArr # 增加分类错误的权重
```

```
                print( "split: dim %d, thresh %.2f, thresh ineqal: %s, the weighted
error is %.3f" \
                    % (i, threshVal, inequal, weightedError))
            if weightedError < minError:
                minError = weightedError
                bestClasEst = predictedVals.copy()
                bestStump['dim'] = i
                bestStump['thresh'] = threshVal
                bestStump['ineq'] = inequal
    return bestStump, minError, bestClasEst

# 训练分类器
def adaBoostTrainDS(dataArr, classLabels, numIt=40):
    weakClassArr = []
    m = shape(dataArr)[0]
    D = mat(ones((m, 1)) / m)   # 设置一样的初始权重值
    aggClassEst = mat(zeros((m, 1)))
    for i in range(numIt):
        bestStump, error, classEst = buildStump(dataArr, classLabels, D)
        # 得到"单层"最优决策树
        print("D:",D.T)
        alpha = float(0.5 * log((1.0 - error) / max(error, 1e-16)))  # 计算alpha值
        bestStump['alpha'] = alpha
        weakClassArr.append(bestStump)  # 存储弱分类器
        print("classEst: ",classEst.T)
        expon = multiply(-1 * alpha * mat(classLabels).T, classEst)
        D = multiply(D, exp(expon))   #  更新分类器权重
        D = D / D.sum() # 保证权重加和为1
        aggClassEst += alpha * classEst
        print("aggClassEst: ",aggClassEst.T)
        aggErrors = multiply(sign(aggClassEst) != mat(classLabels).T, ones((m,
1)))  # 检查分类出错的类别
        errorRate = aggErrors.sum() / m
        print("total error: ", errorRate)
        if errorRate == 0.0:
            break
    return weakClassArr, aggClassEst

# 用训练出的分类器来作预测
def adaClassify(datToClass, classifierArr):
    dataMatrix = mat(datToClass)
    m = shape(dataMatrix)[0]
    aggClassEst = mat(zeros((m, 1)))
    for i in range(len(classifierArr)):
        classEst = stumpClassify(dataMatrix, classifierArr[i]['dim'], \
                        classifierArr[i]['thresh'], \
                        classifierArr[i]['ineq'])
        aggClassEst += classifierArr[i]['alpha'] * classEst
        print(aggClassEst)
    return sign(aggClassEst)

# 绘制 ROC 曲线
def plotROC(predStrengths, classLabels):
```

```
import matplotlib.pyplot as plt
cur = (1.0, 1.0)
ySum = 0.0
numPosClas = sum(array(classLabels) == 1.0)
yStep = 1 / float(numPosClas)
xStep = 1 / float(len(classLabels) - numPosClas)
sortedIndicies = predStrengths.argsort()
fig = plt.figure()
fig.clf()
ax = plt.subplot(111)
for index in sortedIndicies.tolist()[0]:
    if classLabels[index] == 1.0:
        delX = 0
        delY = yStep
    else:
        delX = xStep
        delY = 0
        ySum += cur[1]
    ax.plot([cur[0], cur[0] - delX], [cur[1], cur[1] - delY], c='b')
    cur = (cur[0] - delX, cur[1] - delY)
ax.plot([0, 1], [0, 1], 'b--')
plt.xlabel('False positive rate')
plt.ylabel('True positive rate')
plt.title('ROC curve for AdaBoost horse colic detection system')
ax.axis([0, 1, 0, 1])
print("the Area Under the Curve is: ", ySum * xStep)
plt.show()

if __name__=='__main__':
    filename='horseColicTraining2.txt'
    dataMat,classLabels=loadDataSet(filename)
    weakClassArr, aggClassEst=adaBoostTrainDS(dataMat,classLabels,50)
    plotROC(aggClassEst.T,classLabels)
```

执行以上代码后会将采样数据文件 horseColicTraining2.txt 中的数据进行分割分类，打印输出下面的分类过程，并使用 Matplotlib 绘制 ROC 曲线，如图 13-13 所示。

```
 1.33293375e+00  1.04464866e-02 -6.15330221e-02 -1.22204712e+00
 1.44950920e+00 -1.55332550e-01 -1.40228115e-01  7.72058165e-01
-1.27237534e+00 -9.64136810e-01 -9.54502029e-01  1.96492679e-02
 2.09790623e+00 -4.81065170e-01  5.10669628e-01  2.61981663e-01
-6.18506290e-01 -5.85793822e-01  3.35764949e-02  1.26445156e+00
-1.41207316e+00  2.14000355e+00  1.69479791e-01  1.07154609e+00
 1.82514963e+00 -4.53144925e-01 -5.58659802e-01  2.09784185e-01
 1.12743676e+00  4.65909171e-01  5.13407679e-01  1.31611626e+00
 5.60353925e-01  6.26494907e-01 -1.07556829e-01 -2.11320145e-01
-1.73416247e+00 -5.03280007e-01  2.50745313e-01  8.38002351e-01
 1.43974637e+00  1.99765336e+00  1.31770817e-01  1.79942156e+00
-6.72795056e-01 -6.55312488e-01  6.64368626e-02  2.25567450e+00
 1.05580742e+00 -1.26959276e+00  4.61697970e-02  1.15089233e-01
 1.72851784e+00  1.88191527e+00 -8.69559981e-01 -1.09087641e+00
-5.90055252e-01  2.74827155e+00 -1.56792975e-01 -1.18393543e+00
-1.25859153e+00 -1.92186396e-01  5.70361732e-01]]
```

```
total error: 0.18729096989966554
the Area Under the Curve is: 0.8953941870182941
```

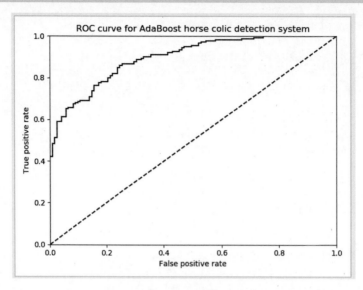

图 13-13 绘制的 ROC 曲线

> **注　意**
>
> Bagging 算法和 Boosting 算法二者之间的区别如下。
>
> (1)　样本选择。
>
> Bagging 算法：训练集是在原始集中有放回选取的，从原始集中选出的各轮训练集之间是独立的。
>
> Boosting 算法：每一轮的训练集不变，只是训练集中每个样例在分类器中的权重发生变化。而权值是根据上一轮的分类结果进行调整。
>
> (2)　样例权重。
>
> ▶ Bagging 算法：使用均匀取样，每个样例的权重相等。
>
> ▶ Boosting 算法：根据错误率不断调整样例的权值，错误率越大，则权重越大。
>
> (3)　预测函数。
>
> ▶ Bagging 算法：所有预测函数的权重相等。
>
> ▶ Boosting 算法：每个弱分类器都有相应的权重，对于分类误差小的分类器会有更大的权重。
>
> (4)　并行计算。
>
> ▶ Bagging 算法：各个预测函数可以并行生成。
>
> ▶ Boosting 算法：各个预测函数只能顺序生成，因为后一个模型参数需要前一轮模型的结果。

13.5　随机森林算法

扫码观看视频讲解

随机森林指的是利用多棵树对样本进行训练并预测的一种分类器。该分类器最早由 Leo Breiman 和 Adele Cutler 提出，并被注册成了商标。在本节的内容中，将详细讲解在 Python 中使用随机森林算法的知识。

13.5.1　什么是随机森林

随机森林这个术语是 1995 年由贝尔实验室的 Tin Kam Ho 所提出的随机决策森林 (random decision forests)而来的。在机器学习中，随机森林是一个包含多个决策树的分类器，并且其输出的类别是由个别树输出的类别的众数而定。

随机森林是 Bagging 算法的进化版，其思想仍然是 Bagging，但是进行了独有的改进。RF(随机森林)算法具体改进如下所示：

(1)　RF 使用了 CART 决策树作为弱学习器。

(2)　在使用决策树的基础上，RF 对决策树的建立做了改进。对于普通的决策树，我们会在节点上所有的 n 个样本特征中选择一个最优的特征来做决策树的左右子树划分，但是 RF 通过随机选择节点上的一部分样本特征，这个数字小于 n，假设为 n_{sub}，然后在这些随机选择的 n_{sub} 个样本特征中，选择一个最优的特征来做决策树的左右子树划分。这样进一步增强了模型的泛化能力。

13.5.2　分析声呐数据

请看下面的实例文件 Randomtree.py，功能是对声呐数据样本进行训练并预测分类处理，展示了随机森林算法在处理声呐数据集时的作用。读者朋友们需要登录如下网址下载声呐数据集文件：

https://archive.ics.uci.edu/ml/datasets/Connectionist+Bench+(Sonar,+Mines+vs.+Rocks)

在上述网页中下载文件 sonar.all-data，并将此文件重命名为 sonar.all-data.csv。在文件中有 208 行 60 列特征(值域为 0 到 1)，标签为 R/M。表示 208 个观察对象，60 个不同角度返回的力度值，二分类结果是岩石/金属。

将下载的 CSV 类型的数据集特征转换为浮点型，将标签转换为整型，设置交叉验证集数为 5，设置最深为 10 层，设置叶子节点最少有一个样本。sample_size=1 即不做数据集采样，以(n_{sub}-1)的平方根作为列采样数的限制。分别建立 1、5、10 棵树，对每种树规模(1,5,10) 运行 5 次，取均值作为最后模型效果。最后评估算法。

文件 Randomtree.py 的具体实现代码如下所示。

```python
from random import seed
from random import randrange
from csv import reader
from math import sqrt


# 加载 CSV 文件
def load_csv(filename):
    dataset = list()
    with open(filename, 'r') as file:
        csv_reader = reader(file)
```

```
        for row in csv_reader:
            if not row:
                continue
            dataset.append(row)
    return dataset


# 将 string 列转换为 float
def str_column_to_float(dataset, column):
    for row in dataset:
        row[column] = float(row[column].strip())


# 将 string 列转换为 int
def str_column_to_int(dataset, column):
    class_values = [row[column] for row in dataset]
    unique = set(class_values)
    lookup = dict()
    for i, value in enumerate(unique):
        lookup[value] = i
    for row in dataset:
        row[column] = lookup[row[column]]
    return lookup


# 将数据集拆分为 k 个折叠
def cross_validation_split(dataset, n_folds):
    dataset_split = list()
    dataset_copy = list(dataset)
    fold_size = int(len(dataset) / n_folds)
    for i in range(n_folds):
        fold = list()
        while len(fold) < fold_size:
            index = randrange(len(dataset_copy))
            fold.append(dataset_copy.pop(index))
        dataset_split.append(fold)
    return dataset_split


# 计算准确率
def accuracy_metric(actual, predicted):
    correct = 0
    for i in range(len(actual)):
        if actual[i] == predicted[i]:
            correct += 1
    return correct / float(len(actual)) * 100.0


# 使用交叉验证拆分评估算法
def evaluate_algorithm(dataset, algorithm, n_folds, *args):
    folds = cross_validation_split(dataset, n_folds)
    scores = list()
    for fold in folds:
        train_set = list(folds)
        train_set.remove(fold)
```

```
        train_set = sum(train_set, [])
        ceshi_set = list()
        for row in fold:
            row_copy = list(row)
            ceshi_set.append(row_copy)
            row_copy[-1] = None
        predicted = algorithm(train_set, ceshi_set, *args)
        actual = [row[-1] for row in fold]
        accuracy = accuracy_metric(actual, predicted)
        scores.append(accuracy)
    return scores


# 基于属性和属性值拆分数据集
def ceshi_split(index, value, dataset):
    left, right = list(), list()
    for row in dataset:
        if row[index] < value:
            left.append(row)
        else:
            right.append(row)
    return left, right


# 计算分割数据集的基尼索引
def gini_index(groups, classes):
    # 在分割点计数所有样本
    n_instances = float(sum([len(group) for group in groups]))
    # 每组的和加权基尼指数
    gini = 0.0
    for group in groups:
        size = float(len(group))
        # 避免除零
        if size == 0:
            continue
        score = 0.0
        # 根据每个 class 的分数给小组打分
        for class_val in classes:
            p = [row[-1] for row in group].count(class_val) / size
            score += p * p
        # 以相对大小衡量小组得分
        gini += (1.0 - score) * (size / n_instances)
    return gini


# 为数据集选择最佳分割点
def get_split(dataset, n_features):
    class_values = list(set(row[-1] for row in dataset))
    b_index, b_value, b_score, b_groups = 999, 999, 999, None
    features = list()
    while len(features) < n_features:
        index = randrange(len(dataset[0]) - 1)
        if index not in features:
            features.append(index)
    for index in features:
```

```
        for row in dataset:
            groups = ceshi_split(index, row[index], dataset)
            gini = gini_index(groups, class_values)
            if gini < b_score:
                b_index, b_value, b_score, b_groups = index, row[index], gini, groups
    return {'index': b_index, 'value': b_value, 'groups': b_groups}


# 创建终端节点值
def to_terminal(group):
    outcomes = [row[-1] for row in group]
    return max(set(outcomes), key=outcomes.count)


# 为节点创建子拆分或生成终端
def split(node, max_depth, min_size, n_features, depth):
    left, right = node['groups']
    del (node['groups'])
    # 检查是否有不分裂
    if not left or not right:
        node['left'] = node['right'] = to_terminal(left + right)
        return
    # 检查最大深度
    if depth >= max_depth:
        node['left'], node['right'] = to_terminal(left), to_terminal(right)
        return
    # 处理左子级
    if len(left) <= min_size:
        node['left'] = to_terminal(left)
    else:
        node['left'] = get_split(left, n_features)
        split(node['left'], max_depth, min_size, n_features, depth + 1)
    # 处理右子级
    if len(right) <= min_size:
        node['right'] = to_terminal(right)
    else:
        node['right'] = get_split(right, n_features)
        split(node['right'], max_depth, min_size, n_features, depth + 1)


# 建立决策树
def build_tree(train, max_depth, min_size, n_features):
    root = get_split(train, n_features)
    split(root, max_depth, min_size, n_features, 1)
    return root


# 用决策树进行预测
def predict(node, row):
    if row[node['index']] < node['value']:
        if isinstance(node['left'], dict):
            return predict(node['left'], row)
        else:
            return node['left']
    else:
```

```
        if isinstance(node['right'], dict):
            return predict(node['right'], row)
        else:
            return node['right']


# 从数据集中创建随机子样本
def subsample(dataset, ratio):
    sample = list()
    n_sample = round(len(dataset) * ratio)
    while len(sample) < n_sample:
        index = randrange(len(dataset))
        sample.append(dataset[index])
    return sample


# 用袋装清单作预测
def bagging_predict(trees, row):
    predictions = [predict(tree, row) for tree in trees]
    return max(set(predictions), key=predictions.count)


# 随机森林算法
def random_forest(train, test, max_depth, min_size, sample_size, n_trees,
n_features):
    trees = list()
    for i in range(n_trees):
        sample = subsample(train, sample_size)
        tree = build_tree(sample, max_depth, min_size, n_features)
        trees.append(tree)
    predictions = [bagging_predict(trees, row) for row in test]
    return (predictions)


# 测试随机森林算法
seed(2)
# load and prepare data
filename = 'sonar.all-data.csv'
dataset = load_csv(filename)
# 将字符串转换为整数
for i in range(0, len(dataset[0]) - 1):
    str_column_to_float(dataset, i)
# 将 class 列转换为整数
str_column_to_int(dataset, len(dataset[0]) - 1)
# 评估算法
n_folds = 5
max_depth = 10
min_size = 1
sample_size = 1.0
n_features = int(sqrt(len(dataset[0]) - 1))
for n_trees in [1, 5, 10]:
    scores = evaluate_algorithm(dataset, random_forest, n_folds, max_depth,
min_size, sample_size, n_trees, n_features)
```

```
print('Trees: %d' % n_trees)
print('Scores: %s' % scores)
print('Mean Accuracy: %.3f%%' % (sum(scores) / float(len(scores))))
```

在上述代码中，各个自定义函数的具体说明如下。

▶ load_csv：读取 csv 文件，按行保存到数组 dataset 中。

▶ str_column_to_float：将某列字符去掉前后空格，并转换为浮点数格式。

▶ str_column_to_int：根据分类种类建立字典，标号 0,1,2,…，将字符列转化为整数。

▶ cross_validation_split：使用 randrange 函数将数据集划分为 n 个无重复元素的子集。

▶ accuracy_metric：计算准确率。

▶ evaluate_algorithm：使用交叉验证，建立 n 个训练集和测试集，返回各模型误差数组。

▶ ceshi_split：根据特征及特征阈值分割左右子树集合。

▶ gini_index：在某个点分成了几个子节点放在 groups 中，这些样本的类有多种，类集合为 classes，计算该点的基尼指数。

▶ get_split：限定列采样特征个数 n_features。基尼指数代表的是不纯度，其越小越好。对列采样特征中的每个特征的每个值计算分割下的最小基尼值作为分割依据。

▶ to_terminal：输出 Group 中出现次数最多的标签，实质上就是多数表决法。

▶ split：根据树的最大深度、叶子节点最少样本数、列采样特征个数，迭代创作子分类器直到分类结束。

▶ build_tree：建立一棵树。

▶ predict：用一棵树预测类。

▶ subsample：按照一定比例实现 bangging(引导聚集算法)采样。

▶ bagging_predict：用多棵树模型的预测结果做多数表决。

▶ random_forest：随机森林算法，返回测试集各个样本做多数表决后的预测值。

运行上述代码后会输出：

```
Trees: 1
Scores: [56.09756097560976, 63.41463414634146, 60.97560975609756,
58.536585365853654, 73.17073170731707]
Mean Accuracy: 62.439%
Trees: 5
Scores: [70.73170731707317, 58.536585365853654, 85.36585365853658,
75.60975609756098, 63.41463414634146]
Mean Accuracy: 70.732%
Trees: 10
Scores: [82.92682926829268, 75.60975609756098, 97.5609756097561,
80.48780487804879, 68.29268292682927]
Mean Accuracy: 80.976%
```

通过上面的运行结果可以看出，准确率会随着 trees 数目的增加而上升。